Henry G. Freeman / Günter Glass

Taschenwörterbuch
Technik
Deutsch – Englisch

Max Hueber Verlag

3. 2. 1. | Die letzten Ziffern
2010 09 08 07 06 | bezeichnen Zahl und Jahr des Druckes.
Alle Drucke dieser Auflage können, da unverändert,
nebeneinander benutzt werden.
2., überarbeitete Auflage 2006

Redaktion: Susanne Brandt, Eschweiler
Umschlaggestaltung: Parzhuber & Partner, München
Satz: Design-Typo-Print, Ismaning
Druck und Bindung: Ludwig Auer GmbH, Donauwörth
Printed in Germany
ISBN 3-19-006274-9

Vorwort

Die umfassende Neubearbeitung des bewährten Taschenwörterbuches von Freeman berücksichtigt den aktuellen Wortschatz der gängigsten Teilbereiche der technischen Fachsprachen entsprechend der Auflistung auf der hinteren Umschlagseite dieses Büchleins.

Nicht mehr gebräuchliche Begriffe wurden gegenüber den Vorauflagen herausgenommen und durch aktuelle Begriffe ersetzt, wobei auch die neuesten Entwicklungen (zum Beispiel Qualitätsmanagement, PC, Internet etc.) berücksichtigt wurden.

Mit der Zielsetzung, auf engstem Raum eine möglichst große Zahl von Begriffen anzubieten, wurde das Prinzip der Zusammensetzungen beibehalten – siehe „Schlüssel zum Gebrauch des Wörterbuches".

Der deutsch-englische Teil dieses Taschenwörterbuches umfasst in der deutschen Spalte insgesamt ca. 12.200 Einträge, denen insgesamt ca. 14.500 Wortstellen in der englischen Spalte gegenüberstehen. Aufgrund der Zusammensetzungen besteht Zugriff auf insgesamt ca. 15.500 Einträge.

Da trotz gesetzlicher Einführung des metrischen Systems in den angelsächsischen Ländern die früheren Maße und Gewichte im Alltag, in Büro und Werkstatt – und gelegentlich auch in Fachzeitschriften – teilweise immer noch verwendet werden, finden Sie nachstehend die Umrechnungsfaktoren für die wichtigsten dieser Maße und Gewichte.

Unterschiedliche Schreibweisen und anders lautende Ausdrücke im US-amerikanischen und im britischen Sprachgebrauch sind durch US und UK gekennzeichnet.

Auf endlose Listen von Abkürzungen für Fachgebiete, Teilgebiete und Bedeutungsabgrenzungen wurde im Interesse eines schnellen Zugriffs verzichtet. Mit Zuordnungen und Abgrenzungen wurde sparsam umgegangen; sie werden direkt bei den betreffenden Einträgen im vollen Wortlaut oder in allgemein verständlichen Kurzformen verwendet.

Verlag und Verfasser wünschen dem Benutzer viel Freude im Umgang mit diesem Taschenwörterbuch.

Günter Glass

Schlüssel zum Gebrauch des Wörterbuches

Wortverbindungen (Komposita) werden durch einfache Zusammensetzung der Grundbegriffe gebildet.
Die dabei verwendete Tilde ~ besagt, dass mit den in Klammer nachfolgenden Wortteilen Zusammensetzungen gebildet werden können.

Beispiel:
Sie suchen die englische Entsprechung für „**Abnahmeprüfung**". Sie schlagen nach unter:

Abnahme~ (~bericht, ~bescheinigung, ~protokoll, **~prüfung**, ~toleranz, ~verfahren, ~vorschrift, ~zeichnung) **acceptance** ~

Unter „Abnahme~" finden Sie **acceptance**

Sie gehen dann zum Eintrag **Prüfung**, der sich wie folgt darstellt:

Prüfung *f* (**Abnahme~**, Belastungs~, Isolations~, Ultraschall~) **test**, (Ultraschall~) testing, examination, inspection, check, investigation; verification

Unter „**Prüfung**" findet man mit der Zuordnung „**Abnahme~**" den Begriff „**test**"
Die Lösung lautet also: **acceptance test**

Abkürzungen

adj	Adjektiv	adjective	*pl*	Plural	plural
adv	Adverb	adverb	*plt*	Substantiv, Pluraletantum	plural noun
f	Substantiv, Femininum	feminine noun	*prep*	Präposition	preposition
fpl	Substantiv, Femininum Plural	feminine noun, plural	*s*	Substantiv	(English) noun
m	Substantiv, Maskulinum	masculine noun	*sg*	Singular	singular
mpl	Substantiv, Maskulinum Plural	masculine noun, plura	(UK)	britischer Sprachgebrauch	British usage
n	Substantiv, Neutrum	(German) neuter noun	(US)	US-amerikanischer Sprachgebrauch	American usage
npl	Substantiv, Neutrum Plural	(German) neuter noun, plural	*v*	Verb	verb

abändern *v* modify, alter, change, amend
abarbeiten *v (Programm, Befehle)* process, execute
Abbau *m (Verbindung)* clearing, clearing down; *(entfernen)* removal, dismantling; *(Chemie)* decomposition; *(Bodenschätze)* exploitation, mining; *(biologisch)* biodegradation; *(Kunststoff)* degradation
abbaubar *adj* removable; (biologisch) degradable
abbauen *v (Verbindung)* clear, clear down, *(entfernen)* remove, dismantle; *(chemisch)* decompose; *(Bodenschätze)* exploit, mine
abbeizen *v* pickle; strip paint
Abbeizmittel *n* paint remover, paint stripper
abbilden *v* map; depict
Abbildung *f* mapping; image; *(in technischen Zeichnungen)* figure, Fig., illustration
Abbildungsmaßstab *m* scale
abbinden *v (Kabel)* tie up, tie off; *(Beton/Klebstoff)* set
Abblaseventil *n* blow-off valve
abblättern *v* flake; *(Farbe)* peel; chip off
abblenden *v* dim, dip
Abblendlicht *n* dimmed light, dipped beam, anti-dazzle light
Abblendschalter *m* dimmer switch, dimming switch, dip switch, anti-dazzle switch
abbrechen *v* stop; break, break off; *(Programm)* abort, abandon, *(Vorgang)* escape; *(unterbrechen)* discontinue; *(Abriss)* demolish, pull down
abbremsen *v* brake, decelerate, slow down
abbrennen *v* burn off, burn down; *(Schweißen)* flash
Abbruch *m* demolition; *(Programm)* abortion, discontinuation, termination
Abdampf *m* exhaust steam
Abdampfturbine *f* exhaust-steam turbine
Abdeckblech *n* cover plate
abdecken *v* cover; guard; *(Anzeige)* mask
Abdeckgitter *n* grating
Abdeckleiste *f* cover strip
Abdeckplane *f* tarpaulin
Abdeckung *f* cover, covering; masking
abdichten *v* seal, make tight, pack
Abdichtmittel *n* sealant
Abdichtung *f* seal, sealing, packing, gasket
abdrehen *v* turn off; *(Schrauben)* unscrew
Abdrehgerät *n* (Diamant~) truing device
abfahren *v* leave, start, depart, set out
Abfall *m* waste, scrap, refuse; garbage; *(Abnahme)* decrease; *(Spannung)* (Druck~, Energie~, Lichtbogen~, Temperatur~, Wärme~) drop, fall; *(Relais)* drop-out; *(Schräge)* slope, incline; *(Gefälle)* gradient; *(radioaktiver Abfall)* radioactive waste, *(Zerfall)* decay
Abfall~ (~behälter, ~beseitigung, ~produkt, ~stoff) waste ~
Abfallaufbereitung *f (zur Wiederverwendung)* recycling

Abfallbeseitigung *f* waste disposal
abfallen *v* drop, *(Relais)* drop out; fall; decrease
Abfallprodukt *n* byproduct
Abfallzeit *f* fall time; decay time; release time
abfangen *v (Bauwerk)* support
abfasen *v (Kanten)* chamfer, bevel
abfedern *v* spring-mount
abfertigen *v* dispatch; handle
Abfertigung *f* dispatch, dispatching; handling; servicing
abflachen *v* flatten, level off
abflächen *v* surface
Abfluss *m* discharge; drain
Abfluss~ (~hahn, ~öffnung, ~rinne, ~rohr, ~ventil) discharge ~
Abfrage *f* inquiry, interrogation; polling; *(Abtastung)* scan
abfragen *v* inquire, *(Speicherinhalt)* interrogate
abfühlen *v* scan, sense
abführen *v (Wärme)* dissipate, remove
Abfuhr *f* disposal, removal; *(Wärme)* dissipation
abfüllen *v (in Flaschen)* bottle
Abfüllmaschine *f* filling machine, filler
Abgabe *f* (Wärme~) emission
Abgabeleistung *f (Elektrotechnik)* power output, output
Abgangskanal *m* outgoing channel
Abgas *n* exhaust gas, waste gas, flue gas
Abgas~ (~analyse, ~heizung, ~kanal, ~katalysator, ~leitung, ~messgerät, ~rückführung, ~untersuchung, ~vorwärmer) exhaust gas ~
abgeben *v (Leistung)* supply, *(Wärme)* give off, dissipate; *(Drehmoment)* deliver
abgehängt *adj* suspended
abgehängte Decke *f* suspended ceiling
abgehend *adj* outgoing
abgelagert *adj (Holz)* seasoned, well seasoned
abgenutzt *adj* worn, worn out
abgeschirmt *adj* guarded, (US) shielded, (UK) screened
abgeschrägt *adj (Kante)* bevelled, chamfered; *(konisch)* tapered
abgesetzt *adj* stepped, shouldered, offset; *(Ablagerung)* deposited
abgesichert *adj (Elektrotechnik)* fused; protected; *(Ergebnis)* verified
Abgleich *m* compensation; tuning; balance; (Empfänger~) alignment; (Frequenz~, Phasen~) adjustment
abgleichen *v* adjust, compensate, trim; balance
Abgleichfehler *m* alignment error, unbalance
Abgleichpotentiometer *n* balancing potentiometer, trimming potentiometer
abgraten *v* deburr; deflash
Abgrat~ (~maschine, ~werkzeug) deburring ~
abgreifen *v* pick off; *(Elektrotechnik)* tap; *(abtasten)* scan
abhaken *v* tick off, check off
Abhängigkeit *f* (Temperatur~) dependence
abheben *v* lift, retract; take off

Abhebung *f* (Fräser~) retraction, (Fräser~) lift
Abhilfe *f* remedy
Abhilfemaßnahme *f* corrective action
abhören *v* intercept, *(Leitung)* tap
abisolieren *v (Isolierung)* strip, *(Leiter)* bare
Abisolierzange *f* stripper, cable stripper
Abkantbauweise *f* folded-edge construction
abkanten *v* chamfer; edge; bevel; *(umlegen)* fold; bend
Abkantpresse *f* folding press
abklemmen *v (Elektrotechnik)* disconnect; *(durchtrennen)* pinch off
abknallen *v* backfire
abkneifen *v* pinch off, nip off
abkröpfen *v* offset
abkühlen *v* cool, cool down; refrigerate; chill; *(Stahl)* quench
Abkühlgeschwindigkeit *f* cooling rate
Abkühlmittel *n* cooling agent, coolant; refrigerant
abladen *v* unload
Ablage *f (Datei)* filing; *(Fach)* tray, stacker
ablagern *v (Holz)* season; *(Ablagerung)* deposit
Ablagerung *f (Vorgang)* deposition, segregation; *(Abgelagertes)* deposit, sediment
ablängen *v* cut to length
ablassen *v* drain, discharge; lower
Ablass~ (~hahn, ~schraube, ~ventil) drain ~
Ablasshahn *m* (Öl~) drain cock
Ablassschraube *f* (Öl~) drain plug
Ablauf *m* outlet, discharge; outflow; drain; sequence, (Programm~) cycle; (Prüf~) run; *(Ende)* expiration, expiry
Ablauf~ (~rinne, ~rohr) discharge ~
ablaufen lassen *v* drain
Ablaufplan *m* flowchart
Ablaufhaspel *f* pay-off reel
Ablaufwanne *f* drain pan
ablegen *v (Daten)* file
ablegereif *adj (Seil)* to be discarded
ableiten *v* derive; discharge; *(Wärme)* dissipate; *(Elektrotechnik)* conduct; *(Mathematik)* deduct
Ableitung *f* derivation; discharge; (Wärme~) dissipation
ablenken *v* deflect, *(umlenken)* divert
Ablenkung *f* deflection, diversion
Ablenkrolle *f* deflection pulley, deflector sheave, deflector, diverting sheave
ablesbar *adj* readable
Ablesegenauigkeit *f* accuracy of reading
ablesen *v* read
Ableseskala *f* direct reading dial
Ablesung *f (z.B. Zähler)* (Direkt~) reading, readout
Ablieferungszeichnung *f* as-made drawing, as-delivered drawing
Abluft *f* exhaust air, air discharged, outlet air, extracted air
Abluftleistung *f* extracted air flow rate
Abluftstutzen *m* air vent
Abmaß *n* deviation, allowance, variation in size
abmessen *v* measure
Abmessung *f* dimension, size; *(Vorgang)* measurement

abmontieren *v* demount, dismantle, disassemble, remove
Abnahme *f* inspection; acceptance; *(Spannung)* drop, fall; *(kleiner werden)* decrease
Abnahme~ (~bericht, ~bescheinigung, ~protokoll, ~prüfung, ~toleranz, ~verfahren, ~vorschrift, ~zeichnung) acceptance ~
Abnahmebeauftragter *m* inspector
abnehmbar *adj* removable, detachable, demountable
abnehmen *v* accept; remove; detach
Abnehmer *m* (Hochspannungs~, Niederspannungs~) consumer; (Strom~) collector
abnutzen *v* wear
Abnutzung *f* (Kontakt~, Lager~) wear, wear and tear
Abnutzungsausfall *m* wear-out failure
Abonnement *n* subscription
Abonnent *m* subscriber
abonnieren *v* subscribe
abplatzen *v* flake, peel off, spall off
abreiben *v* rub off, abrade
abreißen *v* pull off, tear off
Abreißkraft *f* pull-off strength
Abreißrolle *f* dispenser roll
abrichten *v* straighten; true; size; *(Schleifscheibe)* dress
Abrichter *m* (Diamant~) dressing device, (Diamant~) wheel dresser
Abrichtgerät *n* dressing device, dresser
Abrichtlineal *n* straight-edge
Abrichtplatte *f* surface plate
Abrieb *m* abrasion
abriebfest *adj* abrasion-resistant
Abruf *m* stock issue, material requisition
Abruf *m*, **Produktion auf ~** just-in-time production
abrunden *v* round
Abrundung *f* rounding
abrüsten *v* down-grade
Absatz *m* shoulder, step, *(PC)* paragraph
Absaug~ (~flasche, ~haube, ~kolben, ~leitung, ~öffnung, ~pumpe) suction ~
absaugen *v* suck off, draw off; extract; evacuate
Absauggebläse *n* exhaust blower
Absaughaube *f* dust extraction hood
abschälen *v* peel, strip
abschalten *v* disconnect, switch off, power off, turn off, de-energize, deactivate
Abschalter *m* disconnect switch
Abschaltstellung *f* off-position
Abschaltung *f* disconnection, switching off, turning off, (Not~) shut-down
Abschaltventil *n* cut-off valve
Abscheider *m* (Dampf~, Gas~, Luft~, Öl~, Wasser~) separator, (Luft~) eliminator, *(Öl)* trap
Abscher~ (~bolzen, ~festigkeit, ~stift, ~wirkung) shear ~, shearing ~
abscheren *v* shear, shear off
Abscherkupplung *f* shear-pin clutch
abschirmen *v* screen, shield
abschleifen *v* grind off; *(mit Schmirgelpapier)* sand
Abschlussprüfung *f* final test
abschneiden *v* cut off; clip; truncate
Abschnitt *m* (Funk~) section

abschrägen *v* chamfer
abschrauben *v* unbolt, unscrew, undo, screw off
Abschreck~ (~bad, ~dauer, ~mittel, ~spannung, ~temperatur, ~wirkung) quenching ~
abschrecken *v (Stahl)* quench; *(Gusseisen)* chill
Abschreckhärten *n* quench hardening
Abschreckhärte *f* quench hardness
Abschreckmittel *n* quenchant
Abschreckung *f (Stahl)* (Öl~) quenching
Abschwächer *m* attenuator
absetzen *v (ablagern)* deposit; settle; *(Metallbearbeitung)* shoulder, step; *(Meldung)* transmit
absichern *v (Elektrotechnik)* protect by fuse(s), fuse, *(gegen Kurzschluss)* protect against short circuits
absondern *v* isolate
Absonderung *f (Qualitätssicherung)* segregation
Absorption *f* (Resonanz~) absorption
abspanen *v* cut
Abspanen *n* **aus dem Vollen** cutting from solid stock
abspannen *v (Werkstück)* unclamp; *(Masten)* stay, rig
abspeichern *v (Daten)* store
absperren *v* shut off, stop
Absperrhahn *m* (Dampf~) stop cock, shutoff cock
Absperrklappe *f* butterfly valve
Absperrmittel *n* sealer
Absperrschieber *m* (Dampf~) shutoff valve
Absperrventil *n* shutoff valve
Absperrvorrichtung *f* barrier
abspulen *v* reel off, unreel, unspool, wind off, uncoil
Abstand *m* (Winkel~) distance; (Impuls~) spacing, (Axial~) clearance; (Kontakt~) gap; (Zeit~) interval
Abstandhalter *m* spacer
Abstandstück *n* spacer
absteifen *v* stiffen; reinforce; brace; prop up
abstellen *v* stop, disconnect, switch off, shut down
Abstich *m (flüssiges Metall)* tap, tapping
abstimmen *v* time, synchronize, tune; adjust, align
Abstimmung *f* (Empfänger~) tuning
abstoßen *v (Magnet)* repel
Abstoßung *f* repulsion
abstrahlen *v* emit, radiate
abstreifen *v* strip
Abstreifer *m* (Öl~) scraper; wiper; stripper
Abstreifring *m* scraper ring
Abstreifung *f* (Öl~) scraping
abstufen *v* grade; step; *(farblich)* shade
Abstufung *f* grading; variation; *(Farbe)* shading
abstumpfen *v* blunt, dull; get dull
Absturz *m* plunge, fall, drop; *(PC)* crash
abstützen *v* support, back up; brace
Abszisse *f* abscissa
Abtast~ (~bereich, ~dichte, ~folge, ~frequenz, ~geschwindigkeit, ~punkt, ~radar, ~richtung, ~spur, ~strahl, ~zeile, ~zeit) scanning ~
abtasten *v* scan, sense; trace

Abtaster *m* scanner; analyzer
Abtastung *f* (Impuls~) sampling
abtauen *v* defrost
abtragen *v (Metallbearbeitung)* remove; *(einer Strecke)* mark off
abtrennen *v* cut off, part off; detach, separate; isolate
Abtrieb *m* output; output drive, driven side, driven end
Abtriebs~ (~drehzahl, ~leistung, ~moment, ~welle) output ~
Abtriebsrad *n* driven gear
Abtropfblech *n* drip pan
abtropfen *v* drip off, drain
Abwandlung *f* modification
Abwärme *f* waste heat
Abwärtsbewegung *f* downward movement
Abwärtshub *m* downward stroke
Abwärtskompatibilität *f* backward compatibility, downward compatibility
Abwärtsschweißung *f* vertical down-welding
Abwärtsschwenkung *f* downward swing
Abwärtsstrecke *f* downlink
Abwärtstransformator *m* step-down transformer
abwaschbar *adj* wash-off
Abwasser *n* waste water; sewage; effluent
Abwasser~ (~aufbereitung, ~beseitigung, ~klärung, ~reinigung) sewage ~
Abwasserkanal *m* sewer
Abwasserrohr *n* sewer pipe
abwechseln *v* alternate
abweichen *v* deviate; differ; vary
Abweichung *f* (Frequenz~, Gesamt~, Winkel~) deviation; difference; variation; discrepancy, non-conformance
abweisend *adj* repellent
Abwesenheit *f (unentschuldigte Abwesenheit)* absenteeism, absence
Abwesenheitszeit *f* absence time
abwickeln *v* uncoil, unwind, unroll; *(Vorgang)* process, handle
abwischen *v* wipe off, dust
abwürgen *v (Motor)* stall
abziehen *v* pull off
Abziehhaken *m* extractor hook
Abziehvorrichtung *f* withdrawing tool; extractor, puller
Abzug *m (Lüftung)* exhaust, vent; *(für Gase)* hood; *(als Laboreinrichtung)* fume cupboard; *(Foto)* contact-print; *(Druck)* proof; *(Qualitätssicherung bei Folgestichprobenprüfung)* penalty
Abzugshaube *f* hood
Abzugskraft *f* peel strength
Abzweig *m* branch
Abzweig~ (~dose, ~kabel, ~klemme, ~leitung, ~punkt, ~schalter, ~stromzweig) branch ~
Abzweiger *m* (Kabel~) branch
Abzweigung *f* (Rohr~) branch
Acetylen *n* acetylene
Acetylensauerstoffschweißen *n* oxyacetylene welding
Achsabstand *m* center distance; *(Kfz)* wheel base
Achse *f (als Tragelement)* axle; *(Geometrie)* (Koordinaten~) axis (*pl* axes)

Achsenebene *f* axial plane
Achslage *f* axial position
Achslinie *f* center line
Achsneigung *f* axial inclination
Achsstand *m* wheel base
Achsteilung *f* axial pitch
achteckig *adj* octagonal
achtseitig *adj* octahedral
Acrylglas *n* acrylic glass
Acrylharz *n* acrylic resin
Adapter *m* adapter, adaptor
Additiv *n* additive
Ader *f (Elektrotechnik)* (Draht~, Kabel~) core; *(Leiter)* conductor, wire
Aderkennzeichnung *f* core identification
Adhäsion *f* adhesion
Adresse *f* (Anfangs~) address
Aerodynamik *f* aerodynamics
Aerosol-Treibmittel *n* aerosol propellant
Aerostatik *f* aerostatics
Aggregat *n* (Lade~) set, (Getriebe~, Kessel~, Pumpen~) unit, package; *(Zuschlagstoff)* aggregate
Aggregatzustand *m* state of aggregation
aggressive Atmosphäre *f* corrosive atmosphere
Airbag *m* air bag
Akkordarbeit *f* piece work
Akkordsatz *m* piece rate
Akkordsystem *n* piece rate plan
Akkumulator *m* storage battery; *(Druckspeicher)* accumulator; *(Speicherregister)* accumulator
aktivieren *v* activate; enable; select
aktualisieren *v* update; *(Bildschirm)* refresh
aktuell *adj* up to date
Akustik *f* acoustics
akustisch *adj* acoustic, audible, audio
Alarmeinrichtung *f* alarm device, warning system
Alarmglocke *f* alarm bell
Algorithmus *m* algorithm
Alkohol *m* alcohol
Alleskleber *m* all-purpose adhesive
Allradantrieb *m (Kfz)* all-wheel drive
Allzweckmaschine *f* all-purpose machine, universal machine
Allzweckwerkzeug *n* universal tool
alphanumerisch *adj* alphanumeric
altern *v* age
Alterung *f* ageing, aging
alterungsbeständig *adj* resistant to ageing, non-ageing
Alterungserscheinungen *fpl* ageing phenomena
Alterungsprüfung *f* ageing test
Altöl *n* used oil
Altpapier *n* waste paper
Alt-Taste *f (PC)* Alternative key, Alt key
Aluminium *n* (US) aluminum, (UK) aluminium
Aluminium~ (~blech, ~bronze, ~draht, ~guss, ~kabel, ~legierung, ~leiter, ~pulver, ~rohr, ~stange, ~überzug, ~walzwerk) aluminum ~
Amboss *m* anvil
Ammoniak *n* ammonia
amorph *adj* amorphous
Amperemeter *n* ammeter, amperemeter
Amperestundenzähler *m* amperehour meter

Amplitude *f* (Impuls~, Strom~) amplitude
Amplituden~ (~auslenkung, ~bereich, ~faktor, ~gang, ~modulation, ~resonanz, ~spektrum, ~steuerung, ~verzerrung) amplitude ~
Amt *n* (Fernsprech~, Telefon~) exchange, central office, switch; (Patent~) office
Amtszeichen *n* dialling tone
Analog~ (~anzeige, ~aufzeichnung, ~eingabe, ~rechner, ~schaltung, ~signal, ~steuerung, ~technik) (US) analog ~, (UK) analogue ~
Analog-Digital-Umsetzer *m* analog-to-digital converter, analog/digital converter
Analyse *f* (Abgas~) analysis (*pl* analyses)
Analysegerät *n* (Gas~) analyzer
anbauen *v* attach, mount (on); extend
Anbaumotor *m* built-on motor
Anbauzeichnung *f* attachment drawing
anbringen *v* attach, mount, fit, fix; install
Anbruch *m* incipient break, incipient fracture
ändern *v* change, vary, modify, alter, correct, amend
Änderung *f* (Drehzahl~, Feld~) change, (Drehzahl~) variation, modification, alteration, correction, amendment
Änderungsgeschichte *f (Entwicklung)* engineering change history, *(eines Produkts)* product history data
andrücken *v* press against; bear on
Anemometer *n* anemometer
Anfahrbeschleunigung *f* starting acceleration
anfahren *v* start, start up; run against
Anfahrmoment *n* starting torque
Anfangs~ (~adresse, ~belastung, ~bereich, ~dehnung, ~drehmoment, ~druck, ~erregung, ~kapazität, ~moment, ~spannung, ~stellung, ~temperatur, ~wert, ~zustand) initial ~
anfasen *v* chamfer, bevel
anfertigen *v* make, manufacture
Anfertigung *f*, **nach kundenspezifischer ~** custom-made
anfeuchten *v* moisten, wet
anflanschen *v* flange, flange-mount
anfressen *v* corrode, pit
Angabe *f* information, indication, specification
angeben *v* state, indicate, specify
Angel *f (Werkzeug)* tang
angemeldet *adj (Patent)* applied, pending
angenähert *adj* approximate
angreifen *v (Chemie)* corrode, attack; *(Kraft)* be applied
angrenzend *adj* adjacent, adjoining
Angriff *m (einer Kraft)* application, action
Angriffspunkt *m (einer Kraft)* point of application
Anguss *m* sprue
anhaften *v* adhere to, stick
anhalten *v* stop, bring to a standstill
Anhängelast *f* towed weight
Anhänger *m* trailer; *(Schild)* tag
Anhängerachse *f* trailer axle
Anhängerbremse *f* trailer brake
Anhängerkupplung *f* trailer hitch
Anhäufung *f* accumulation, cluster
anheben *v* lift, raise; hoist, elevate
anheften *v* tack

Anilinfarbstoff *m* aniline dye
Anker *m* anchor; *(Elektrotechnik)* (Pol~, Primär~, Schleifring~) armature
Anker~ (~bolzen, ~platte, ~schraube) anchor ~
Anker~ (~bremse, ~eisen, ~kern, ~klemme, ~kreis, ~lager, ~prellen, ~spiel, ~spule, ~strom, ~welle, ~wicklung) armature ~
ankleben *v* glue to, paste on
anklemmen *v (Mechanik)* clamp; connect to terminals
anklicken *v (PC)* click, click on
Anklopfen *n (Telefon)* call waiting
Ankopplung *f* probe-to-specimen contact
ankörnen *v* center-punch
ankreuzen *v* check, mark
Anlage *f* (Drehstrom~, Fernsprech~, Freiluft~, Heizungs~, Hochofen~, Hochspannungs~, Niederspannungs~, Radar~, Überhitzer~) installation; (Kessel~, Kühl~) plant; (Nitrier~, Not~) equipment; (Brems~, Erdungs~, Not~) system; *(E-Mail)* attachment; annex, appendix, enclosure; contact; *(Auflage)* bearing
Anlagefläche *f* contact surface
Anlageflansch *m* contact flange
Anlass~ (~magnet, ~moment, ~schalter, ~schaltung, ~strom, ~wicklung) starting ~
anlassen *v* start; *(Stahl)* temper
Anlasser *m (Motor)* (Drehstrom~, Fliehkraft~, Kaskaden~, Läufer~, Stator~) starter; starting circuit
Anlasserkabel *n* starter cable
Anlasserschalter *m* starter switch
Anlassfarbe *f (Stahl)* tempering color
Anlasstemperatur *f* tempering temperature
Anlassventil *n* (Druckluft~) starter valve
Anlauf *m* (Volllast~) starting
Anlauf~ (~drehzahl, ~kondensator, ~kupplung, ~moment, ~strom, ~wicklung) starting ~
anlaufen *v* start; *(anlaufen an/gegen)* strike (against); become dull, tarnish
Anlaufreibung *f* starting friction
Anlaufserie *f* pilot lot
anlegen *v (Spannung)* apply to; *(Datei, Verzeichnis)* create
Anleitung *f (einzelne Anweisung)* instruction; *(Gesamtheit)* (Bedienungs~, Prüf~) instructions; guide
anmelden *v (Patent)* file
Anmeldung *f* (Patent~) application
Annäherung *f* approximation
Annäherungswert *m* approximate value
Annahme *f* acceptance
Anode *f* (Gleichrichter~) anode
Anodenpotenzial *n* anode potential
Anodenspannung *f* anode voltage
Anodenstrom *m* anode current
Anordnung *f* (Lager~, Mess~, Prüf~) arrangement, (Mess~, Prüf~) set-up; (Resonanz~) structure; layout, configuration; array; order
anorganische Chemie *f* inorganic chemistry
an Ort und Stelle in situ; on the spot; local, locally
anpassen *v* adapt (to), adjust, fit; match
Anpassung *f* adaptation, adjustment, matching

Anpassungsfähigkeit *f* adaptability
Anpressdruck *m* contact pressure
anpressen *v* press against
anreichern *v* enrich, concentrate
anreißen *v* scribe, mark off
Anriss *m* incipient crack
Anruf *m* (Not~) call
Anrufbeantworter *m* answering machine, automatic answering machine
anrufen *v* call, phone, ring
Ansatz *m (Welle)* shoulder; *(Schraube)* neck; *(Zapfen)* lug
ansaugen *v* suck, suck in, suck up, draw in
Ansaugdruck *m* suction pressure
Ansaugventil *n* inlet valve, intake valve
Anschlag *m* (Vorschub~) stop; stop dog; end stop; impact
Anschlagbolzen *m* stop pin
Anschlaghebel *m* stop lever
Anschlagkloben *m* stop dog
Anschlaglineal *n* T-square
Anschlagwinkel *m* try square
anschließen *v* connect, link, join
anschließen und benutzen *v (PC)* plug and play
Anschluss *m (Elektrotechnik)* (Erd~, Erdungs~, Kabel~, Niederspannungs~, Rohr~, Telefon~) connection, *(Klemme)* (Kabel~, Pol~, Prüf~, Stecker~) terminal, (Digital~) access
anschlussfertig *adj* ready for connection; ready for service
Anschlusskabel *n* power supply cable, power cable, *(Telefon)* subscriber's cable
Anschlusskasten *m* terminal box
Anschlussklemme *f* terminal
Anschlussleitung *f (Gas, Wasser)* service line
Anschlussnummer *f* subscriber's number
Anschlussplan *m* terminal diagram
Anschlusswert *m (Elektrotechnik)* connected load
anschrägen *v* chamfer, bevel
anschrauben *v* screw on, bolt to
anschweißen *v* weld to
anseilen *v* rope
ansetzen *v (anlegen, z.B. Hebel)* apply (a lever); *(Gleichung)* formulate, set up (an equation); *(annehmen)* assume; *(planen)* schedule, plan
Ansicht *f* view, elevation
anspitzen *v* point
Ansprechempfindlichkeit *f* sensitivity
ansprechen *v* address; respond, react
Ansprechspannung *f* response voltage
Anspruch *m* (Patent~) claim
Ansteckmikrofon *n* lapel microphone
ansteigen *v* increase, grow, rise
Anstieg *m* increase, growth, (Druck~, Strom~, Temperatur~) rise
Anstiegszeit *f* rise time
anstoßen *v* strike, strike against; *(Fugen)* abut
anstreichen *v* paint
Anstrich *m* paint coat, coat, coating; paintwork
Anstrichfarbe *f* paint
Anteil *m* share, proportion, constituent, lot; (Differential~, Hochfrequenz~, Niederfrequenz~) component

Antenne *f* (Empfänger~, Erd~, Hilfs~, Kurzwellen~, Netz~, Spiral~) (US) antenna, (UK) aerial
Antennen~ (~ausfall, ~ausgang, ~durchmesser, ~eingang, ~entwurf, ~gewinn, ~kabel, ~kapazität, ~leistung, ~mast, ~messung, ~öffnung, ~stab, ~steckdose, ~verlust) (US) antenna ~, (UK) aerial ~
Antidröhnmittel *n* anti-drumming agent
Antiklopfmittel *n* anti-knock component
antiparallel *adj (Linien)* anti-parallel
Antivirenprogramm *n (PC)* anti-virus program
antreiben *v* drive, gear, power, propel
Antrieb *m* (Dampf~, Druckluft~, Fliehkraft~, Flüssigkeits~, Fräs~, Hilfs~, Ketten~, Kran~, Kupplungs~, Nockenwellen~, Reib~, Riemen~, Seil~, Vorschub~, Zahnrad~) drive, drive unit, (Stößel~) drive mechanism, driving unit; (Riemen~) transmission; (Kolben~) actuator; (Atom~) propulsion, (Atom~) propulsion system
Antriebs~ (~drehzahl, ~element, ~kraft, ~kupplung, ~leistung, ~maschine, ~moment, ~motor, ~rad, ~riemen, ~ritzel, ~scheibe, ~seite, ~spindel, ~welle, ~zahnrad) driving ~
Antriebsdrehzahl *f* input speed
Antriebsmoment *n* input torque, driving torque
Antriebswelle *f* drive shaft
Antriebswerk *n* drive mechanism
Antwort *f* answer, reply; (Impuls~) response
anwärmen *v* warm up, heat up, preheat
Anweisung *f (einzelne Anweisung)* instruction; *(Gesamtheit)* (Bedienungs~, Betriebs~, Prüf~) instructions; *(diverse Programmiersprachen)* statement
anwenden *v* apply
Anwenderprogramm *n* user program
Anwendung *f* application
Anwendungsbereich *m (Vorschrift)* scope
Anwesenheit *f* attendance
Anwesenheitszeit *f* attendance time
anzapfen *v* tap
anzeichnen *v* mark
Anzeige *f* (Direkt~, Druck~, Radar~) indication, (Fern~) indicator; (Analog~, Digital~, Direkt~, Radar~) display; reading, readout
Anzeige~ (~bereich, ~fehler, ~genauigkeit, ~gerät, ~instrument, ~vorrichtung) indicating ~
Anzeigebalken *m* indicator bar
Anzeigeleuchte *f* indicator lamp
anzeigen *v* indicate; display; show; read
Anzeiger *m* (Druck~, Fern~, Frequenz~) indicator; meter; display, display unit
Anzeigetafel *f* indicator panel
anziehen *v* pull; draw; *(Schrauben)* tighten; *(Magnet)* attract; *(Bremse)* grip
Anziehungskraft *f* attractive force, force of attraction
Anzug *m* (Schutz~) suit
Apparat *m* (Radio~, Telefon~) set, unit, device, equipment; *(Medizin)* apparatus
Arbeit *f* (Bau~, Fräs~) work, labour; job; task; (Reibungs~) energy; (Brems~) effort; *(in Arbeit befindlich)* in process

Arbeits~ (~bewegung, ~druck, ~ebene, ~fläche, ~genauigkeit, ~höhe, ~hypothese, ~leistung, ~plan, ~spannung, ~stellung, ~temperatur, ~verfahren, ~zeit) working ~, operating ~
Arbeitsablauf *m* work cycle
Arbeitsaufwand *m* expenditure of work, amount of work
Arbeitsbegleitpapier *n*, **~e** *npl* process sheet, accompanying papers
Arbeitsfortschritt *m* progress
Arbeitsgang *m* operation; cycle
Arbeitshaltung *f (Ergonomie)* working posture
Arbeitshub *m* operational stroke
Arbeitsinhalt *m* work content
Arbeitskarte *f* job card
Arbeitsleistung *f* work done; output
Arbeitsplatte *f* worktop
Arbeitsplatz *m* workplace, work station
Arbeitsspeicher *m* main memory
Arbeitsspindel *f* workspindle, main spindle
Arbeitstisch *m* worktable, *(Maschine)* machine table
Arbeitsvorbereitung *f* operations planning and scheduling
Arbeitsvorgang *m* operation
Arbeitsweise *f* method of operation; procedure, mode of operation
Arbeitswissenschaft *f* human engineering
Arbeitszeichnung *f* working drawing
Arbeitszeitguthaben *n* worktime bonus
archivieren *v (EDV)* archive, file
Archivierung *f* (Programm~) archiving
arithmetisches Mittel *n* arithmetic mean
Arm *m* (Hebel~) arm
Armaturen *fpl* (Kabel~, Kessel~) fittings
Armaturenbrett *n* instrument board, dashboard
Armaturentafel *f* instrument panel
armieren *v* reinforce; (US) armor, (UK) armour
armiertes Kabel *n* armored cable
Armstütze *f* arm rest
arretieren *v* arrest, lock
Arretierung *f* arrest
Arretiervorrichtung *f* locking device, stop device
Art *f (Betriebsart)* mode; (Lade~) method
Asbest *m* asbestos
ASCII-Code *m* ASCII code (**A**merican **S**tandard **C**ode for **I**nformation **I**nterchange)
Asphalt *m* asphalt
Asche *f* ash
asymmetrisch *adj* asymmetric(al)
asynchron *adj* asynchronous
Asynchronbetrieb *m* asynchronous operation, asynchronous mode
Asynchronmotor *m* asynchronous motor
Atemschutz *m* respirator
Atlas *m* (Farb~) atlas
Atom *n* atom
Atom~ (~antrieb, ~energie, ~gewicht, ~kern, ~modell, ~nummer, ~spektrum, ~strahlen, ~teilchen, ~zahl, ~zerfall) atomic ~
Atomantrieb *m (Vorgang)* nuclear propulsion, *(Einrichtung)* nuclear propulsion system
Atomkraftwerk *n* nuclear power station
Atomspaltung *f* nuclear fission

Attest *n* certificate
Attrappe *f* dummy
attributive Prüfung *f* attributive test
ätzen *v* etch
Ätzlösung *f* etching solution
Ätzwirkung *f* corrosive action
Audit *n* (Qualitäts~) audit
Auditanweisung *f* audit procedure
auditieren *v* audit
Auditor *m* auditor
Aufbau *m (Bauart)* construction, architecture; *(Konstruktion)* design; *(Gefüge)* (Programm~) structure, texture; *(Montage)* erection, installation, mounting; *(Zusammenbau)* assembly; *(Errichtung)* erection; *(oben)* surface mounting; *(Konfiguration)* configuration; *(Anordnung)* layout, arrangement; *(Gestaltung)* organization; *(Chemie)* composition; *(Auto)* car body; *(Druck, Magnetfeld)* build-up; *(Verbindung)* set-up
aufbauen *v* construct; design; erect, install, mount; assemble; arrange; organize; set up, establish; compose; build up; *(Chemie)* synthesize (*siehe auch* Aufbau)
Aufbaugerät *n* surface-mounted device, SMD
Aufbauorganisation *f* organizational structure
Aufbauten *mpl* superstructure
aufbereiten *v* prepare; condition; make up; *(zum Druck)* edit; *(Wasser)* treat
Aufbereitung *f* (Kohlen~) preparation; (Impuls~) conditioning; *(zum Druck)* editing; *(Wasserversorgung)* (Abwasser~, Wasser~) treatment
Aufbereitungsanlage *f* (Abwasser~) treatment plant; (Kohlen~) preparation plant
aufbocken *v (z.B. Auto)* jack up
aufbohren *v* bore, enlarge a bore
aufdrücken *v (Spannung)* impress a voltage
auffällig *adj*, **an ~er Stelle angebracht** prominently displayed
auffordern *v (PC)* prompt
Aufforderung *f* (Eingabe~) request
Aufgabe *f* task, job, function, problem; *(Werkstück)* loading, feeding; charging
Aufgabeschnecke *f* screw feeder
Aufgabetrichter *m* feed hopper
aufgeben *v* charge; load, feed; *(vorschreiben)* specify
aufhängen *v* suspend
Aufhänger *m* (Ketten~) hanger
Aufhängung *f* (Seil~) suspension, (Seil~) attachment, (Seil~) hitch
aufhellen *v* brighten
Aufklärung *f* (Radar~) reconnaissance
aufkohlen *v* carburize
aufladen *v (Elektrotechnik)* charge; *(Material)* load
Auflage *f* base; bearing; (Werkzeug~) rest; support; seating; *(Hartmetall)* tip
Auflagedruck *m* bearing pressure
Auflagefläche *f* contact surface
Auflagekraft *f* supporting force
Auflager *n* support; *(Rohrleitungen)* bedding
Auflagerdruck *m* bearing pressure
Auflagerfläche *f* bearing surface
Auflast *f* superimposed load

aufleuchten *v* light up, flash
Auflicht *n* incident light
auflösen *v* dissolve; resolve
Auflösung *f* (Winkel~, Zeit~) resolution, *(Bedarf)* explosion
Auflösungsvermögen *n* resolving power, resolution
Aufmaß *n* allowance
aufmauern *v* brick up
Aufnahme *f (Chemie)* (Wärme~, Wasser~) absorption; (Kohlenstoff~) pick-up; *(Elektrotechnik)* (Strom~) input; (Fräser~, Werkzeug~) holder; *(Vorrichtung)* holding fixture; (Werkstück~) fixture; *(Aufzeichnung)* recording
aufnehmen *v* absorb; accommodate; take up; record
Aufnehmer *m* (Druck~, Hochdruck~) pick-up
Aufprall *m* impact
Aufputzmontage *f* surface mounting
aufrauen *v* rough up, roughen
aufrecht *adj* upright
aufrechterhalten *v* maintain; upkeep
Aufriss *m (Zeichnung)* elevation, front view
Aufruf *m* (Eingabe~) prompt
aufrufen *v (PC)* invoke, call
aufschrauben *v* screw on, bolt to
aufschrumpfen *v* shrink on, shrink-fit
aufsitzen *v* rest against
aufspannen *v* clamp, chuck
Aufspannfutter *n* chuck
Aufspanntisch *m* clamping table, work-holding table
Aufspannung *f* (Werkstück~) clamping
Aufspannvorrichtung *f* clamping fixture, clamping device, work holding fixture
aufstapeln *v* pile, pile up, stack
aufstecken *v* slip over
aufstellen *v* install, erect, mount
Aufstellung *f* installation, erection, mounting
Aufstellungszeichnung *f* installation drawing
auftragen *v (Anstrich)* coat, apply a coat; *(Schweißen)* deposit, build up; *(Messwerte)* plot
Auftraggeber *m* buyer, purchaser, client, ordering party, customer, employer, *(öffentlicher Auftraggeber)* government authority, government agency, body
Auftragnehmer *m* seller, supplier, vendor, contractor, *(bei Ausschreibung)* successful bidder
auftragschweißen *v* deposit-weld; *(Panzerung)* hardface, hard-surface
Auftragsforschung *f* sponsored research
auftreffen *v* impact, strike
Auftreffwinkel *m (Optik)* angle of incidence; angle of impact
auf- und abbewegen *v* raise and lower, ascend and descend
Aufwand *m* expense, (Energie~) expenditure, cost; extent of work, complexity, degree of complexity; sophistication, degree of sophistication; outlay; effort
Aufwärtsbewegung *f* upward motion, upward movement
Aufwärtshub *m* upward stroke
Aufwärtskompatibilität *f* upward compatibility

aufweiten *v* expand; flare, flare out
aufzeichnen *v* draft, plot; register; record
Aufzeichnung *f (Analog)* recording, plotting
Aufzeichnungsdichte *f* recording density, density
Aufzeichnungsgerät *n* (Band~) recorder
Aufzug *m* (Ketten~) (US) elevator, (UK) lift
Augenschraube *f* eye bolt
Augenschutz *m* protective goggles
Ausbau *m* removal, withdrawal; dismounting; disassembly; *(Erweiterung)* extension, expansion; enlargement; configuration; *(Bauwerk)* finish
ausbauchen *v* bulge, bulge out, belly, belly out; widen
ausbauen *v* remove, withdraw, dismantle, dismount, disassemble; extend, expand, enlarge; upgrade
ausbaufähig *adj* expandable, upgradable, open-ended
ausbessern *v* repair; *(Anstrich)* touch up; make good; mend; *(Straßenbau)* patch
ausbeulen *v* planish, flatten, remove dents, beat out dents
Ausbeulwerkzeug *n* dinging hammer, dolly
Ausbeute *f* (Wärme~) yield; output
ausbilden *v* train, instruct
Ausbildung *f* **am Arbeitsplatz** on-the-job training
ausblenden *v (Signal)* extract; *(Grafik)* hide; mask out; remove
ausbreiten *v* spread, propagate
Ausbreitung *f (Wellen, Licht)* (Funk~, Licht~) propagation
ausdehnen *v* extend, expand; stretch
Ausdehnung *f* (Wärme~) extension, expansion
Ausdruck *m* print, printout, hard copy; expression
auseinander bauen *v* disassemble, knock down
auseinander gebaut *adj* disassembled, *(für den Versand)* knocked down
auseinander nehmen *v* disassemble, dismantle, take apart
Ausfahrt *f* exit
Ausfall *m* (Antennen~, Betriebs~, Licht~, Maschinen~, Phasen~) failure; (Maschinen~) breakdown
Ausfallmuster *n* type sample
Ausfallrate *f* failure rate
ausfallsicher *adj* fail-safe, failure-proof
Ausfallzeit *f* downtime
ausfugen *v* joint
ausführbar *adj (Programm)* executable; *(machbar)* feasible
ausführen *v* carry out, execute, perform, do
Ausführung *f (Durchführung)* (Programm~) execution; *(Bauart, Konstruktion)* design, construction; *(Modell, Version)* model, version, (Freiluft~) type, variant; *(handwerkliche Ausführung)* workmanship; *(Oberfläche)* finish
Ausführungszeichnung *f* working drawing, shop drawing, as-built drawing
ausfüttern *v* line
Ausgabe *f* output
Ausgang *m* (Antennen~, Binär~, Steuer~) output; (Not~) exit

Ausgangsleistung *f* (Empfänger~) output power
Ausgangsmaterial *n* base material
Ausgangsspannung *f* (Empfänger~) output voltage
ausgießen *v* pour out; *(mit Zement)* grout
Ausgleich *m* balance, (Belastungs~, Last~) balancing, (Druck~, Phasen~, Reibungs~) compensation; correction
ausgleichen *v* compensate; counterbalance; adjust; balance out; equalize
Ausgleichsgetriebe *n* differential, differential gearing
aushärten *v* harden, *(Klebstoff)* cure; post-cure; set
ausheben *v* excavate
Aushub *m* (Fundament~) excavation
auskehlen *v* fillet; groove, channel; rebate; flute
auskitten *v* putty
auskleiden *v* line
Auskleidung *f* (Lager~, Ofen~) lining
auskragen *v* cantilever, project, overhang
auskuppeln *v* declutch, uncouple; disengage, disconnect
auslagern *v* age-harden
Auslass *m* outlet, discharge opening
Auslassventil *n* discharge valve
auslaufen *v* *(Flüssigkeit)* leak out; *(Drehzahl)* slow down
Auslaufseite *f* delivery side
Auslaufteil *n* discontinued item
Auslaufzeit *f* slow-down time
auslegen *v* design, rate
Ausleger *m* (Kran~) boom, (Kran~) jib, cantilever
Auslegung *f* design
Auslegungs- und Konstruktionsüberwachung *f* *(Qualitätssicherung)* design control
auslenken *v* deflect
Auslenkung *f* deflection; (Amplituden~) excursion
Ausleuchtung *f* illumination
Auslöse~ (~druck, ~geschwindigkeit, ~nocken, ~stange, ~vorgang, ~vorrichtung) tripping ~, trip ~
Auslösehebel *m* release lever
auslösen *v* release, trip, trigger, operate, initiate; *(Alarm)* sound an alarm
Auslöser *m* trigger, (Sicherheits~) tripping device, (Überstrom~) trip
Auslösung *f* (Überstrom~, Fern~) tripping, (Überstrom~) release, operation, initiation
Ausmauerung *f* (Ofen~) brick lining
ausprüfen *v* test out; *(Programm)* debug
Auspuff *m* exhaust
Auspuff~ (~gase, ~geräusch, ~krümmer, ~leitung, ~rohr, ~schalldämpfer, ~takt, ~topf) exhaust ~
ausrasten *v* disengage
Ausreißer *m* *(Qualitätssicherung)* maverick, outlier
ausrichten *v* align, adjust, level
ausrücken *v* disconnect, disengage, unclutch; *(Getriebe)* throw out of mesh
Ausrücker *m* (Riemen~) striker
ausrüsten *v* equip, outfit, furnish
Ausrüstung *f* (Brems~, Hilfs~, Maschinen~, Prüf~, Radar~) equipment, outfit

ausschalten *v* switch off, turn off, power off; stop; open the circuit; de-energize; *(entfernen, verhindern)* eliminate; remove
Ausschalter *m* circuit-breaker, cutout; trip; disconnecting switch, (Not~) cutoff switch, on-off switch; (Not~) shutdown
Ausschlag *m (Zeiger)* (Winkel~) deflection
ausschließen *v* exclude, rule out
ausschneiden *v* cut out
Ausschnitt *m* cutout; sector
ausschreiben *v* invite tenders
Ausschuss *m* scrap; waste
Ausschussteil *n* reject
ausschwenken *v* swing out
außen *adv*, **Außen...** *adj* outside, outward, external, exterior, outdoor
Außenabmessung *f* external dimension
Außenbeleuchtung *f* outdoor lighting
Außendienst *m* field service
Außendiensttechniker *m* field engineer
Außendurchmesser *m* outside diameter, outer diameter, *(Gewinde)* major diameter
Außengewinde *n* external thread, male thread
Außengewindeschneiden *n* screw cutting
Außenhaut *f* outer skin, skin
aussenken *v* counterbore
Außenlager *n* outboard bearing
außenliegend *adj* exterior, external, outdoor, outside; outboard
Außentaster *m* outside caliper
Außerbetriebnahme *f* (Kessel~) shut-down
außer Betrieb setzen *v* put out of operation
äußerer Befund *m* visual inspection result
außermittig *adj* eccentric, off-center
Außermittigkeit *f* eccentricity
außer Tritt fallen *v* fall out of step, pull out
Aussetzbetrieb *m* intermittent operation
aussetzen *v* stop; interrupt; fail; expose, subject
aussetzend *adj* intermittent
aussondern *v (Qualitätssicherung)* segregate; separate
Aussonderung *f* segregation
ausspannen *v* unclamp
aussparen *v* recess
Aussparung *f* recess
ausspülen *v* rinse, wash out, flush; scavenge
ausstanzen *v* punch
ausstatten *v* equip, furnish
Ausstattung *f* equipment; outfit; finish
aussteifen *v* stiffen; brace
aussteigen *v (PC) (aus einer Funktion)* quit, abort
aussteuern *v* control; drive
Ausstoß *m* output
ausstoßen *v* eject; emit; push out
ausstrahlen *v* radiate; emit
Ausstrahlung *f* (Licht~) radiation; emission
ausströmen *v* flow out; escape
Austausch *m* (Energie~, Ionen~, Wärme~) exchange
austauschbar *adj* interchangeable, exchangeable, replaceable
austauschen *v (gegenseitig)* interchange, exchange, replace (A by B), substitute (B for A)

Austauscher *m* (Ionen~, Wärme~) exchanger
Austauschmotor *m* exchange engine
Austauschteil *n* exchange part, replacement part
Austauschwerkstoff *m* substitute material
austreten *v* emerge
Austritt *m* exit; delivery; (Wasser~) outlet; (Luft~) discharge; (Luft~) exhaust; emergence; (Wasser~) leakage
ausüben *v (Druck)* exert
Auswahl *f (Sortiment)* assortment
Auswahlmenü *n (PC)* menu
auswechselbar *adj* interchangeable, exchangeable, replaceable, removable
auswechseln *v* replace, exchange; renew
ausweiten *v* expand, extend, widen
auswerfen *v* eject
Auswerfer *m* ejector, knock-out
auswerten *v* evaluate, analyze
Auswerter *m* analyst
auswuchten *v*, **statisch und dynamisch ~** balance statically and dynamically
ausziehen *v* pull out; extract, withdraw; telescope
Auszug *m* extract; abstract
Autogenschweißen *n* autogenous welding, gas welding, oxyacetylene welding
Automat *m* (Einspindel~, Revolver~) automatic machine
Automatenstahl *m* free-cutting steel
Automatikgetriebe *n* automatic transmission
Automationsstufe *f* degree of automation
automatisieren *v* automate
Automatisierung *f* automation
Autotelefon *n* car telephone, carphone
Axial~ (~abstand, ~kraft, ~lager, ~last, ~lüfter, ~maß, ~profil, ~schnitt, ~spannung, ~spiel, ~teilung, ~versatz, ~verschiebung, ~winkel) axial ~
Axialbelastung *f* thrust
Axialdrucklager *n* axial bearing
Axiallüfter *m* axial-flow fan
Axial-Rillenkugellager *n* axial groove ball bearing
Azetylen *n* acetylene

Backe *f (Spannbacke)* jaw; (Brems~, Gleit~) shoe; *(Schneidbacke)* die
Backenbremse *f* shoe brake
Backenfutter *n* jaw chuck
Bad *n* (Abschreck~, Öl~, Wasser~) bath
Bagger *m (nass)* dredger; *(trocken)* excavator
baggern *v* dredge; excavate; dig
Bahn *f* (US) railroad, (UK) railway; track, (Kontakt~, Strom~, Werkzeug~) path; (Nocken~) track; (Kran~) runway; *(Amboss, Hammer)* face; *(Führungsbahn)* (Gleit~) way; *(Lager)* race, raceway; *(Flugkörper)* (Spin~) orbit; *(Roboter)* trajectory; *(Papierbahn)* web
Bahndamm *m* railroad embarkment
Bahngelände *n* railroad premises
Bahnnetz *n* railroad network
Bahnkörper *m* track bed
Bajonettfassung *f* bayonet holder
Bajonettverschluss *m* bayonet catch, bayonet lock
Bake *f* (Funk~) beacon
Balken *m* beam, (Beton~) girder; bar; (Fundament~) transom
Balkendiagramm *n* bar chart, bar diagram
Balkenrührer *m* beam agitator
Ballast *m* ballast
Ballungsraum *m* conurbation
Bananenstecker *m* banana plug
Band *n* (Magnet~) tape; belt; (Kupfer~) strip; (Kabel~) strap; (Brems~, Frequenz~, Gummi~) band; ribbon
Band~ (~aufzeichnungsgerät, ~geschwindigkeit, ~laufwerk, ~leser, ~steuerung, ~system, ~vorschub) tape ~
Band~ (~förderer, ~schleifen, ~schleifmaschine, ~spannung) belt ~
Band~ (~breite, ~bremse, ~eisen, ~filter, ~kupplung, ~säge, ~sägeblatt) band ~
Bandeisen *n* hoop iron
Bandförderer *m* conveyor
bandgesteuert *adj* tape-controlled
Bandkabel *n* ribbon cable
Bandkern *m* (Eisen~) ribbon core
Bandkupplung *f* rim clutch
Bandmaß *n* tape rule
Bandmittenfrequenz *f* mid-band frequency
Bandstahl *m* strip steel
bandumwickelt *adj (Kabel)* taped
Bandwalzen *n* continuous rolling
Bank *f (Werkbank)* bench
Bär *m (Schmieden)* ram
Basis *f* (Zeit~) base; basis
basisch *adj (Chemie)* basic
Basismaterial *n* base material
Basisstation *f (Mobilfunk)* base station
Batterie *f* (Primär~, Puffer~) battery
Batterie~ (~empfänger, ~fach, ~gehäuse, ~gerät, ~gestell, ~käfig, ~kasten, ~klemme, ~ladegerät, ~lampe, ~säure, ~spannung, ~träger) battery ~
batteriebetrieben *adj* battery-powered, battery-operated
Batteriesäureprüfer *m* battery tester
Batteriewarnanzeiger *m* battery warning indicator

Bau *m (Bauwerk)* building, structure; *(Bauen)* (Beton~, Eisenbahn~, Kran~, Stahl~) construction, building, manufacture; *(Arbeit)* building work
Bau~ (~arbeit, ~behörde, ~genehmigung, ~geräte, ~gewerbe, ~grube, ~industrie, ~maschine, ~material, ~platz, ~projekt, ~schutt, ~stein, ~stelle, ~technik, ~techniker, ~unternehmer, ~vorschrift, ~zaun, ~zeichnung) building ~
Bauart *f* design; type; pattern
Bauartprüfung *f* type test
Bauartzulassung *f* type approval
Baubeschläge *mpl* ironmongery, fittings
Baublech *n* structural steel sheet
Baubreite *f* overall width
Baubüro *n* site office, field office
Bauklammer *f* clamp
Baud *n* baud
Baud-Rate *f* baud rate
Bauelement *n* construction element, component
bauen *v* build, construct, erect; design
Baugerüst *n* scaffold, scaffolding
Baugröße *f* size
Baugrube *f* pit
Baugruppe *f* assembly, (Eingabe~, Filter~) module
Baugruppenträger *m* rack, subrack, chassis, cage
Bauhandwerk *n* building trade
Bauhandwerker *m* building trade worker
Bauherr *m* client, building owner
Bauhof *m* contractor's yard
Bauhöhe *f* overall height
Bauholz *n* structural timber, timber, structural wood
Bauindustrie *f* construction industry
Bauingenieur *m* civil engineer
Baujahr *n* year of manufacture, year of construction, date built; *(Bauwerk)* year of erection
Baukastensystem *n* modular design, modular system
Bauklammer *f* clamp
Baulänge *f* overall length
Bauleiter *m* site engineer, construction superintendent
Baum *m* tree; (Kabel~) harness
Baumaschinen *fpl* construction machines, construction machinery
Baumuster *n* model, type, prototype
Baumusterprüfung *f* prototype test
Baumwolle *f* cotton
Baureihe *f* series
Bausatz *m* kit
bauseitig *adj* made by others, provisions by others, furnished by others, provided by others, provided by third parties, provided by civil-engineering contractor, provided by customer, furnished by other trade, supplied by others
Baustahl *m* structural steel
Baustahlgewebe *n* steel fabric
Baustein *m (Elektronik)* chip; building block, module
Baustelle *f* construction site
Baustelle auflösen/aufräumen *v* demobilize
Baustelle einrichten *v* mobilize

Baustellenbesuch *m* site visit
Baustellenbeton *m* site-mixed concrete
Baustellenbüro *n* site office, field office
Baustellenmontage *f* site assembly
Baustellenräumung *f* site clearance, clearing of site
Baustoff *m* building material
Bauteil *n* component, part
Bauteilzulassungszeichen *n* type approval sign
Bauunternehmen *n* builder
Bauwerk *n* (Beton~) structure, construction, building
Bauzeichnung *f* civil-engineering drawing, construction drawing, as-built drawing
BCD-Code *m* BCD code (**B**inary **C**oded **D**ecimal)
beanspruchen *v* stress; strain; load
Beanspruchung *f* (Scher~) stress; (Biege~, Bruch~) strain; load
Beanspruchungskombination *f* load combination
Beanstandung *f* objection, complaint, non-conformance
bearbeiten *v (behandeln)* treat; *(handhaben)* handle, manipulate; *(verarbeiten)* process; *(spanend)* machine, cut; *(spanlos)* work, *(formen)* shape
Bearbeitung *f (Oberfläche)* treatment; *(Behandlung, Umgang)* handling; *(Verarbeitung, z.B. Daten)* processing; *(spanend)* (Innen~, Präzisions~) machining, cutting; *(spanlos)* (Metall~) working, shaping
Bearbeitungsmaschine *f (Werkzeugmaschine)* machine tool, (Zahnrad~) production machine
Bearbeitungszeichnung *f* operation drawing
Bearbeitungszentrum *n* machining center
Bearbeitungszugabe *f* machining allowance
beaufschlagen *v* apply, admit, pressurize
Beaufschlagung *f (mit Druck)* pressurization
beauftragt *adj (Qualitätssicherung) (benennen)* appoint, *(betraut mit)* entrusted with, *(ermächtigt)* authorized
Beauftragter *m* (Sicherheits~) coordinator, (Sicherheits~) officer
bebautes Gebiet *n* built-up area
Bedachung *f* roofing
Bedarf *m* (Energie~, Strom~) demand; need; (Wärme~) requirement
Bedarfsträger *m* user, user organization
Bedeckung *f* (Radar~) coverage
Bedienanforderung *f* operator prompt
bedienen *v (Maschine)* operate, handle, attend; control; *(Teilnehmer)* serve
Bediener *m* (Maschinen~) operator
bedienerfreundlich *adj* user-friendly, operator-friendly, operator-oriented
Bedienerführung *f (PC)* prompting, prompts, operator guidance
Bedienfeld *n* control panel
bedienter Betrieb *m* attended operation, manned operation
Bedien- und Anzeigefeld *n* control and display panel
Bedienung *f* operation, attendance, handling; (Fern~) control
Bedienungs~ (~anleitung, ~anweisung, ~bühne, ~gang, ~hebel, ~mannschaft, ~organ, ~personal) operating ~

Bedienungselemente *npl* controls
Bedienungshandbuch *n* operator's manual
Bedienungspult *n* control console, operator's console, control desk
Bedienungsschild *n* instruction plate
Bedienungstafel *f* control panel; *(als Hängetafel)* control pendant
Bedingungen *fpl* (Betriebs~) conditions
befahrbar *adj* negotiable
Befehl *m* instruction, (Steuer~) command, order, statement
Befehlsvorrat *m* instruction set, instruction repertoire
befestigen *v* fasten, fit, fix, mount, secure; clamp; bolt
Befestigung *f* fastening, mounting, clamping, attachment
Befestigungsbügel *m* bracket
Befestigungslasche *f* cleat
Befestigungsschiene *f* fixing rail
Befestigungsschraube *f (ohne Mutter)* fastening screw, fixing screw; *(mit Mutter)* fastening bolt
Befestigungswinkel *m* cleat
befeuchten *v* humidify, moisten, dampen
Befeuchter *m* (Luft~) humidifier
Befund *m* (Prüf~) findings
Befundbericht *m* report of findings
Befundprüfung *f (Qualitätssicherung)* as-found test
begehbar *adj* accessible to persons, step-on, walk-in; negotiable
Begehungssteg *m* walk-way
begichten *v* charge
Begichtung *f* (Hochofen~) charging
begrenzen *v* limit; bound
Begrenzer *m* (Druck~, Strom~) limiter; governor
Begrenzung *f* (Strom~) limitation
Behälter *m (waste)* (Öl~, Wasser~) container, receptacle; (Kraftstoff~, Wasser~) tank; (Druck~) vessel; (Druckluft~, Hochdruck~, Niederdruck~) receiver; bin, reservoir
behandeln *v* treat, process, handle
Behandlung *f* (Oberflächen~, Wärme~) treatment
Beharrungszustand *m* steady state
beheben *v (Fehler)* recover, correct, remedy
Beiblatt *n (bei Norm)* companion sheet
Beilagescheibe *f* washer, packing washer, shim
beherrschter Prozess *m* process in control
Behörde *f* (Bau~) authority
beimengen *v* add, admix
Beimischung *f* admixture
Beipack *m* small items kit
Beiwert *m* (Kopplungs~) coefficient, factor
bekämpfen *v (PC) (Viren)* combat; fight; control
Bekämpfung *f* combat; (Brand~) fighting; control
beladen *v* load, charge, burden
Belag *m* coat, coating; *(Innenverkleidung)* (Brems~, Gummi~, Kupplungs~, Reib~, Reibungs~) lining; (Kupplungs~) facing; plating; *(Straßenbelag)* covering
Belassung *f (Qualitätssicherung)* accept as is, use as is

Belastbarkeits-Datenblatt *n* load capacity data sheet
belasten *v* load
Belastung *f* (Anfangs~, Bruch~, Gesamt~) load, loading; strain; burden
Belastungs~ (~ausgleich, ~diagramm, ~fähigkeit, ~faktor, ~kurve, ~prüfung, ~schwankung, ~spitze, ~verteilung) load ~
belegen *v* coat, face; occupy, *(Leitung)* seize; assign; verify
belegt *adj* busy; engaged; occupied
Belegung *f* occupancy, seizure
beleuchten *v* illuminate, light
Beleuchtung *f* illumination; (Innen~, Not~) lighting; luminaire, lighting set
Beleuchtungskörper *m* light fitting, lighting unit, luminaire, lighting fixture
Beleuchtungsstärke *f* illuminance
belichten *v* expose
Belichtung *f* exposure
belüften *v* ventilate
Belüftung *f* ventilation
Belüftungsanlage *f* ventilating equipment
Bemaßung *f* (Koordinaten~) dimensioning
bemessen *v* design, dimension, rate
Bemessung *f* design, dimensioning, rating
benachbart *adj* adjacent, (US) neighboring, (UK) neighbouring
benetzen *v* wet
Benetzungsmittel *n* wetter, wetting agent
benutzerfreundlich *adj* user-friendly, easy-to-use, user-oriented
Benutzeroberfläche *f* user interface
Benutzerschnittstelle *f* user interface, man-machine interface
Benzin *n* (US) gasoline, gas, (UK) petrol
Benzinmotor *m* petrol engine
Benzol *n* benzene
Beobachtung *f* (Radar~) observation
beratender Ingenieur *m* consulting engineer
Berechnung *f* calculation, computation; analysis, (Fundament~) stress analysis
Berechnungsdruck *m* design pressure
Berechnungstemperatur *f* design temperature
Beregnungsprüfung *f* wet test
Bereich *m* (Amplituden~, Anfangs~, Anzeige~, Bezugs~, Drehzahl~, Einstell~, Frequenz~, Kurzwellen~, Mess~, Resonanz~, Sende~, Steuer~, Strom~, Temperatur~, Übertragungs~, Volllast~, Vorschub~, Winkel~) range; region; area; (Abtast~, Prüf~) field; (Zeit~) domain; sphere; reach; span
bereichsübergreifend *adj* cross-office, cross-functional, interdisciplinary, inter-divisional
bereichsüberschreitend *adj* out of range
bereichsunterschreitend *adj* out of range
Bereifung *f* (US) tires, (UK) tyres
bereinigen *v (richtig stellen, anpassen)* correct, adjust, *(saisonal)* adjust for seasonal variation; *(verfeinern)* refine
Bereinigung *f* correction, adjustment; refinement
Bereitschaftsbetrieb *m* hot standby, standby mode
Bereitschaftsdienst *m* on-call service, call center service, standby service

bereitstellen *v* stage
Bergbau *m* (Erz~, Kohlen~) mining
Bergwerk *n* (Kohlen~) mine
Bericht *m* (Abnahme~, Prüf~) report, message; notice
berichtigen *v* correct, rectify, adjust, set right
Berieselungsanlage *f* sprinkler system
bersten *v* burst, rupture
Berstfestigkeit *f* bursting strength
Berstwiderstand *m* bursting resistance
Beruf *m* occupation, trade, craft, profession; job
Berührung *f* contact; touch
Berührungs~ (~fläche, ~korrosion, ~linie, ~spannung) contact ~
berührungslos *adj* non-contact
berührungssicher *adj* shock-proof
Berührungstaster *m* tactile button, touch button
berührungstrocken *adj* dry-to-touch
beschädigen *v* damage; spoil; *(Oberfläche)* mar
Beschädigung *f* damage, *(Transport)* damage in transit
beschaffen *v* procure; supply, provide
Beschaffenheit *f* (Oberflächen~) condition, state, quality, grade; (Oberflächen~) finish, (Oberflächen~) appearance; *(Aufbau)* structure
Beschallung *f* ultrasonic testing
Beschallungsrichtung *f* sounding direction
Bescheinigung *f* (Abnahme~, Prüf~) certificate, certification
Bescheinigungsinhaber *m* certificate holder
beschichten *v* coat
Beschichtung *f* (Metall~) coating, coat
beschicken *v* charge, feed, load
Beschickung *f* charging, charge, loading
Beschickungs~ (~bühne, ~seite, ~trichter, ~tür, ~wagen) charging ~
Beschilderung *f* plates and labels, notices
Beschläge *mpl* fittings; hardware
beschleunigen *v* accelerate, speed up, expedite
Beschleuniger *m* (Elektronen~) accelerator
Beschleunigung *f* (Fliehkraft~, Winkel~) acceleration, speeding up
Beschleunigungskennlinie *f* acceleration characteristic
beschneiden *v* trim
Beschreibung *f* (Patent~, Werkstück~) description, (Patent~) specification
Beschriftung *f (Bildunterschriften)* legend
Beschuss *m* (Neutronen~) bombardment
beseitigen *v* eliminate; remove; *(Fehler)* remedy; *(loswerden)* dispose of
Beseitigung *f* elimination; removal; (Abwasser~) disposal
besetzt *adj* busy; engaged; occupied
Bessemer-Stahl *m* converter steel
Bestand *m* inventory, stock; volume
beständig *adj* resistant (to), immune (to), insusceptible (to); *(physikalisch)* stable
Bestandteil *m* part, component; substance; ingredient; constituent
bestätigen *v* confirm, acknowledge; verify
Bestätigung *f* confirmation, acknowledgement; verification
Bestellzeichnung *f* order drawing

bestimmungsgemäßer Gebrauch *m* use as prescribed
bestrahlen *v* irradiate, expose to rays
Bestrahlung *f* irradiation, exposure to rays
bestücken *v (Maschine mit Werkzeug)* tool; *(Schneidwerkzeuge)* tip; *(ausstatten)* equip; mount; insert
Bestückung *f* (Hartmetall~) tipping
Bestückungsplan *m* component mounting diagram
Bestückungsroboter *m* pick and place robot
betätigen *v* operate, actuate; manipulate; handle; control
Betätigungsschalter *m* actuating switch
Beton *m* (Fundament~) concrete
Beton~ (~balken, ~bau, ~bauwerk, ~decke, ~fundament, ~mischer, ~mischung, ~mörtel, ~pfeiler, ~platte, ~rüttler, ~sohle, ~stampfer, ~verteiler) concrete ~
betonieren *v* cast concrete
Betonstabstahl *m* reinforcing steel bar
Betonstahl *m* reinforcing steel
Betonzusatzmittel *npl* admixtures
Betonzusatzstoffe *mpl* additives
Betonzuschlag *m* aggregate
Betrag *m* amount; (Vorschub~) increment
betreiben *v* operate, run, use
Betreiber *m* operator, carrier, owner
Betreuung *f* (Fern~) attendance
Betrieb *m* (Fertigungs~, Produktions~) plant, factory, mill, works, installation, facility; workshop, shop; business, enterprise, concern, company; (Gleichstrom~, Hochofen~, Not~, Transformatoren~, Volllast~) operation, service; (Synchron~) mode
Betrieb *m*, **außer** ~ out of operation, out of service, out of use
Betrieb *m*, **in** ~ in service, in use, working
Betriebs~ (~anweisung, ~ausfall, ~bedingungen, ~daten, ~dauer, ~drehzahl, ~druck, ~einrichtung, ~handbuch, ~kosten, ~leistung, ~raum, ~sicherheit, ~spannung, ~störung, ~strom, ~temperatur, ~verhältnisse, ~vorschrift, ~zustand) operating ~
Betriebsart *f* mode of operation, duty
Betriebsartschalter *m* mode switch, mode selector switch
betriebsbereit *adj* ready for operation, ready for service
Betriebsdruck *m (Wasserversorgung)* service pressure
betriebsfremde Gegenstände *mpl* equipment other than operational equipment
Betriebsgelände *n* premises
betriebsmäßig *adj* under normal service conditions, under field conditions
Betriebsmittel *npl (Einrichtungen)* equipment, operational equipment; *(Fertigung)* production facilities, resources; *(Geldmittel)* funds
Betriebsprüfung *f* functional test, in-service test
Betriebsraum *m* operations room
betriebssicher *adj* reliable, dependable, safe to operate, fail-safe
Betriebssicherheit *f* safe operation, reliability, reliability in service

Betriebsspannung *f* working voltage, operating voltage
Betriebsstoffe *mpl (bei Roh-, Hilfs- und Betriebsstoffen)* fuels, lubricants and coolants; *(Bilanz)* consumables
Betriebsstörung *f* breakdown, shut-down, failure
Betriebsstunden *fpl* hours run; working hours
Betriebssystem *n (EDV, PC)* operating system
betriebsunfähig *adj* unserviceable
Betriebswasser *n* service water
Betriebszulassung *f* (US) operating license, (UK) operating licence
Betriebszustand *m* working condition, service condition
Betriebszuverlässigkeit *f* reliability, dependability
Bett *n* (Maschinen~) bed; (Kabel~) bedding
beugen *v (Optik)* diffract
Beugung *f (Optik)* diffraction
Beulung *f* indentation
Beurteilung *f* assessment
bewährt *adj* field-proven, field-tested, proven
bewässern *v* irrigate
Bewässerung *f* irrigation
beweglich *adj* movable; flexible; mobile
Bewegung *f* (Vorschub~) movement, (Arbeits~, Exzenter~, Koordinaten~, Umkehr~, Vorschub~, Winkel~) motion; mobility; *(Maschinentisch)* traverse; travel
Bewegungsanalyse *f* motion analysis
Bewegungsenergie *f* kinetic energy
Bewegungslehre *f* kinematics
Bewegungsmelder *m* motion detector
Bewegungsreibung *f* dynamic friction
Bewegungssitz *m* running fit
Bewegungsstudie *f* motion study
Bewegungsumkehr *f* reversal of motion, reversal of travel
bewehren *v* reinforce, (US) armor, (UK) armour
bewehrtes Kabel *n* armored cable
Bewehrung *f* reinforcement, (Kabel~) (US) armoring, (UK) armouring
Bewehrungsstab *m* steel-reinforcing rod
Bewehrungsstahl *m (Beton)* reinforcement bar, reinforcement rod
bewerten *v* assess; rate, analyze, weight
Bewertung *f* (Qualitäts~) assessment; rating; appraisal; weighting
Bewitterungsprüfung *f* exposure test, weathering test
bezeichnen *v* designate, name, mark, notate, specify, indicate; earmark
Bezeichnung *f* designation, name, marking, identification, specification, indication, labelling, *(Zeichnung)* title
Bezug *m* reference
Bezugs~ (~bereich, ~daten, ~druck, ~ebene, ~elektrode, ~fläche, ~frequenz, ~geräusch, ~größe, ~kreis, ~leistung, ~normal, ~pegel, ~profil, ~punkt, ~quelle, ~schalldruck, ~schallleistung, ~signal, ~spannung, ~system, ~temperatur, ~wert) reference ~
Bezugsgerät *n* known-good device
Bibliothek *f* (Programm~) library
bidirektional *adj* bidirectional

Biege~ (~beanspruchung, ~dehnung, ~effekt, ~festigkeit, ~grenze, ~kraft, ~länge, ~maschine, ~moment, ~presse, ~radius, ~riss, ~schwingung, ~spannung, ~steifigkeit, ~versuch, ~zange) bending ~
Biegefestigkeit *f* flexural strength
Biegegrenze *f* yield point under bending stress
Biegemoment *n* flexural moment
biegen *v* bend; fold
Biegeschlagversuch *m* bending impact test
Biegespannung *f* flexural stress
Biegezahl *f* number of bends
biegsame Welle *f* flexible shaft
Bieter *m* tenderer
Bilanz *f* (Wärme~) balance
Bild *n* (Fernseh~) picture, (Binär~, Radar~) image; illustration; map; graph; *(Patente und Zeichnungen)* Fig., figure; (Bohr~) pattern
Bildabtastung *f* scanning
Bildneuaufbau *m* refresh, screen refresh
Bildpunkt *m* pixel
Bildschirm *m* (Radar~) screen
Bildschirmfoto *n* screenshot
Bildschirmmaske *f* screen mask
Bildschirm *m* **mit Berührungseingabe** touch screen
Bildschirmschoner *m* screen saver
Bildung *f* (Gas~) formation
Bildvorlage *f* master illustration
Bildwiederholfrequenz *f (PC)* refresh rate
Bimetall *n* bimetal
binär *adj* binary
Binär~ (~ausgang, ~bild, ~darstellung, ~eingang, ~funktion, ~signal, ~system, ~zähler, ~ziffer) binary ~
binär kodiert *adj* binary coded
Binärsystem *n* binary number system
Binärziffer *f* binary digit, bit
Bindefestigkeit *f* bond strength
Bindeglied *n* link
Bindemittel *n* bonding medium, binding medium, bonding agent, binding agent, binder
Binder *m* (Stahl~) truss, (Stahl~) frame; (Kabel~) tie
Birne *f (Lampe)* bulb, lamp
bistabil *adj* bistable
Bit *n* (Steuer~) bit
Bitrate *f* bit rate
Black Box *f* black box
blank *adj (Oberfläche)* bright; *(Draht)* bare, uninsulated; naked
blank geglüht *adj* bright-annealed
blank gewalzt *adj* bright-rolled
blank gezogen *adj* bright-drawn
Blase *f* (Luft~) bubble; blister; (Gas~) pocket
Blasebalg *m* bellows
blasen *v* blow; blast
Blasenspeicher *m (EDV)* bubble memory
blasgeformt *adj* blown to shape
Blatt *n* (Prüf~) sheet; leaf; blade; (Feder~) plate
blättern *v (PC)* page, turn pages
Blattfeder *f* leaf spring, laminated spring
Blech *n* sheet metal; *(dünn ≤ 5 mm)* (Aluminium~, Eisen~, Messing~, Stahl~)

sheet, *(dick ≥ 5 mm)* (Kessel~, Messing~, Stahl~) plate
Blechbearbeitung *f* sheet-metal working
Blechbiegemaschine *f* plate bending machine
Blechdicke *f* gage of sheet, gage of plate
Blechfalzmaschine *f* seaming machine
Blechschraube *f* self-tapping screw
Blechteil *n* sheet-metal part
Blechverkleidung *f* sheeting
Blechwalzstraße *f* sheet rolling mill
Blei *n* lead
Blei~ (~draht, ~kabel, ~legierung, ~mantel) lead ~
bleibende Bruchdehnung *f* permanent elongation at fracture
bleibende Dehnung *f* permanent elongation
bleibende Durchbiegung *f* permanent set
bleibende Eindringtiefe *f* depth of impression
bleibende Regelabweichung *f* steady-state deviation
bleibende Verformung *f* permanent deformation
bleifrei *adj* unleaded
Blende *f (Optik)* diaphragm; screen; mask
blenden *v* dazzle, glare
blendfrei *adj (Bildschirm)* non-glare
Blendschutz *m* anti-dazzle device, anti-glare device
Blendschutzscheibe *f* anti-dazzle screen
Blickfeld *n* field of vision, range of vision
Blickrichtung *f* line of vision, direction of gaze
Blickwinkel *m* visual angle, angle of vision
Blindanflug *m* blind approach
Blindflug *m* blind flight, instrument flight
Blindleistung *f (Elektronik)* reactive power
Blindstecker *m* dummy plug
Blinkanzeige *f* flashing indicator, flashing display
blinken *v* flash, blink; flicker
blinkende Schreibmarke *f* blinking cursor
Blinker *m* direction indicator
Blinklicht *n* flashing light
Blitzableiter *m* lightning conductor, lightning rod
Blitzlicht *n* flashlight
Blitzschutzanlage *f* lightning protection system, lightning arrester equipment
Block *m* (Getriebe~, Ventil~) block
blockieren *v* block, obstruct; interlock; jam
Blockschaltbild *n* block diagram
Bock *m* (Lager~) block, (Lager~) pedestal
Boden *m* ground; floor; soil, earth; (Kessel~) bottom; base; (Kabel~) gallery
Bodenabstand *m (Kfz)* road clearance, ground clearance
Bodenanalyse *f* soil analysis
Bodenbelag *m* floor covering, flooring
Bodenfläche *f* floor space, floor area, footprint
Bodenfreiheit *f* ground clearance
Bodenplatte *f* baseplate, bottom plate
Bodenpressung *f* soil pressure
Bogen *m (Geometrie und Lichtbogen)* (Pol~, Quecksilber~) arc; *(Bauwerk)* arch; *(Kurve)* curve; (Rohr~) bend
Bogenbrücke *f* arch bridge, arched bridge
bogenförmig *adj* arched; arc-shaped; bent, curved

Bogenlampe *f* (Kohle~) arc lamp
Bohle *f* plank
Bohr~ (~bild, ~hub, ~kopf, ~lehre, ~leistung, ~maschine, ~schablone, ~schema, ~schlitten, ~spindel, ~stellung, ~tisch, ~vorrichtung, ~werkzeug) drilling ~
Bohrautomat *m* automatic drilling machine
bohren *v (ins Volle)* drill; *(aufbohren)* bore; *(in Holz)* bore; *(Gewinde)* tap
Bohren *n* (Ultraschall~) drilling
Bohrer *m* drill; *(für Holz)* auger bit; *(Gewinde)* tap
Bohrfutter *n* drill chuck
Bohrloch *n* drilled hole; borehole, bore
Bohrmaschine *f* (Einspindel~, Revolver~, Universal~, Waagerecht~) drilling machine
Bohrspäne *mpl* drillings; borings
Bohrtiefe *f* depth of drill hole; depth of borehole
Bohr- und Fräsmaschine *f* (Waagerecht~) drilling and milling machine
Bohrung *f* drilled hole; (Kegel~) borehole, (Kegel~, Lager~) bore
Bolzen *m* (Abscher~, Anker~, Exzenter~, Führungs~, Fundament~, Teil~) bolt; (Abscher~, Führungs~, Kolben~, Lager~, Scher~) pin; (Ketten~) stud
Boolesche Algebra *f* Boolean algebra
Bördelmaschine *f (Grobblech)* flanging machine; *(Feinblech)* beading machine
bördeln *v (warm)* flange; *(kalt)* bead
Bordrechner *m (Auto)* on-board computer, car computer
Boxermotor *m* opposed-cylinder engine
Brachzeit *f* down time, non-productive time
Brand *m* fire, burning
Brand~ (~bekämpfung, ~gefahr, ~mauer, ~melder, ~meldung, ~schaden, ~tür, ~verhalten) fire ~
Brandmelder *m* fire-alarm call point, fire-alarm call box, call point
Brandwände *fpl (von Bauteilen)* fire walls
Brauchwasser *n* service water
Braunkohle *f* lignite
brechen *v* break; fracture; rupture; crush; *(Optik)* refract
Brecheisen *n* crowbar
Brechstange *f* crowbar, wrecking bar
Brechungswinkel *m* angle of refraction
Breitband *n* broad band, wide band
Breitband-ISDN *n* broad-band ISDN
Breitbandrauschen *n* broad-band noise, wide-band noise
Breite *f* (Band~, Impuls~) width
Brems~ (~anlage, ~ausrüstung, ~backe, ~band, ~belag, ~drehmoment, ~flüssigkeit, ~gestänge, ~hebel, ~klotz, ~kolben, ~kraftverstärker, ~kupplung, ~leitung, ~licht, ~lüftmagnet, ~magnet, ~moment, ~regler, ~scheibe, ~schuh, ~trommel, ~verschleiß, ~versuch, ~verzögerung, ~vorrichtung, ~zylinder) brake ~
Brems~ (~arbeit, ~kraft, ~kreis, ~leistung, ~magnet, ~moment, ~schütz, ~strecke, ~vorrichtung, ~weg, ~wirkung) braking ~
Bremse *f* (Anker~, Band~, Druckluft~, Fliehkraft~, Flüssigkeits~, Kupplungs~,

Last~, Magnet~, Not~, Reibungs~, Spindel~) brake
bremsen *v* brake, apply the brake, engage the brake
Bremsleistung *f* brake horsepower
Bremsleuchte *f* stop lamp
Bremslüfter *m* brake-lifting magnet
Bremsmagnet *m* magnetic brake
Bremsung *f* (Not~) braking
brennbar *adj* combustible
Brennelement *n* fuel element
brennen *v* burn; fire; bake; *(Lampe)* be alight
Brenner *m* (Gas~) burner; (Schweiß~) torch, blowpipe
Brennpunkt *m* burning point, fire point; *(Optik)* focus
Brennschneiden *n* flame cutting, gas cutting, oxyacetylene cutting
Brennstoff *m* fuel
Brennwert *m* gross calorific value
Brett *n* board; plank; panel
Brille *f* (Schweiß~) goggles
Brinellhärte *f* Brinell hardness
Bronze *f* (Aluminium~, Lager~) bronze, gun metal
bronzieren *v* bronze
Browser *m* browser
Bruch *m* breakage, rupture; (Rohr~) burst; fracture; *(Mathematik)* fraction
Bruch~ (~beanspruchung, ~belastung, ~festigkeit, ~fläche, ~flächenlänge, ~mechanik, ~spannung, ~versuch, ~zähigkeit) fracture ~
Bruchdehnung *f* elongation at fracture, elongation at break
Brucheinschnürung *f* reduction in area when breaking
bruchfest *adj* break-resistant
Bruchfestigkeitsgrenze *f* ultimate breaking strength
Bruchfläche *f* fractured surface
Bruchgefahr *f* risk of breakage
Bruchstelle *f* point of fracture, spot of rupture
Bruchstrich *m (Mathematik)* fraction line
Brücke *f* (Eisenbahn~, Kran~, Mess~) bridge; *(Elektrotechnik)* jumper, link
brummen *v* hum
brummfrei *adj* hum-free
Brummspannung *f* hum voltage
Brunnen *m* well
Brüstung *f* parapet
Brüter *m (Atomkraft)* breeder
Buchse *f* (Gummi~) sleeve; (Kontakt~, Lager~, Ventil~) bush, (Lager~) bushing; *(Elektrotechnik)* socket, jack
Büchse *f* (Fett~) cup; (Kupplungs~) sleeve
Buchsenleiste *f (Elektrotechnik)* socket connector
Buckelschweißen *n* projection welding
Bügel *m* clip; clevis; stirrup; (Feder~) clamp; *(zur Befestigung)* (Führungs~) bracket; bow; frame; *(beim Kopfhörer)* headband
Bügelfeder *f* spring clip
Bühne *f* (Bedienungs~, Beschickungs~) platform; floor; stage
Bund *m* collar; shoulder; flange
Bündel *n* (Licht~) beam
bündeln *v* focus
Bündelung *f* (Ionen~) focusing

bündig *adj* flush, level, even
bündig abschließen mit *v* be flush with
bündig eingebaut *adj* flush-mounted
Bundmutter *f* collar nut
Bundschraube *f* collar screw
Bunker *m* (Erz~, Kohlen~) bunker, silo; (Erz~) bin; hopper
Buntmetall *n* non-ferrous metal
Büroautomatisierung *f* office automation
Bürokommunikation *f* office communication
Bürste *f* (Draht~, Kohle~, Kontakt~) brush
Bürstenhalter *m* brush holder
Bus *m* (Steuer~) bus
Busstruktur *f* bus structure, bus architecture
Bypassventil *n* bypass valve
Byte *n (acht Bit)* byte

Cache-Speicher *m (PC)* cache memory, cache
CAD *(rechnergestützte Konstruktion)* CAD (Computer **A**ided **D**esign)
CAD-Arbeitsplatz *m* CAD workstation
Caddy *n (Schutzhülle für CD-ROM)* Caddy
Camcorder *m (Multimedia) (Kamerarecorder)* camcorder
Camlock-Befestigung *f* camlock mounting
CD-Brenner *m* CD recorder
CD-ROM-Laufwerk *n* CD-ROM drive (Compact **D**isk **R**ead-**O**nly **M**emory)
Celsiusgrad *m* centigrade, degree centigrade, degree celsius
CE-Zeichen *n* CE mark (CE = Conformité Européenne)
Charge *f* (Hochofen~) charge; heat; melt; batch; lot
Charpy-Probe *f* keyhole-notch specimen
Charpy-Prüfung *f* Charpy test
Chassis *n* chassis; base; frame
Chatten *n (Internet)* chat
Check-Liste *f* check list
Chemiefaser *f* man-made fiber, artificial fiber
chemisch aggressive Atmosphäre *f* corrosive atmosphere
Chipausbeute *f* chip yield
Chip-Freigabe *f* chip enable
Chip-Karte *f* chip card, smart card
Chlor *n* chlorine
chloren *v* chlorinate
Chlorung *f* chlorination
Chopper *m* chopper
Chrom *n* chromium, chrome
chrombeschichtet *adj* chromium-plated
Chromnickelstahl *m* nickel-chromium steel, chrome-nickel steel
Chromstahl *m* chrome steel, chromium steel
circa *adv* approx., approximately
CMOS-Technologie *f* CMOS technology (**C**omplementary **M**etal **O**xide **S**emiconductor)
CNC-Programm *n* CNC program (**C**omputer **N**umerical **C**ontrol)
Code *m* code
Code-Klasse *f* code class
Code-Ausgaben *fpl* code editions
Code-Stempel *m* code symbol stamp
Codewandler *m* code converter
codieren *v* code, encode
Codierung *f* coding
computergestützt *adj* computer-assisted, computer-aided
computergestützte Softwareentwicklung *f* computer-aided software engineering
computerunterstützt *adj* computer-assisted, computer-aided
Containerbahnhof *m* container depot, container terminal
Cookie *n (Internet)* cookie
Crimpen *n* crimping
Crimpkontakt *m* crimp contact, crimp snap-in contact
Crimpwerkzeug *n* crimping tool

Crimpzange *f* crimping tool
Cue-Card *f (Ratgeber)* cue card
Cursor *m* cursor
Cyberspace *n (Internet)* Cyberspace

Dach *n* roof, top; *(Schutzdach)* canopy
Dachantenne *f* roof antenna
Dachdecker *m* roof tiler
Dachfirst *m* ridge
Dachneigung *f* roof pitch, roof slope
Dachpappe *f* tar-board
Dachrinne *f* roof gutter
Dachziegel *m* roof tile
Damm *m* dam; embarkment
Dämmplatte *f* insulating board, insulating panel
Dämmstoff *m* insulating material
Dampf *m* (Quecksilber~) (US) vapor, (UK) vapour; *(Wasser)* (Hochdruck~, Niederdruck~, Wasser~) steam
Dampf~ (~abscheider, ~absperrhahn, ~absperrschieber, ~antrieb, ~druck, ~entnahme, ~entwicklung, ~erzeuger, ~heizung, ~kessel, ~kolben, ~kraft, ~kraftwerk, ~leitung, ~schieber, ~schlange, ~turbine, ~überhitzer, ~ventil, ~zylinder) steam ~
Dampfdruck *m* vapor pressure
dämpfen *v* damp, dampen; deaden; cushion, absorb; *(Elektrotechnik)* attenuate
Dämpfer *m* (Luft~) dashpot; damper; attenuator
dampfhaltige Luft *f* steam-laden atmosphere
Dampfkessel *m* boiler
Dampfkraftmaschine *f* steam power engine
Dampf-/Luft-Gemisch *n* vapor-air mixture
Dampfmaschine *f* steam engine
dampfstrahlen *v (reinigen)* steamclean
Dämpfung *f (Akustik)* muting; *(Elektrotechnik)* (Leitungs~) attenuation; *(Mechanik)* cushioning; *(Schwingungen)* damping, absorption
Dämpfungsausgleich *m* attenuation compensation, attenuation equalization
Dämpfungsfaktor *m* attenuation coefficient
Dämpfungsfeder *f* shock absorber spring
Dämpfungsglied *n* attenuator
darbieten *v (Signal, Ton)* present
darstellen *v* represent; display; graph; *(digital)* digitize; *(darbieten)* present
Darstellung *f* (Koordinaten~) representation, (Binär~) notation; *(auf dem Bildschirm)* display
Datei *f* (Hilfs~) file
Dateiaufbau *m* file structure; file layout
Dateiserver *m* file server
Dateiverwaltung *f* file management
Daten *plt* (Betriebs~, Bezugs~, Eingabe~, Steuer~) data
Datenbank *f* data bank, database
Datenbank-Verwaltungssystem *n* database management system
Datenbericht *m* data report
Datenberichtsblatt *n* data report form
Datenblatt *n* data sheet
Datenendgerät *n* terminal
Datenfernverarbeitung *f* teleprocessing, remote data processing
Datenhelm *m (Multimedia)* head-mounted display, HMD, VR helmet

Datenpaket *n* packet
Datensatz *m* data record
Datensicherung *f* back-up, data saving
Datenspeicher *m* data memory, data storage
Datenträger *m* data carrier, recording medium, storage medium, volume
Datenübertragung *f* data transmission
Datenverarbeitung *f* data processing
Dauer *f* (Impuls~) duration, period, interval, (Abschreck~, Betriebs~) time
Daueranriss *m* fatigue incipient crack
Dauerbeanspruchungsgrenze *f* endurance limit
Dauerbetrieb *m* continuous operation, continuous duty
Dauerbiegefestigkeit *f* bending stress fatigue limit
Dauerbiegeversuch *m* fatigue bending test
Dauerbiegewechselfestigkeit *f* bending fatigue strength
Dauerbruch *m* fatigue failure
Dauerbruchversuch *m* fatigue fracture test
Dauerdehngrenze *f* fatigue yield limit
Dauerermüdungsfestigkeit *f* long-time fatigue strength
Dauerfestigkeit *f* endurance, endurance strength, fatigue strength
Dauerfestigkeitsversuch *m* endurance test, fatigue test
dauerhaft *adj* durable
Dauermagnet *m* permanent magnet
Dauerprüfung *f* endurance test, fatigue test
Dauerschlagfestigkeit *f* impact fatigue limit
Dauerschlagversuch *m* repeated impact test
Dauerschlagzahl *f* impact fatigue in number of blows
Dauerschmierlager *n* self-lubricating bearing
Dauerschmierung *f* prelubrication, permanent lubrication
Dauerschwingbeanspruchung *f* alternating cyclic stress
Dauerschwingversuch *m* vibration test
Dauerversuch *m* fatigue test
Dauerzugversuch *m* endurance tension test
Daumenschraube *f* thumb screw, knurled screw
Deckanstrich *m* finishing coat, top coat
Deckblatt *n (Fax)* cover sheet, *(Internet)* banner page
Decke *f* ceiling, (Beton~) floor
Deckel *m* lid; (Getriebe~) cover, (Lager~) cap
Deckenbeleuchtung *f* ceiling lighting
Deckendurchbruch *m* ceiling opening
Deckfarbe *f* finishing paint
Deckleiste *f* cover strip
Deckplatte *f* cover plate
Deckschicht *f* top layer, top coat
dehnbar *adj* elastic, flexible, extensible; *(Metall)* ductile
dehnen *v* extend; stretch; elongate
Dehnfuge *f* expansion joint
Dehngeschwindigkeit *f* strain rate
Dehngrenze *f* yield point; *(0,2% Dehngrenze)* yield strength
Dehnpassung *f* expansion fit

Dehnung *f* elongation; (Gesamt~) expansion; extension; *(deformierend)* (Anfangs~, Biege~) strain
Dehnungsbild *n* strain pattern
Dehnungsdiagramm *n* strain variation diagram, stress-strain diagram
Dehnungsmessstreifen *m* foil strain gage, strain gage
Dehnungsprüfung *f* elongation test
Dehnungsriss *m* expansion crack
Dehnungszahl *f* coefficient of expansion
Dekrement *n* decrement
Delle *f* dent
Demodulation *f* (Phasen~) demodulation
demodulieren *v* demodulate
Demontage *f* disassembly, removal
demontieren *v* disassemble, dismantle; dismount, remove; detach
Deregulierung *f (Monopol)* deregulation
Derivat *n* derivative
Desinfektion *f* disinfection
Desktop-Publishing *n* desk-top publishing, DTP
destillieren *v* distil
Detektor *m* (Ultraschall~) detector
Dezibel *n*, **dB** decibel, dB
Dezimalbruch *m* decimal fraction
Dezimalschreibweise *f* decimal notation
Dezimalsystem *n* decimal number system
Diagnose *f* (Fern~) diagnosis
Diagnosefähigkeit *f* diagnostics capability
Diagnosehilfe *f* diagnostic aid
Diagonale *f* diagonal
Diagonalstrebe *f* diagonal strut
Diagramm *n* (Belastungs~, Last~, Phasen~) diagram, chart, graph, plot
Dialogbetrieb *m* interactive mode, conversational mode
Diamant *m* diamond
Diamant~ (~abdrehgerät, ~abrichter, ~fassung, ~halter, ~kegel, ~pyramide, ~pyramidenhärte, ~säge, ~schleifen, ~spitze, ~splitter, ~staub, ~werkzeug) diamond ~
diamantbestückt *adj* diamond-tipped
Diapositiv *n* slide
Diaprojektor *m* slide projector
Diaschau *f* slide show
dicht *adj* dense; compact; tight, impervious; leak-proof
Dichte *f* (Abtast~, Energie~, Feld~, Gas~, Ionen~, Kern~, Luft~, Magnet~, Neutronen~, Strahlungs~, Strom~) density; compactness; tightness
Dichtemesser *m* densimeter
dichten *v* seal, make tight, pack; *(Schiff)* caulk
Dichtigkeitsprüfung *f* leak test, (Gas~) leakage test
Dicht~ (~kappe, ~lippe, ~mittel, ~mutter, ~naht, ~ring, ~schnur, ~wirkung) sealing ~
Dichtprofil *n* self-sealing profile
Dichtring *m* (Gummi~) packing ring
Dichtstoff *m* sealant
Dichtung *f* (Gas~, Lager~, Öl~) seal, sealing; (Kolben~) packing; (Gummi~) gasket
Dichtungsmasse *f* sealing compound
Dichtungsring *m* (Öl~) retainer ring
Dichtungsscheibe *f* sealing washer
dickflüssig *adj* viscous; thick-bodied

Dickschichttechnik *f* thick-film technology
Dielektrikum *n* dielectric
Dienst *m* (Funk~, Not~, Telefon~) service
diensteintegrierendes digitales Netz *n* integrated services digital network, ISDN
diensteneutral *adj* non-service-specific
diensteüberschreitend *adj* interservice
Dienstleister *m* service provider
Dienstleistung *f* service
Dieselaggregat *n* diesel-driven generating set
Dieselkraftstoff *m* diesel fuel
Dieselmotor *m* diesel engine
Dieselöl *n* diesel oil
Differential *n (Getriebe)* differential drive; *(Mathematik)* differential
Differential~ (~anteil, ~getriebe, ~gleichung, ~regelung, ~regler, ~verhalten, ~verstärker, ~welle) differential ~
Differenz *f* (Druck~) differential
Differenzdruck *m* differential pressure
digital *adj* digital
Digital-Analog-Wandler *m* digital-to-analog converter, D/A converter
Digital~ (~anschluss, ~anzeige, ~netz, ~schaltung, ~technik, ~vermittlung, ~vermittlungsstelle) digital ~
Diktiergerät *n* dictating machine
Dimension *f* dimension, size
dimensionieren *v* dimension
Diode *f* (Gleichrichter~) diode
DIP-Schalter *m* DIP switch (**D**ual **I**nline **P**ackage)
Direkt~ (~ablesung, ~anzeige, ~einspritzung, ~härten, ~steuerung, ~wahl, ~zugriff) direct ~
Direktwahl *f* **aus dem PC** direct dialling from the PC
direkt wirkender Kolben *m* direct acting piston, direct acting ram
Diskette *f* diskette, floppy disk
Diskettenlaufwerk *n* diskette drive, floppy-disk drive
disponieren *v* expedite
Disponent *m* expediter
Disposition *f* material planning
Distanzhülse *f* spacer sleeve
Distanzscheibe *f* spacer, spacer washer, shim
Distanzstück *n* (Lager~) spacer
Docht *m* (Öl~) wick
Dokumentation *f* documentation
dokumentenecht *adj* indelible
Dongle *m (PC)* dongle
Doppelarbeit *f* duplication of work
Doppelboden *m* raised floor, false floor
Doppeldüse *f* twin nozzle, double nozzle
Doppelstecker *m* two-pin plug, twin plug
Doppel-T-Träger *m* I-beam, I-girder
doppelt wirkend *adj* double-acting
doppelt wirkende Presse *f* double-action press
doppelwandig *adj* double-skin
Dorn *m* mandrel; (Fräs~) (US) arbor, (UK) arbour
Dornbiegeprüfung *f* mandrel bending test
Dose *f* (Abzweig~, Sicherungs~) box; tin, can
Dosiereinrichtung *f* metering device
dosieren *v* dose; batch; proportion

Dosierpumpe *f* metering pump, proportioning pump, dosing pump
Dosierung *f* proportioning, dosing
Dosis *f* (Strahlungs~) dose
Dotierung *f* doping
Draht *m* (Aluminium~, Blei~, Erdungs~, Heiz~, Kupfer~, Leitungs~, Magnet~, Messing~, Schweiß~, Sicherungs~, Stahl~) wire
Draht~ (~ader, ~bürste, ~geflecht, ~gewebe, ~haspel, ~lehre~, ~nagel, ~schneider, ~seil, ~seilrolle, ~seiltrieb, ~stärke, ~stift, ~zange, ~zug) wire ~
Drahtgewebe-Filtereinsatz *m* wire-mesh filter element
Drahtklammer *f* staple
drahtlos *adj* wireless
Drahtumflechtung *f* (Kupfer~) wire braiding
Drahtzange *f* cutting pliers
Drall *m* twist; spin
Drallstabilisierung *f* spin stabilization
dränieren *v* drain
Draufsicht *f* top view, plan view
Drehachse *f* axis of rotation
Drehantrieb *m* rotating drive
Dreharbeit *f* lathe work
Drehautomat *m* automatic lathe
Drehbank *f* lathe
drehbar *adj* rotary, rotatable; swivelling; pivoting
drehbar gelagert *adj* pivoted
Drehbeanspruchung *f* torsional stress
Drehbewegung *f* rotary motion
Drehbolzen *m* fulcrum pin, pivot
drehen *v* turn; rotate; revolve; swing; swivel; spin
Dreher *m* lathe operator
Dreherei *f* lathe shop
Drehfeld *n (Elektrotechnik)* rotary field, rotating field
Drehfestigkeit *f* torsional strength
Drehfutter *n* lathe chuck
Drehgelenk *n* swivel joint
Drehgeschwindigkeit *f* speed of rotation
Drehgestell *n* bogie
Drehkipp-Fenster *n* tilt-and-turn window
Drehknopf *m* knob
Drehkolben *m* rotary piston
Drehkondensator *m* variable capacitor
Drehkreuz *n* spider
Drehmaschine *f* (Revolver~, Universal~) lathe, turning machine
Drehmeißel *m* turning tool, lathe tool
Drehmelder *m* synchro, selsyn
Drehmoment *n* (Anfangs~, Brems~, Last~, Leerlauf~, Prüf~, Reibungs~) torque
Drehmomentbegrenzer *m* torque limiter
Drehmomentkennlinie *f* torque characteristic
Drehmomentmesser *m* torquemeter
Drehmomentregler *m* torque regulator
Drehmomentschlüssel *m* torque spanner, torque wrench
Drehmomentwandler *m* torque converter
Drehpunkt *m* fulcrum; pivot
Drehrichtung *f* direction of rotation, sense of rotation
Drehschalter *m* rotary switch
Drehscheibe *f* turntable
Drehschieber *m* rotary slide valve
Drehschwingung *f* torsional vibration

Drehsinn *m* sense of rotation
Drehspindel *f* workspindle, main spindle
Drehspule *f* moving coil
Drehstab *m* torsion bar
Drehstahl *m* turning tool
Drehstrom *m* three-phase alternating current, three-phase AC
Drehstrom~ (~anlage, ~anlasser, ~generator, ~kreis, ~motor, ~netz, ~transformator, ~umspanner, ~wicklung) three-phase ~, three-phase AC ~
Drehsupport *m* slide rest
Drehteil *n* turned part
Drehteller *m* turntable
Drehtisch *m* rotary table, rotating table; revolving table, turntable
Drehtür *f* revolving door
dreh- und schwenkbar *adj* tilt-and-swivel
Drehung *f* (Koordinaten~) rotation, revolution; turn; spin
Drehwähler *m* rotary selector
Drehwerkzeug *n* lathe tool
Drehwinkel *m* angle of rotation
Drehzahl *f* (Abtriebs~, Anlauf~, Antriebs~, Betriebs~, Eingangs~, Höchst~, Leerlauf~, Nockenwellen~, Spindel~, Synchron~, Turbinen~, Volllast~) speed; rotational speed; *(Umdrehungszahl)* number of revolutions
Drehzahl~ (~änderung, ~bereich, ~einstellung, ~erfassung, ~messer, ~regler, ~regelung, ~stufe, ~verhalten, ~verhältnis, ~verstellung, ~vorwahl, ~wahl, ~wechsel) speed ~
Drehzahl-Drehmoment-Kennlinie *f* speed-torque characteristic
drehzahlgeregelt *adj* variable-speed
Drehzahlmesser *m* revolution counter, speedometer, tachometer
Drehzahlwächter *m* automatic speed selector
Drehzapfen *m* fulcrum pin, pivot
dreiadrig *adj* three-core, three-wire
Dreibackenfutter *n* three-jaw chuck
Dreibein *n (Stativ)* tripod
dreidimensional *adj* three-dimensional, 3-D
Dreieckschaltung *f* delta connection
Dreikantfeile *f* three-square file, three-cornered file
Dreikantmutter *f* triangle nut
Dreikantschlüssel *m* triangular key, triangular spanner
Dreikantschraube *f* triangle-head bolt
Dreiwege-Kugelhahn *m* three-way ball valve
Dreiwege-Ventil *n* three-way valve
Drossel *f* throttle; (Filter~, Sieb~) choke; restrictor
Drosselklappe *f* damper flap, butterfly damper, butterfly valve
drosseln *v* throttle; slow down
Drosselschieber *m* damper slide
Drosselventil *n* throttle valve
Druck *m* (Anfangs~, Arbeits~, Auslöse~, Betriebs~, Bezugs~, Dampf~, Flüssigkeits~, Gas~, Innen~, Kessel~, Kolben~, Kompressions~, Kontakt~, Last~, Luft~, Öl~, Prüf~, Steuer~, Verbrennungs~, Verdichtungs~, Vorschub~, Wasser~) pressure; compression; (Lager~) thrust

Druck~ (~abfall, ~anstieg, ~anzeige, ~anzeiger, ~aufnehmer, ~ausgleich, ~begrenzer, ~behälter, ~differenz, ~entlastung, ~fühler, ~gefälle, ~gefäß, ~höhe, ~kontakt, ~leitung, ~messer, ~platte, ~regelung, ~regelventil, ~regler, ~rohr, ~schalter, ~schmierung, ~schwankung, ~seite, ~stoß, ~stufe, ~ventil, ~verlust, ~welle, ~zylinder) pressure ~
drucken *v* print
drücken *v* press, depress; push; force; squeeze; jam
Drucker *m* printer
Drücker *m* pusher
Druckfarbe *f* printing ink
Druckfeder *f* compression spring
Druckfestigkeit *f* compression strength, compressive strength
Druckgefäß *n* pressure vessel, vessel
druckgießen *v* die-cast, pressure die-cast
Druckgießharz *n* pressure-cast resin
Druckgießmaschine *f* die-casting machine
Druckguss *m* (Messing~) die-casting
Druckgussform *f* die-casting mold
Druckgusslegierung *f* die-casting alloy
Druckgussverfahren *n* die-casting process
Druckgussteil *n* pressure die-casting
Druckknopf *m* push button, pushbutton, press button
Druckknopfschalter *m* pushbutton switch
Druckknopfsteuerung *f* pushbutton control
Druckkugellager *n* thrust ball bearing
Drucklager *n* (Kupplungs~) thrust bearing
drucklos *adj* pressureless
Druckluft *f* compressed air
Druckluft~ (~anlassventil, ~antrieb, ~behälter, ~bremse, ~hammer, ~hebebock, ~kanal, ~pistole, ~ramme, ~schlauch, ~speicher, ~speicherung, ~zylinder) compressed-air ~
Druckluftbohrer *m* pneumatic drill
Drucklüfter *m* forced-draft fan
Druckluftkühlung *f* forced-air cooling
Druckmesser *m* pressure gage
Druckminderungsventil *n* pressure reducing valve
Druckprüfung *f* pressure test, *(hydraulisch)* hydraulic test; compression test
Druckschmierung *f* forced-feed lubrication
Druckspannung *f* compressive stress
Druckspeicher *m* pressure accumulator
Drucktaste *f* push key, press key
Druckumlaufschmierung *f* circulating forced-oil lubrication
Druckversuch *m* compression test
Dualsystem *n* binary number system
Dualzahl *f* binary number
Dübel *m* plug, *(aus Holz)* dowel
dünnflüssig *adj* thin, low-viscosity, low-bodied
dünnwandig *adj* thin-walled
Duplexbetrieb *m* duplex operation
durchbiegen *v* bend; deflect; *(durchhängen)* sag
Durchbiegung *f* bend; deflection; sag
Durchbiegungsfestigkeit *f* transverse bending strength
durchbrennen *v (Sicherung)* blow
Durchbruch *m* opening, cutout; *(Elektrotechnik)* (Isolations~) breakdown

durchdringen *v* penetrate
Durchfahrt *f* passage
Durchfluss *m* flow, (Öl~, Strom~) passage
Durchflussanzeiger *m* flow indicator
Durchflussmesser *m* flow meter
Durchflussregelung *f* flow control
Durchflussrichtung *f* flow direction
Durchführbarkeit *f* feasibility
Durchführbarkeitsstudie *f* feasibility study
Durchführung *f* (Kabel~) bushing; wall entrance; penetration
Durchgang *m* (Strom~) passage, (Pol~) pass; (Wärme~) throughput
Durchgangsloch *n* through-hole
Durchgangsprüfung *f (Elektrotechnik)* continuity test
Durchgangsverkehr *m* transit traffic
durchgehend *adv* throughout; *adj* all-...; continuous; uninterrupted; through-running; direct; end-to-end; non-sectionalized, full-depth, full-height, full-width
durchgehend digital *adj* all-digital
durchgeschaltet *adj* through-connected
Durchhang *m* sag
Durchhärtung *f* full hardening
durchlässig *adj* permeable; pervious
Durchlauf *m* passage, travel, traverse; (Prüf~) run
Durchläufer *m* passed component, fatigue-tested component without rupture
Durchlauferhitzer *m* instantaneous water heater, flow heater
Durchlaufzeit *f* lead time; throughput time; turnaround time
durchleuchten *v* X-ray
Durchlicht *n* transmitted light
Durchmesser *m* (Antennen~, Innen~, Werkzeug~) diameter, dia.
Durchmesserteilung *f* diametral pitch
durchprüfen *v* check, inspect, test, examine
durchrutschen *v* slip
Durchsage *f* voice message
durchsagen *v* announce, put through a message
Durchsatz *m* throughput
Durchschallung *f* sound testing, ultrasonic testing
Durchschallungstiefe *f* ultrasonic penetration
durchschalten *v* connect through, put through, switch through
Durchschaltung *f* through-connection
durchscheinend *adj* translucent
Durchschnitt *m* average, mean
durchschnittlich *adj* average, on the average
Durchschnittspegel *m* average level
Durchschnittsqualität *f (bei Holz)* fair average quality
Durchschnittswert *m* average value, mean value
durchsetzende Stelle *f* enforcement authority
durchsichtig *adj* transparent
durchsickern lassen *v* percolate
Durchsprechtaste *f* talk-through button
durchspülen *v* flush
durchsteuern *v (Transistor)* turn on
Durchstrahlung *f* radiography
Durchstrahlungsbild *n* radiograph

Durchstrahlungsprüfung *f* radiography, radiographic examination, radiographic testing
durchsuchen *v* browse, search
durchtränken *v* soak; impregnate
Durchwahl *f* direct inward dialling, direct dialling-in, direct outward dialling, direct line
durchwählen *v* dial direct
Durchwahlnummer *f* direct-dialling number
Düse *f* (Einspritz~, Turbinen~) nozzle
Düsenantrieb *m* jet propulsion
Düsenkörper *m* nozzle body
Düsensatz *m* nozzle set
Düsenstrahl *m (vor Auflösung)* jet, *(nach Auflösung)* spray
Düsenventil *n* nozzle valve
Düsenverteiler *m* nozzle manifold
Dynamikbereich *m* dynamic range
dynamisch *adj* dynamic

eben *adj* plane, even, flat, level
Ebene *f* level; (Arbeits~, Bezugs~, Koordinaten~, Mess~) plane, plane surface
ebnen *v* level, flatten; smooth
Echo *n* (Radar~) echo
Echoantwort *f* echo response
Echolot *n* echo sounder, echo depth sounder
Echolotung *f* (Ultraschall~) echo sounding, echo depth sounding, reflection sounding, (Radar~) sounding
Echounterdrückung *f* echo compensation, echo suppression
Echtzeit *f* real time
Echtzeit-Betriebssystem *n* real-time operating system
Echtzeitverarbeitung *f* real-time processing
Eckdaten *plt* key data
Eckenschutz *m* corner pad
Eckfräser *m* right-angle cutter
Eckleiste *f* cornice
Eckstoß *m* corner joint
Eckventil *n* angle valve
Eckwert *m* threshold value
Edelgas *n* inert gas, rare gas
Edelmetall *n* precious metal, noble metal
Edelstahl *m* high-grade steel, high-quality steel; stainless steel
Editor *m* editor
Effekt *m* (Biege~, Resonanz~) effect
Effektbeleuchtung *f* decorative lighting
effektive Zeit *f* actual time
Effektivwert *m* root mean square value, r.m.s. value
eichen *v* calibrate
Eichkörper *m* calibration block
Eichmarke *f* calibration mark
Eichmaß *n* standard measure, calibration standard
Eichnormale *f* calibrating standard
Eichung *f* (Feld~, Frequenz~) calibration
Eichvorschrift *f* calibration specification
Eigenantrieb *m* separate drive
Eigenbelüftung *f* self-ventilation
Eigenbestätigung *f* self-certification
Eigendiagnose *f* self-diagnosis
Eigenemission *f* intrinsic emission
Eigenerregung *f* self-excitation
Eigenfrequenz *f* natural frequency
Eigengenauigkeit *f* intrinsic accuracy
Eigengewicht *n* dead weight, dead load
Eigenlast *f* dead load
Eigenprodukt *n* self-made product
Eigenrauschen *n* inherent noise
Eigenschaft *f* property, characteristic
Eigenschwingung *f* natural vibration, natural oscillation
eigensicher *adj* intrinsically safe
eigensicherer Stromkreis *m* intrinsically safe circuit
Eigensicherheit *f* intrinsic safety
Eigenspannung *f* internal strain
eigenständiges Gerät *n* stand-alone unit, self-contained unit
Eigentest *m* self-test

Eignungsnachweis *m* capability demonstration
Eignungsprüfung *f* performance test
Eilbewegung *f* rapid motion, rapid traverse
Eildienst *m* express service
Eilgang *m* rapid traverse, quick traverse
Eilrücklauf *m* rapid return, quick return
Eilvorlauf *m* rapid advance
einadrig *adj* single-core, one-core
Ein-Aus-Schalter *m* on-off switch
Einbau *m* installation; (Lager~) fitting; assembly; mounting; building in; incorporation; insertion; integration
Einbauanleitung *f* installation instructions, mounting instructions, fixing instructions
einbauen *v* install; incorporate; fit; build in, build into; mount; integrate; embed
einbaufertig *adj* ready for installation
Einbaufilter *n* built-in filter
Einbaugerät *n* built-in device
Einbaulage *f* mounting position; installation attitude
Einbaumaß *n* fitting dimension, mounting dimension, installation dimension
Einbauplatz *m (PC)* slot
Einbausatz *m* mounting kit
Einbauten *mpl* built-in components, built-in equipment
einbinden *v* integrate; attach; *(Programm)* link
einblenden *v* fade in; *(Bildschirm)* unhide; insert; superimpose
Einbrecheralarm *m* burglar alarm, intruder alarm
einbrennen *v* burn in; bake
einbrennlackiert *adj* stove-enamelled
Einbrennlackierung *f* stove enamel coating, baked enameling
einbringen *v* charge, load; deliver, bring into
eindringen *v* penetrate; ingress, enter; intrude
Eindringtiefe *f* depth of penetration; indentation depth
Eindringverfahren *n* liquid penetration test, penetration inspection
Eindruck *m* impression; indent; indentation
eindrücken *v* indent; impress
Eindrückung *f* indentation
einebnen *v* level
Einfachmaschine *f* single-purpose machine
einfach wirkend *adj* single-acting
einfahren *v (Kolben)* retract; drive in; run in, break in
Einfahrt *f* entry; *(Annähern)* approach
Einfall *m* (Licht~) incidence
einfallen *v (Bremse)* be applied
einfallendes Licht *n* incident light
Einfallwinkel *m* angle of incidence
Einfang *m* (Neutronen~) capture
einfärben *v (mit Toner)* apply toner
einfarbig *adj* monochrome
Einfederung *f* cushioning; compression; *(Feder)* deflection; compliance; resilience; contracting
einfetten *v* grease, lubricate; oil
einfrieren *v* freeze
einfügen *v* insert
Einfügetaste *f (PC)* insert key

einführen *v* feed into; lead into; enter; introduce
Einführung *f* (Kabel~) entry
Einführungsarmatur *f* (Kabel~) entry fitting
Einführungsstutzen *m* (Kabel~) entry gland
Einfüllöffnung *f* inlet; filler hole
Einfüllschraube *f* (Öl~) filler plug
Einfüllstutzen *m* filler pipe, (Öl~) filler neck
Einfülltrichter *m* hopper; service funnel
Eingabe *f (Daten)* (Analog~) input, entry
Eingabe~ (~aufforderung, ~aufruf, ~baugruppe, ~daten, ~einheit, ~feld, ~folge, ~format, ~gerät, ~medium, ~puffer, ~speicher, ~sperre, ~taste, ~zähler, ~zwischenspeicher) input ~
Eingabetaste *f (PC)* Enter key
Eingang *m* entrance; (Antennen~, Binär~, Steuer~) input
eingängiges Gewinde *n* single-start thread
Eingangs~ (~drehzahl, ~frequenz, ~größe, ~kanal, ~klemme, ~kondensator, ~leistung, ~rauschen, ~stufe, ~transformator, ~wert, ~wicklung, ~widerstand) input ~
Eingangsleistung *f* power input
Eingangsprüfung *f* incoming goods inspection, receiving inspection
eingebaut *adj* built-in; integrated; incorporated
eingeben *v* enter, input
eingespannt *adj* clamped
eingießen *v* cast in; pot
eingravieren *v* engrave
eingreifen *v* engage; *(Zahnräder)* mesh, mate
Eingriff *m* engagement, mesh; gripping; action, intervention
Eingriffsgrenze *f* action limit
eingriffsicher *adj* tamper-resistant
einhalten *v (Vorschriften)* satisfy, meet, comply with, observe, conform to, adhere to
Einhärtung *f* hardness penetration
Einhärtungstiefe *f* hardness penetration depth
Einheit *f* (Eingabe~, Prüf~, Steuer~, Ventil~) unit; (Prüf~) item; entity
einheitlich *adj* uniform; standard, standardized; *(gleichmäßig)* homogeneous; *(gemeinsam)* common
Einhüllende *f (Signal)* envelope
einkapseln *v* encase, enclose, encapsulate
einkeilen *v* key; wedge
einkerben *v* notch, groove; nick; indent
Einkerbung *f* notch, groove; indent; nick
einkitten *v* cement, cement into
einklemmen *v* jam; trap; pinch
einklinken *v* latch, lock home
Einkreis-Bremsanlage *f* single-circuit braking system
einkuppeln *v* clutch; engage
Einlage *f* filler, filler weight; (Hartmetall~) insert
einlagig *adj* single-layer; one-ply
Einlass *m* (Wasser~) inlet, (Luft~) intake
Einlassventil *n* inlet valve, intake valve
einlaufen *v* run in, break in, *(Lager)* wear in

einlegen *v* insert; position; place (into)
einleiten *v* initiate, start, trigger
Einlernen *n (Roboter)* teach-in, teaching
einlesen *v* read in
einölen *v* oil
einpassen *v* fit in; adjust; adapt
Einpasszugabe *f* fitting allowance
Einphasen~ (~gleichrichter, ~motor, ~strom, ~transformator, ~wicklung) single-phase ~
einphasig *adj* single-phase
einpolig *adj* one-pole, single-pole, unipolar; *(Stecker)* one-pin
einpressen *v* force in, press into place
Einpressverbindung *f* press-fit contact
einrahmen *v (PC)* box in
einrasten *v* snap into place, engage; lock
Einrichtearbeit *f* setting-up work
einrichten *v* set up; equip; install
Einrichter *m* (Werkzeug~) setter, tool setter, machine setter
Einrichtezeit *f* set-up time
Einrichtung(en) *f(pl)* (Betriebs~, Fernmelde~, Fräs~, Mess~, Prüf~, Steuer~, Teil~) equipment; attachment; fixture; (Mess~) device; facility; (Fliehkraft~) mechanism; (Werkzeug~) setting
einrücken *v* engage; shift; throw in
Einrückhebel *m* engaging lever
Einrückung *f* engagement; shift
Einsatz *m* insertion; (Ventil~) insert; (Filter~, Lager~, Schmelz~) cartridge; *(Arbeitskräfte)* employment, deployment, delegation; *(Härten)* case-hardening; *(Härteschicht)* case; *(Ofeneinsatz)* charge; *(Passstück)* adapter; *(Kosten)* input; *(Verwendung)* use, application; (Hartmetall~) bit; *(für Schraubenschlüssel)* bit; *(elektrische Sicherung)* (Schmelz~, Sicherungs~) link
einsatzbereit *adj* ready for duty, ready for service
einsatzbereite Reserve *f* hot standby
Einsatzdaten *plt* field data
Einsatzfilter *n* cartridge-type filter
einsatzhärten *v* case-harden
Einsatzhärtetiefe *f* case depth, case hardening thickness
Einsatzhärtung *f* case hardening
Einsatzring *m* adapter
Einsatzschicht *f (Metall)* case
Einsatzstahl *m* case-hardening steel
Einsatztest *m* field test
Einsatzzentrale *f* dispatch center
einsaugen *v* suck in, take in, draw in
Einsaugluft *f* induction air; intake air
einscannen *v* scan
einschalen *v (Bau)* shutter
einschalten *v* switch on, power on, turn on; *(Hebel)* shift into position; *(Kupplung)* throw into engagement; *(Getriebe)* engage; *(Motor, Maschine)* start
Einschalthebel *m* starting lever
Einschaltknopf *m* start button
Einschaltmoment *n* starting torque
Einschaltstrom *m* starting current
Einschaltzustand *m* ON position
einschlägig *adj* relevant
einschlagen *v (Nagel)* drive in, drive home; *(Blitz)* strike, hit
einschließen *v* trap

Einschluss *m* (Gas~) inclusion; entrapment; (Luft~) pocket
einschmieren *v* lubricate, grease, oil
einschnappen *v* snap in, snap into place, catch
Einschnürung *f* reduction in area; constriction; neck, necking
einschrauben *v* screw in, turn in, screw home
Einschub *m* drawer, withdrawable unit; plug-in unit, slide-in module
einseitig *adj* single-ended, single-end, single-sided, one-sided; unilateral
einsetzen *v* insert; enter; use
einspannen *v* clamp; secure; mount; *(in ein Futter)* chuck
Einspannlage *f* clamping position
Einspannung *f* (Werkstück~) clamping
Einspannvorrichtung *f* clamping device; work-holding fixture
einspeichern *v* store, roll in
einspeisen *v* feed; supply
einsperren *v (Qualitätssicherung)* quarantine
Einspindel~ (~automat, ~bohrmaschine, ~fräsmaschine, ~vollautomat) single-spindle ~
Einspritz~ (~düse, ~leitung, ~motor, ~pumpe, ~ventil) injection ~
einspritzen *v* inject
Einspritzung *f* (Direkt~, Kraftstoff~) injection
Einständermaschine *f* single-column machine, open-side machine, open-front machine
einstechen *v* plunge-cut; recess, neck
einstecken *v* plug in, insert
einsteigen *v* board, enter, walk into
Einsteigerpaket *n (PC-Software)* starter kit
Einsteigöffnung *f* manhole; cleaning door; inspection door
Einsteigtür *f* access door
Einstell~ (~bereich, ~fehler, ~genauigkeit, ~hebel, ~knopf, ~ring, ~scheibe, ~schraube, ~skala, ~spindel) setting ~
Einstellanweisung *f* adjustment instructions
einstellbar *adj* adjustable
einstellen *v* adjust, set; position; *(Zeit)* time; *(Regler)* tune; calibrate
Einsteller *m* adjuster
Einstellung *f* (Drehzahl~, Frequenz~, Präzisions~, Volllast~, Vorschub~, Werkzeug~) adjustment, (Koordinaten~, Leerlauf~, Programm~, Vorschub~, Zeit~) setting; positioning; (Ventil~) timing; tuning; calibration
Einstich *m* plunge-cut; recess
Einstiegsmodell *n* entry-level model, low-end model
Einstiegsschacht *m* manhole
einstrahlen *v* irradiate
Einstrahlung *f* irradiation
einstufen *v* grade; rate
einstufig *adj* single-stage
einstürzen *v* collapse
eintauchen *v* immerse; submerge; dip; plunge
Eintauchpumpe *f* submersible pump
einteilen *v* divide; graduate; classify
eintourig *adj* single-speed
eintragen *v* enter; record; plot

Eintritt *m* inlet; (Luft~) intake; ingress; entry
Einweg... *adj* one-way, single-way; simplex; non-reusable; disposable; throw-away, single-use; non-returnable
Einwegfilter *n* disposable filter
Einwegflasche *f* one-way bottle, non-returnable bottle
Einweggleichrichter *m* half-way rectifier, one-way rectifier
Einwegverpackung *f* disposable packing, one-way packing, non-returnable packing
einwickeln *v* wrap
Einwirkdauer *f* exposure time; application time
einwirken *v* act upon; affect; attack
Einzelantrieb *m* individual drive
Einzelaufhängung *f* independent suspension
Einzelbetrieb *m* stand-alone mode
Einzelfertigung *f* product made to order, product manufactured to specification, custom-built product
Einzelheiten *fpl* details, *(besondere)* particulars
Einzelverfahren *n* detailed procedure
einziehen *v* retract
Einzweckfräsmaschine *f* single-purpose milling machine
Einzweckmaschine *f* single-purpose machine
Einzweckwerkzeugmaschine *f* single-purpose machine tool
Eisen *n* (Anker~, Band~) iron; (Läufer~) core
Eisen~ (~bandkern, ~blech, ~erz, ~gießerei, ~kern, ~oxid) iron ~
Eisenbahn *f* (US) railroad, (UK) railway
Eisenbahn~ (~bau, ~brücke, ~knotenpunkt, ~schiene,~schranke,~schwelle, ~strecke, ~technik, ~übergang) (US) railroad ~, (UK) railway ~
eisenverarbeitende Industrie *f* iron and steel working industry
elastische Verformung *f* elastic deformation
Elastizitätsgrenze *f* elastic limit
Elastizitätsmodul *m* modulus of elasticity
Elastomer *n* elastomer
Elektriker *m* electrician
elektrisch *adj* electric, electrical
Elektrizitätswerk *n* generating station, power station
Elektrizitätszähler *m* electricity meter
Elektroantrieb *m* electric drive
Elektrobohrmaschine *f* electric drill
Elektrode *f* (Bezugs~, Erd~, Kohle~, Läufer~, Lichtbogen~, Schweiß~, Steuer~) electrode
Elektrodenspitze *f* electrode tip
Elektrogerät *n* electrical appliance
Elektrohandwerkzeug *n* portable electric tool
Elektrohängebahn *f* monorail overhead conveyor
Elektrohebezeug *n* electrical hoist
Elektrolyse *f* electrolysis
Elektrolyt *m* electrolyte
Elektrolytkondensator *m* electrolytic capacitor

Elektromagnet *m* electromagnet
elektromagnetische Entstörung *f* electromagnetic interference suppression
elektromagnetische Interferenz *f* electromagnetic interference
elektromagnetische Störung *f* electromagnetic interference
elektromagnetische Verträglichkeit *f*, **EMV** electromagnetic compatibility, EMC
Elektromotor *m* electric motor
elektromotorische Kraft *f* electromotive force, e.m.f.
Elektron *n* (Kern~, Spin~) electron
Elektronen~ (~beschleuniger, ~entladung, ~fluss, ~kanone, ~ladung, ~lawine, ~mikroskop, ~röhre, ~schale, ~spin, ~strahl, ~übergang, ~vervielfacher) electron ~
Elektronenstrahlschweißen *n* electron beam welding
Elektronik *f* electronics, electronic engineering; *(Geräte)* electronic equipment
elektronischer Briefkasten *m* mailbox
Elektroplattieren *n* electroplating
Elektroseilzug *m* electric hoist
Elektrosmog *m* electric smog, electromagnetic smog
Elektrostahl *m* electric steel, electric furnace steel
elektrostatisch *adj* electrostatic
elektrostatische Aufladung *f* electrostatic charge
Elektrotauchlackierung *f* electrodeposition coating
Elektrotechnik *f* electrical engineering
Elektrozug *m* electric hoist
Element *n* (Antriebs~, Heiz~, Kontakt~, Schmelz~, Sekundär~) element; (Gleichrichter~, Primär~) cell
Eloxalaluminium *n* anodized aluminum
Eloxalschicht *f* anodic coating
Eloxalverfahren *n* anodic treatment
eloxieren *v* anodize
E-Mail *f* e-mail, E-Mail, electronic mail
Emaille *f* enamel
Emission *f* (Rest~, Sekundär~) emission
Emissionsgrenze *f* admissible emission
Emissionsschutz *m* emission protection
emittieren *v* emit
Empfang *m* (Fernseh~, Kurzwellen~, Röhren~) reception
empfangen *v* receive
Empfänger *m* (Batterie~, Funk~, Kurzwellen~, Radio~, Röhren~, Rundfunk~, Strahlungs~, Wechselstrom~) receiver, receiving set, (Fernseh~, Rundfunk~) set
Empfänger~ (~abgleich, ~abstimmung, ~antenne, ~ausgangsleistung, ~ausgangsspannung, ~rauschen, ~relais, ~seite, ~verstärker) receiver ~
empfänglich *adj* receptive
Empfangs~ (~gerät, ~kanal, ~kreis, ~lautstärke, ~pegel, ~seite, ~station, ~störung, ~verstärker) receiving ~
Empfangsgerät *n* receiver
empfinden *v (wahrnehmen)* perceive
empfindlich *adj* sensitive; *(gegenüber Beschädigung)* delicate, fragile; *(Ansprechen)* responsive
Empfindung *f* sensation

Emulsion *f* emulsion
Emulsionsfarbe *f* emulsion paint
Endabnahme *f* final acceptance
Endanschlag *m* end stop, limit stop
Endausschalter *m* limit switch
endbearbeiten *v (spanlos)* finish-work; *(zerspanend)* finish-machine
Endkontrolle *f* final inspection
Endlage *f* end position, final position
endliche Zahl *f* finite number
endlos *adj* continuous, endless
Endlospapier *n* continuous stationery, fan-fold paper
Endmontage *f* final assembly, final erection
Endprüfung *f* final inspection
Endschalter *m* limit switch
Endstellung *f* final position, extreme position
Endstufe *f* output stage, final stage
Endverstärker *m* terminal repeater; output amplifier
Energie *f* (Atom~, Kern~, Licht~, Molekular~, Steuer~, Strahlungs~, Wärme~) energy, (Hilfs~) power
Energie~ (~abfall, ~aufwand, ~austausch, ~bedarf, ~dichte, ~erhaltung, ~gewinn, ~gleichung, ~reserve, ~rückspeisung, ~satz, ~technik, ~umformung, ~umwandlung, ~verbrauch, ~verlust, ~verschwendung) energy ~
energiebewusst *adj* energy-conscious
Energierückgewinnung *f* power recovery, power reclamation, energy recovery
energiesparend *adj* energy-saving, power-saving
Energiequelle *f* source of power
Energietechnik *f* power engineering
Energieverbrauch *m* power consumption
Energieversorgung *f* power supply
Energiewirtschaft *f* power economics
eng *adj* narrow; tight; close
enge Passung *f* snug fit, close fit
Engländer *m (Werkzeug)* monkey wrench
Engpass *m* bottleneck
eng toleriert *adj* closely toleranced
enteisen *v* de-ice, defrost
entfernen *v* remove; eliminate
entfernt *adj* distant, remote
Entfernung *f* removal; elimination; *(Abstand)* distance
entfetten *v* degrease
entfeuchten *v* dehumidify
entflammbar *adj* inflammable
Entfroster *m* defroster
entgegenwirken *v* counteract
entgleisen *v* derail, run off the rails
entgraten *v* deburr, trim
enthärten *v* soften
entionisieren *v* deionize
entkalken *v* decalcify
entkoppeln *v* decouple, isolate
entkuppeln *v* uncouple; disconnect; disengage
Entlade~ (~kreis, ~spannung, ~strom, ~widerstand) discharge ~
entladen *v* unload; *(Elektrotechnik)* discharge
Entladevorrichtung *f* unloading device
Entladung *f (Elektrotechnik)* (Elektronen~, Gas~, Ionen~, Lichtbogen~, Niederdruck~, Rest~) discharge

entlasten *v* relieve; unload; unburden
Entlastung *f* (Druck~) relief; unloading
entleeren *v* empty; drain; evacuate
entlüften *v* ventilate, vent
Entlüfter *m* ventilator
Entlüfterstutzen *m* air vent
Entlüftung *f* ventilation
Entlüftungshahn *m* air cock
entmagnetisieren *v* demagnetize
Entnahme *f* (Dampf~) extraction
entnehmen *v (Strom)* draw; *(Probe)* take a sample; *(Dampf)* extract
entprellen *v (Kontakte)* debounce
entregen *v* de-energize
entriegeln *v* unlock
entrosten *v* derust, remove rust
Entsalzung *f* desalination
entsorgen *v* dispose of
Entsorgung *f* waste disposal
entspannen *v* unstress, relieve stresses; *(Feder)* slacken; *(Druck)* reduce, remove
Entstaubung *f* dust removal
Entstehungsgeschichte *f* **des Fehlers** fault history
entstören *v* suppress interferences, clear faults; debug
Entstörer *m* interference suppressor
Entstörung *f* interference suppression, fault clearance
Entstörungsdienst *m* fault clearing service, fault clearance service
entweichen *v (Gas)* escape
entwerfen *v* draft; design
entwickeln *v* develop; generate; evolve
Entwicklung *f* development; (Dampf~) generation; formation
Entwurf *m* draft, sketch; (Antennen~) design; layout; project; plan
Entwurfsprüfung *f* design review
Entwurfszeichnung *f* draft drawing, design drawing
entzerren *v* equalize, compensate
Entzerrer *m* (Kabel~, Phasen~) equalizer
Entzerrung *f* equalization, compensation
entzündbar *adj* inflammable
entzünden *v* ignite
Entzündung *f* ignition
entzundern *v* descale
Epoxidharz *n* epoxy resin
Erd~ (~anschluss, ~antenne, ~elektrode, ~klemme, ~kontakt, ~leiter, ~schleife, ~schluss, ~verbindung) earth ~
erdbebensicher *adj* resistant to earthquakes, aseismic
Erde *f* soil; (US) (Schutz~) ground, (UK) (Schutz~) earth
erden *v* (US) ground, (UK) earth
Erder *m* ground connection; earth connection
Erdgas *n* natural gas
Erdkabel *n* underground cable, buried cable
Erdleiter *m* earthing conductor
Erdöl *n* petroleum, mineral oil, crude oil
Erdung *f* earthing, grounding; earth connection
Erdungs~ (~anlage, ~anschluss, ~draht, ~kabel, ~klemme, ~leiter, ~punkt, ~schalter, ~schiene, ~schraube, ~stab, ~stange, ~trennschalter, ~widerstand) earthing ~

Erdungszeichen *n* (US) ground symbol, (UK) earth symbol
Erdverlegung *f* underground laying, underground installation
Ereignis *n* event
ereignisgesteuert *adj* event-driven
Erfahrungswert *m* empirical value
erfassen *v* collect, acquire, gather; detect, measure; pick up, sense; record
Erfassung *f* collection, acquisition, gathering; detection; (Drehzahl~) measurement
Erfindung *f* invention
Erfolgskontrolle *f* check on results
ergänzbar *adj* add-on
Ergebnis *n* (Mess~, Prüf~) result; *(Prüfung)* findings; outcome
Ergonomie *f* ergonomics
ergonomisch *adj* ergonomic
ergonomische Gestaltung *f* ergonomic design
Erhaltung *f* (Energie~) conservation
Erhebung *f (Umfrage)* survey; elevation
erhitzen *v* heat up
Erhitzer *m* heater
Erholungszeit *f* recovery time
erkalten *v* cool, chill
erkennen *v* detect, recognize; perceive
erlöschen *v* extinguish
Ermächtigungsbescheinigung *f* certificate of authorization
Ermüdung *f* fatigue
Ermüdungsbruch *m* fatigue failure
Ermüdungserscheinungen *fpl* fatigue phenomena
Ermüdungsfestigkeit *f* fatigue strength
Ermüdungsgrenze *f* fatigue limit
Ermüdungsprüfung *f* fatigue test
Ermüdungsriss *m* fatigue crack
Ermüdungszuschlag *m* fatigue allowance
erneuern *v* renew; replace
Eröffnungsmenü *n (PC)* top menu, start menu
Erosionsschutz *m* erosion control
erproben *v* try, test
erregen *v* excite; energize
Erreger *m* (Wechselstrom~) exciter
Erreger~ (~kreis, ~magnet, ~spannung, ~spule, ~stoß, ~strom, ~wicklung) exciting ~
Erregung *f* (Anfangs~, Feld~, Leerlauf~, Resonanz~) excitation
errichten *v* erect; build; install
Ersatz *m* replacement, substitute
Ersatz~ (~leitung, ~reifen, ~sicherung, ~teil) spare ~
Ersatzanlage *f* back-up system
Ersatzbatterie *f* replacement battery
Ersatzkanal *m* stand-by channel, alternative channel
Ersatzleitung *f* fall-back circuit
Ersatzschaltung *f* equivalent circuit
Ersatzstrom *m* standby power
Ersatzteil *n* spare part, replacement part
Ersatzweg *m* alternate route
erschließen *v (Land)* develop
erschütterungsfrei *adj* vibrationless
erschütterungssicher *adj* shockproof
erschwerte Prüfung *f* tightened inspection
ersetzen *v* replace, substitute
erstarren *v* congeal; gel; solidify; freeze

Erstprüfung *f* original inspection
Ertrag *m* yield
erwärmen *v* heat up, warm up
Erwärmung *f* temperature rise
Erwärmungsprüfung *f* temperature-rise test
erweichen *v* soften
erweitern *v* expand; extend; enlarge; widen
erweiterter Dienst *m* enhanced service
Erweiterung *f* expansion; extension; enlargement
erweiterungsfähig *adj* upgradable; expandable; open-ended
Erz *n* (Eisen~, Kupfer~, Nickel~) ore
Erz~ (~bergbau, ~bunker, ~flussstrecke, ~grube, ~körper, ~lager, ~schmelzofen, ~verladeanlage) ore ~
erzeugen *v* produce; generate
Erzeuger *m* (Dampf~, Gas~, Wärme~, Wechselstrom~) generator
Erzeugung *f* (Stahl~) production; (Impuls~) generation
erzwingen *v* force
Esc-Taste *f*, **Escape-Taste** *(PC)* Esc key, Escape key
Estrich *m* screed, floor fill
Ethernet *n* ethernet
Etikett *n* label, tag
Europaformat *n* European standard size
Europakarte *f* Eurocard (European standard size printed circuit board)
europaweit *adj* pan-European, throughout Europe
evakuieren *v* evacuate, empty
Evolvente *f* involute
Evolventen~ (~fläche, ~funktion, ~keilverzahnung, ~rad, ~schnecke, ~wälzfräser, ~zahn) involute ~
Experimentierroboter *m* experimental robot
Expertensystem *n* expert system
explosionsgefährdet *adj* hazardous, potentially explosive
explosionsgeschützt *adj* explosion-proof, flame-proof
explosionssicher *adj* explosion-proof
Exponent *m* exponent
Exponentialfunktion *f* exponential function
Exponentialgleichung *f* exponential equation
Extremwert *m* extreme value
extrudieren *v* extrude, mold by extrusion
Exzenter~ (~bewegung, ~bolzen, ~hebel, ~kurve, ~presse, ~scheibe, ~welle, ~zapfen) eccentric ~
exzentrisch *adj* eccentric, off-center

Fabrik *f* factory, works, plant, mill
Fabrikat *n* make; manufacture; product
Fabrikationsnummer *f* serial number
fabrikfertig *adj* factory-made, factory-built, factory-assembled, ready-made
Fabriknummer *f* serial number
Fach *n* (Batterie~) compartment
Facharbeiter *m* skilled worker
Fächerscheibe *f* serrated washer, serrated lock washer
fachgerecht *adj* workmanlike; skilled; professional
Fachwerkhaus *n* half-timber house, half-timbered house
Faden *m* (Quecksilber~) thread; *(Elektrotechnik)* (Heiz~, Kohle~) filament
Fadenkreuz *n* crosshair, crosshairs
Fadenkreuz-Cursor *m* crosshair cursor, crosshair pointer
Fähigkeit *f* capability, (Belastungs~) capacity
Fahne *f (Anschlussteil)* lug
Fahrbahn *f* carriageway, roadway; road surface
fahrbar *adj* mobile, wheeled
Fahrdraht *m* trolley wire, contact wire, catenary wire
Fahrdrahtaufhängung *f* catenary suspension
fahren *v* drive; ride; run; travel; *(verfahren)* traverse
Fahrer *m* driver; rider
Fahrerhaus *n* driver's cab
Fahrgast *m* passenger
Fahrgeschwindigkeit *f (Kran)* travelling speed, *(Auto)* driving speed, road speed
Fahrgeschwindigkeitsregelung *f (Auto)* cruise control
Fahrgestell *n* chassis
Fahrkilometer *mpl* kilometers travelled
Fahrkomfort *m* ride quality, ride comfort
Fahrkorb *m* car, cabin
Fahrkran *m* travelling crane
Fahrleitung *f* bus-bar line, trolley line, overhead conductor
Fahrstuhl *m* (US) elevator, (UK) lift
Fahrstuhlschacht *m* lift shaft, lift well
Fahrstuhlsteuerung *f* lift control
Fahrt *f* trip, run, journey, travel; cruise; tour; voyage
Fahrtenschreiber *m* trip recorder, tachograph
Fahrtenzähler *m* trip counter
Fahrtreppe *f* escalator
Fahrtrichtungsanzeiger *m* direction indicator
Fahrtschreiber *m* time recorder
Fahrwerk *n* undercarriage
Fahrzeug *n* vehicle
Faktor *m* (Amplituden~, Belastungs~, Kopplungs~, Last~, Phasen~, Sicherheits~, Übertragungs~) factor
fakultativ *adj* optional
Fall *m* fall, drop; case
Fallbär *m (Bautechnik)* drop hammer
Fallbeispiel *n* case study

Fallbeschleunigung *f* acceleration of free fall
Falle *f* (Ionen~) trap
fallen *v* fall, drop; decrease
Fallgewichtsprüfung *f* falling weight test
Fallhammer *m* drop hammer
Fallhammerprüfung *f* falling weight test
Fallhärteprüfung *f* drop hardness test
Fallhöhe *f* height of fall, height of drop, falling height
Fallprüfung *f* drop test, blow impact test
Fallrohr *n* downpipe
Fallstudie *f* case study
Falltür *f* trap door
Fallwerk *n* drop impact tester
fälschungssicher *adj* tamper-proof
Faltprüfung *f* bend test, bending test
Falttür *f* folding door
Falte *f* fold; wrinkle
Faltenbalg *m* bellows
Falz *m* fold; bead; seam; *(Holz)* rebate, rabbet
Falzverbindung *f (Holzverbindung)* rebate joint
Fangeinrichtung *f* call intercept equipment
Fangen *n* call tracing, malicious call identification
Fangschale *f* pan, tray
Fangschaltung *f* interception circuit
Farbanstrich *m* paint coat
Farbauflösung *f* color resolution
Farbbalken *m* color bar
Farbbeständigkeit *f* color stability, color fastness
Farbbildschirm *m* color monitor
Farbe *f (Flüssigkeit)* (Öl~) paint; *(Aussehen)* (US) color, (UK) colour; *(Druckfarbe)* ink; *(Färbemittel)* dye, dyestuff; *(Farbkörper)* pigment
farbecht *adj* color-fast
Farbeindringverfahren *n* dye penetration test, dye penetrant test
färben *v* dye
Farb~ (~atlas, ~festlegungen, ~filter, ~grafik, ~lehre, ~mischung, ~prüfgerät, ~skala, ~tabelle, ~tafel, ~wiedergabe) color ~
Farbkörper *m* pigment
farblos *adj* achromatic
Farbpaste *f* paste paint
Farbton *m* hue
Farbtönung *f* shade
Farbtreue *f* color fidelity
Farbverdünner *m* paint thinner
Farbwalze *f* paint roller
Farbwiedergabe *f* color reproduction
Fase *f* chamfer, bevel
fasen *v* chamfer, bevel
Faser *f* (Kohle~) (US) fiber, (UK) fibre
Faserbündel *n* fiber bundle
Faserhartplatte *f* hardboard, hard-pressed fiberboard
Faseroptik *f* (US) fiber optics, (UK) fibre optics
faseroptische Breitbandkommunikation *f* wideband fiber optic communication
Faserplatte *f* fiberboard
fassen *v* grip; grab; *(aufnehmen)* contain, hold; take
Fassung *f* (Röhren~) holder, *(Lampe)* lampholder; socket; base; (Diamant~) mount

Fassungsvermögen *n* capacity, content
faul *adj* rotten
Faustregel *f* rule of thumb
Fax *n* fax, facsimile
faxen *v* fax, send by fax
Faxgerät *n* fax machine, facsimile machine, telecopier
Feder *f* (Kontakt~, Kupplungs~, Puffer~, Spiral~, Stahl~, Ventil~) spring; *(Passfeder)* feather key; *(Holzbearbeitung)* tongue; *(Keilnut)* spline
Feder~ (~blatt, ~bügel, ~gehänge, ~gehäuse, ~kennlinie, ~klammer, ~klemmschraube, ~kraft, ~rate, ~ring, ~satz, ~scheibe, ~spannung, ~stahl, ~waage) spring ~
federbelastet *adj* spring-loaded
Federhebel *m* spring-loaded lever
Federhülse *f* ferrule
Federkeil *m* feather
Federklemme *f* clip
federn *v* spring-load
federnd *adj* spring-loaded; spring-cushioned; resilient
federnde Zahnscheibe *f* lock washer
Federrate *f* spring rate
Federring *m* circlip
Feder *f* **und Nut** *(Holzbearbeitung)* tongue and groove; *(Metall)* featherkey and keyway
Federung *f (Nachgiebigkeit einer Feder)* compliance, *(Mechanik)* resilience
Fehlalarm *m* false alarm
Fehlbedienung *f* maloperation, inadvertent wrong operation
Fehlbestand *m* shortage
Fehler *m* (Anzeige~, Einstell~, Mess~, Phasen~, Rest~, Teil~) error; (Isolations~) fault; (Oberflächen~) imperfection; flaw; (Oberflächen~, Schmiede~) defect; *(Programmierung)* bug; non-conformance, non-conformity; (Isolations~) failure; mistake; trouble
Fehleranteil *m (Anteil der fehlerhaften Einheiten)* fraction defective
Fehleranzahl *f* **pro Einheit** defects per unit
fehlerbehaftet *adj* faulty; defective
Fehlerbehebung *f* error correction; error recovery; failure recovery; *(Programmierfehler)* debugging
Fehlerbericht *m* defect note, defect report
Fehlerberichterstattung *f* non-conformance reporting
Fehlerecho *n* flaw echo, defect echo
fehlerfrei *adj* error-free; faultless; free from defects
fehlerhaft *adj* erroneous, faulty, defective; wrong; incorrect; objectionable
fehlerhafte Ausführung *f* defect in design or workmanship
fehlerhafte Einheit *f* non-conforming item
fehlerhafter Werkstoff *m* defective material
Fehlerklassifizierung *f* classification of non-conformities
Fehlerkosten *plt* failure costs
Fehlermeldung *f* defect note, defect report; error message

Fehlerprüfung *f* error check
Fehlersuche *f* trouble shooting
Fehlersuchprogramm *n* debugger
fehlertolerant *adj* fault-tolerant
Fehlerursache *f* error cause, cause of trouble
Fehlerverhütungskosten *plt* prevention costs
fehlleiten *v* misroute; misdirect; missend
Fehlmessung *f* measuring error
Fehlteil *n* missing part
Fehlzeit *f* non-productive time
Fehlzündung *f* misfiring
Feile *f* file
Feilen~ (~griff, ~härte, ~heft, ~stahl) file ~
Feinabgleich *m* fine adjustment
Feinabstimmung *f* fine tuning
feinbearbeiten *v* finish, finish-machine
Feinbearbeitung *f* finishing, finish-machining
Feinblech *n* thin-gage plate, sheet
Feineinstellgerät *n* fine adjuster
Feineinstellung *f* fine adjustment, precision adjustment
Feingewinde *n* fine screw thread, fine pitch thread
feinkörnig *adj* fine-grain
Feinmaßstab *m* precision scale
Feinmessung *f* precision measurement
feinregeln *v* control finely
feinschleifen *v* fine-grind, precision-grind
Feinsieb *n* fine-mesh strainer
feinstbearbeiten *v* micro-finish
Feinstrukturuntersuchung *f* crystal structure analysis
Feinvorschub *m* fine feed
Feinwerktechnik *f* precision engineering
Feinzerstäuber *m* atomizer
Feld *n* (Eingabe~, Hochfrequenz~, Induktions~, Magnet~, Resonanz~, Steuer~, Strahlungs~, Wechselstrom~) field; *(Bedienung)* (Eingabe~, Stecker~) panel, board; (Prüf~) bay, (Prüf~) laboratory, (Prüf~) room
Feld~ (~änderung, ~dichte, ~eichung, ~erregung, ~magnet, ~pol, ~regler, ~spule, ~stärke, ~strom, ~umkehr, ~versuch, ~wicklung, ~wirkung, ~zerfall) field ~
Felge *f* rim, wheel rim
Fenster *n (PC)* (Lichtbogen~) window
Fensterrand *m (Bildschirm)* window border
Fenstertechnik *f (PC)* windowing, windowing technique
fern *adj* remote, distant, far
Fern~ (~anzeige, ~auslösung, ~bedienung, ~betreuung, ~diagnose, ~steuerung, ~überwachung, ~verarbeitung) remote ~
Fernamt *n* long-distance exchange, trunk exchange, toll exchange
Fernbedienung *f* telecontrol
Fernecho *n* far-end echo
Ferneinkauf *m* teleshopping
Fernentstörung *f* long-distance interference suppression
Ferngas *n* grid gas
Ferngespräch *n* long-distance call, trunk call
Fernleitung *f* (Gas~) pipeline

Fernlicht *n* full headlight beam
Fernmelde~ (~einrichtungen, ~kabel, ~leitung, ~netz, ~system,~technik) telecommunication(s) ~
Fernmeldewesen *n* telecommunication, telecommunications
Fernmessgerät *n* telemetering device
Fernseh~ (~bild, ~empfang, ~empfänger, ~kanal, ~sender, ~technik, ~übertragung) television ~
fernsehen *v* televise
Fernsehen *n* (Kabel~) television
Fernsprech~ (~amt, ~anlage, ~leitung, ~technik, ~verkehr, ~vermittlung, ~zelle) telephone ~
Fernsprechanschluss *m* subscriber's line
Fernübertragung *f* teletransmission
Fernüberwachung *f* telemonitoring
Fernverarbeitung *f* teleprocessing
Fernwahl *f* direct distance dialling, DDD, subscriber trunk dialling, STD
Fernwirksystem *n* telecontrol system
Fernwirktechnik *f* remote control technology
Ferrit *m* ferrite
Ferritkern *m* ferrite core
ferromagnetisch *adj* ferromagnetic
fertig *adj* ready, finished; completed, *(erledigt)* done; complete
Fertiganstrich *m* finishing coat, finish paint
Fertigbau *m* prefabricated construction; finished building
fertig bearbeiten *v* finish, finish-machine, finish-cut
Fertigbeton *m* pre-cast concrete
fertigen *v* manufacture, make, fabricate, produce
Fertigerzeugnis *n* finished product
Fertigfußboden *m* finished floor
fertig glühen *v* finish-anneal
Fertighaus *n* pre-fabricated house, pre-fab
Fertigkeit *f* skill
Fertigmaß *n* finished size
Fertigprodukt *n* finished product
Fertigstellungstermin *m* completion date
Fertigteil *n* finished part
Fertigung *f* manufacture, production
Fertigungs~ (~betrieb, ~steuerung, ~straße, ~toleranz, ~vorgang, ~zeichnung, ~zeit) production ~
Fertigungsprüfer *m* in-process inspector
Fertigungsprüfplan *m* in-process inspection plan
Fertigungsprüfung *f* in-process inspection, manufacturing inspection
Fertigungsüberwachung *f* process control
Fertigungsüberwachungs-Unterlagen *fpl* process controlling documents
Fertigungsverlauf *m* fabrication history
fest *adj (stabil)* stable, strong; *(starr)* rigid; *(massiv)* solid; *(fest stehend)* stationary, fixed; *(sicher)* secure, tight
Festbeton *m* hardened concrete
festfressen *v* seize
festgefahren *adj* stuck
festgeschaltet *adj* dedicated, non-switched
Festigkeit *f* (Biege~, Bruch~, Lichtbogen~, Scher~) strength; rigidity; sturdiness; (Abscher~, Scher~) stability

Festigkeit *f* **bei Querbeanspruchung** transverse strength
Festigkeit *f* **bei Verdrehungsbeanspruchung** torsional strength
Festigkeitsberechnung *f* stress analysis
Festigkeitsklasse *f* strength class
festklemmen *v* clamp, chuck; jam; stick
Festkörper *m* solid
Festkörperelektronik *f* solid-state electronics
Festkörpertechnik *f* solid-logic technology
Festlegungen *fpl* (Farb~) specifications
Festnetz *n* landline network, fixed network, land telephone network
Festplatte *f (PC)* hard disk
festspannen *v* fasten, clamp
Festspeicher *m* read-only memory, ROM
fest stehend *adj* stationary, fixed
Feststellmutter *f* lock nut, locking nut, check nut
Feststellschraube *f* locking screw
Feststoffe *mpl* solids
fest verdrahtet *adj* hardwired
Festwertspeicher *m* read-only memory, ROM
festziehen *v (Schraube)* tighten
Fett *n (Schmierfett)* (Getriebe~, Riemen~) grease
Fett~ (~büchse, ~füllung, ~kammer, ~kanal, ~lösungsmittel, ~nippel, ~presse, ~schmierung, ~spritze, ~standzeit) grease ~
fetten *v* grease
feucht *adj* moist, humid, damp
Feuchtegehalt *m* moisture content
Feuchtigkeit *f* (Rest~) moisture; humidity
Feuchtigkeitssperre *f* moisture barrier, damp proof course
Feuchtraum *m* damp room
Feuer *n* fire; (Funk~) beacon
Feuer~ (~gefahr, ~löscher, ~meldeanlage, ~melder, ~meldung, ~schutzanstrich, ~schutzwand, ~tür) fire ~
feuerbeständig *adj* fire-resistant
feuerfest *adj* fire-proof, fire-resistant; *(Steine)* refractory
feuerhemmend *adj* fire-retardant
Feuerschweißen *n* forge welding
Feuerung *f* heating; (Gas~, Kessel~) firing
feuerverzinken *v* hot-dip galvanize
Feuerverzinkung *f* hot-dip galvanizing
Feuerwiderstandsdauer *f* fire resistance period
Feuerwiderstandsfähigkeit *f* fire resistance
Feuerwiderstandsklasse *f* fire rating
Film *m* (Kohle~) film
Filter *n* (Band~, Farb~, Frequenz~, Gas~, Kraftstoff~, Licht~, Luft~, Magnet~, Molekular~, Öl~, Quarz~, Saug~, Sende~, Wasser~, Wechselstrom~) filter; *(Sieb)* strainer; percolator
Filter~ (~baugruppe, ~drossel, ~einsatz, ~gehäuse, ~kondensator, ~kreis, ~matte, ~packung, ~papier, ~presse, ~tuch) filter ~
Filz *m* felt
Filzring *m* felt washer
firmeneigen *adj* proprietary
Firmenschild *n* manufacturer's nameplate
Firnis *m (Lack)* varnish
First *m (Gebäude)* ridge
Fittings *npl* fittings

fixieren *v* fix; locate; secure
Fixierstift *m* locating pin
flach *adj* flat; plane; shallow
Flachdach *n* flat roof
Flachdichtring *m* flat seal ring
Flachdichtung *f* gasket
flache Tastatur *f* low-profile keyboard
Fläche *f* (Arbeits~, Berührungs~, Kolben~, Kontakt~) area; plane; *(Oberfläche)* (Berührungs~, Bezugs~, Bruch~, Evolventen~, Heiz~, Kühl~) surface; *(Stirnfläche)* face
Flacheisen *n* flat iron
Flächenbelastung *f* load per unit area
Flächendeckung *f* coverage
Flächenlänge *f* (Bruch~) fracture length
Flachfeile *f* flat file
Flachgewinde *n* square thread
Flachkabel *n* flat ribbon cable
Flachmaterial *n* flat material
Flachnaht *f (Schweißen)* flat weld
Flachpassung *f* flat fit
Flachstahl *m* flat steel (*pl* flats)
Flachstange *f* flat bar
Flachzange *f* flat-nose pliers
flackern *v* flicker
Flamme *f* (Lichtbogen~) flame
Flammenausbreitung *f* flame propagation
Flammenwächter *m* flame detector
Flammpunkt *m* flash point
Flammstrahlen *n* flame cleaning
flammwidrig *adj* flame-retardant, flame not propagated
Flammwidrigkeit *f* non-propagation of flame
Flanke *f* (Gewinde~) flank
Flankendurchmesser *m* pitch diameter; effective diameter
Flankenspiel *n* backlash
Flankenwinkel *m (Zahnräder)* flank angle; *(Gewindeschneiden)* thread angle
Flansch *m* (Führungs~, Heiz~, Kegel~, Kupplungs~, Lager~, Rohr~) flange
Flanschbefestigung *f* flange mounting
flanschen *v* flange
Flanschlager *n* flange-mounted bearing, flanged bearing
Flanschmotor *m* flange-mounted motor
Flanschträger *m* flanged beam
Flanschverbindung *f* flange joint
Flanschwelle *f* flanged shaft
Flasche *f* (Gas~) cylinder; bottle; (Absaug~) flask; jar
Flaschenabfüllung *f* bottling
Flaschengas *n* cylinder gas
Flaschenzug *m* block and tackle, chain block, (Ketten~) tackle block, pulley block
Flaschner *m* plumber
Flecken *m* stain; spot
Fleckenbildung *f* staining
Fleckkorrosion *f* patchy corrosion
fliegend angeordnet *adj* overhung
fliegende Fertigungsprüfung *f* patrol inspection
fliegender Werkzeugwechsel *m* on-the-fly tool change
Fliehgewicht *n* flyweight
Fliehkraft *f* centrifugal force
Fliehkraft~ (~anlasser, ~antrieb, ~beschleunigung, ~bremse, ~einrichtung, ~gewicht, ~kupplung, ~lüfter,

~regler, ~schalter, ~schmierung, ~wirkung) centrifugal ~

Fliese *f* tile

Fliesenleger *m* tiler

Fließband *n* assembly line

Fließgeschwindigkeit *f* flow velocity

Fließpunkt *m* pour point

flimmerfrei *adj* flickerless, flicker-free

flimmern *v* flicker

flink *adj (Sicherung)* quick-acting, quick-blow

Flipflop *n* flip-flop

Flor *m (Teppich)* pile

fluchten *v* align, be in alignment, be in line

fluchtgerecht *adj* flush, aligned, in line, in alignment

flüchtig *adj* volatile

Fluchtweg *m* escape route

Flugbahn *f* trajectory

Flügel *m* wing; blade; vane

Flügelmutter *f* wing nut, thumb nut

Flügelpumpe *f* vane pump

Flügelrad *n* vane wheel, vane, impeller

Flügelradanemometer *n* windmill-type anemometer

Flügelschraube *f* wing screw, thumb screw

Flugstaub *f* air-borne dust, flue dust

Fluidik *f* fluidics

Fluor *n* fluorine

Fluorchlorkohlenwasserstoff *m*, **FCKW** *(Ozonloch)* chlorofluorhydrocarbon, CFC

Flurförderfahrzeug *n* industrial truck

Fluss *m (Elektromagnetismus)* (Induktions~, Magnet~, Neutronen~) flux, (Elektronen~, Strom~, Wärme~) flow

Flussdiagramm *n* flowchart

Flussdichte *f (Elektromagnetismus)* flux density

flüssig *adj* fluid; liquid; *(schmelzflüssig)* molten

Flüssigkeit *f* liquid; (Brems~) fluid

Flüssigkeits~ (~antrieb, ~bremse, ~druck, ~getriebe, ~motor) hydraulic ~

Flüssigkeitskupplung *f* fluid clutch

Flüssigkeitsreibung *f* fluid friction

Flüssigkristallanzeige *f* liquid-crystal display, LCD

Flussmittel *n* flux, *(Löten)* soldering flux, *(Schweißen)* welding flux

Flussstahl *m* mild steel

Flussstrecke *f* (Erz~) flow route

Flutlichtstrahler *m* floodlight

Fluxen *n (Magnetpulverprüfung)* magnetic-particle testing

fokussieren *v* focus

Fokussierung *f* (Licht~) focusing

Folge *f (Reihenfolge)* (Abtast~, Eingabe~, Impuls~, Phasen~) sequence, order, succession; *(Wirkung/Folge)* effect; consequence

Folgeausfall *m* subsequent failure

Folgeprüfung *f* sequential test

Folie *f* (Metall~) foil; sheet; film; transparency

Folientastatur *f* membrane keyboard, touch-sensitive keyboard

Folientaster *m* membrane button

Förderanlage *f* conveyor system

Förderband *n* belt conveyor, conveyor belt

Förderdruck *m* delivery pressure

Förderer *m* (Band~, Ketten~, Rollen~) conveyor
Förderhöhe *f* delivery head
Förderleistung *f* conveying capacity; handling capacity; *(Pumpe)* delivery rate, pump output
fördern *v* convey; deliver; transport; *(Flüssigkeiten)* pump; *(unterstützen)* promote, enhance
Förderpumpe *f* delivery pump
Förderseil *n* winding rope, hoisting rope
Fördertechnik *f* material handling
Förderung *f* conveyance; haulage; transport; output; (Pumpen~) delivery
Förderwagen *m* transport car, delivery car
Form *f* form, (Gewinde~, Impuls~) shape; (Nocken~) contour, (Nocken~) profile; die; (US) mold, (UK) mould
Format *n* (Eingabe~) format
formatfrei *adj* unformatted
formatieren *v* format
Formatprüfung *f* format check
Formbeständigkeit *f* dimensional stability
Formel *f* (Verbrennungs~) formula
formen *v* form, shape, profile, contour; *(Gießform)* (US) mold, (UK) mould; *(stanzen)* stamp
Formenbau *m* mold making, die and mold making
Formerei *f* molding shop
formfräsen *v* profile-mill, contour-mill
Formfräsmaschine *f* profile miller, contour miller
Formgebung *f* forming, shaping
Formgestaltung *f* design, styling
Formschluss *m* positive engagement
formschlüssig *adj* positive, non-slip; form-fit; *(mit Keil auf Welle)* keyed
formschön *adj* attractive
Formstahl *m* structural steel, sectional steel (*pl* sections)
Formstück *n* (Rohr~) fitting
Formung *f* (Impuls~) shaping
Forschung *f* **und Entwicklung, FuE** research and development, R&D
Fortluft *f* exhaust air, air discharged, outgoing air
Fortpflanzungsgeschwindigkeit *f* speed of propagation, propagation rate
fortschreiben *v (aktualisieren)* update
fortschrittlich *adj* advanced
Fortschrittsbericht *m* progress report
Fotodiode *f* photo diode
Fotosatz *m* phototypesetting
Fotozelle *f* photocell, photoelectric cell
Fräs~ (~antrieb, ~arbeit, ~dorn, ~einrichtung, ~gang, ~kopf, ~leistung, ~maschine, ~motor, ~schnitt, ~spindel, ~support, ~technik, ~vorrichtung, ~vorschub, ~werkzeug) milling ~
Fräsautomat *m* automatic milling machine
fräsen *v* mill; *(Wälzfräsen)* hob
Fräsen *n* (Winkel~) milling
Fräser *m* milling cutter, mill, (Schrupp~, Zahnrad~) cutter; *(Wälzfräser)* hob
Fräser~ (~abhebung, ~aufnahme, ~futter, ~zahn) cutter ~
Fräserei *f* milling shop
Fräskopf *m* cutter head, milling head
Fräslager *n* cutter spindle bearing

Fräsmaschine *f* (Einspindel~, Universal~, Waagerecht~, Werkzeug~, Zahnrad~) milling machine
Frässchlitten *m* cutter slide, spindle slide; *(Wälzfräsmaschine)* hob saddle
Fräs- und Bohrmaschine *f* milling, drilling and boring machine
Freeware *f* freeware, public domain software
freiarbeiten *v* relieve, undercut
Freibewitterung *f* open-air exposure
Freifall *m* free fall
Freigabe *f* release
Freigabe *f* **zur Ausführung von Arbeiten** permit to work
freigeben *v* release; enable; clear; *(genehmigen)* approve
freigelegt *adj* exposed
Freiheitsgrad *m* degree of freedom
Freilaufdiode *f* free-wheeling diode
Freileitung *f* (Hochspannungs~) overhead line
Freiluft~ (~anlage, ~ausführung, ~station, ~umspanner) outdoor ~
Freimaß *n* free size
Freimaßtoleranz *f* free size tolerance
frei programmierbar *adj* freely programmable
Freiraum *m* clearance
freischalten *v* isolate, disconnect, separate
freischleifen *v* relief-grind
freisetzen *v* liberate
Freisprechen *n* hands-free operation
freitragend *adj* self-supporting, unsupported; overhung
Freiwinkel *m* clearance, clearance angle
fremdbelüften *v* ventilate separately
Fremdbelüftung *f* separate ventilation, forced ventilation
Fremdbeschaffung *m* outsourcing
Fremdbezug *m* outside purchasing, outside supply
Fremderregung *f* separate excitation
Fremdkörper *m* foreign body, foreign particle, foreign matter
Fremdlüfter *m* separately driven fan
Fremdlüftung *f* separate ventilation
Fremdorganisation *f* outside agency
Fremdstelle *f* outside agency
Frequenz *f* (Abtast~, Bezugs~, Eingangs~, Hilfs~, Impuls~, Induktions~, Leitungs~, Modulations~, Netz~, Prüf~, Radio~, Resonanz~, Röhren~, Sende~, Steuer~, Strahlungs~, Überschall~, Ultraschall~, Winkel~) frequency
Frequenz~ (~abgleich, ~abweichung, ~anzeiger, ~band, ~bereich, ~eichung, ~einstellung, ~filter, ~gang, ~gemisch, ~genauigkeit, ~generator, ~hub, ~kanal, ~kennlinie, ~lage, ~linearität, ~messer, ~modulation, ~regelung, ~regler, ~schutz, ~schwankung, ~spektrum, ~springen, ~steuerung, ~teiler, ~toleranz, ~umformer, ~umsetzer, ~umtastung, ~versatz, ~verschiebung, ~vervielfacher, ~verzerrung, ~wandler, ~zittern) frequency ~
frequenzselektiv *adj* frequency-selective
fressen *v (Ofenfutter)* wear, erode; *(Chemie)* corrode, *(Korrosion)* fret; *(Schlacke)* cut; *(Lager)* seize; *(Metallbearbeitung)* score

frisch *adj* fresh; *(Holz)* green
Frischbeton *m* fresh concrete
Frischdampf *m* live steam
Frischluft *f* fresh air
Frischluftumwälzung *f* fresh-air circulation
Frischluftzufuhr *f* admission of fresh air
Frontantrieb *m* front-wheel drive
Frontlader *m* front-end loader
Froschperspektive *f* worm's-eye view
Frostschutz *m* anti-freeze
Frostschutzmittel *n* anti-freeze
Frostschutzwächter *m* anti-freeze detector
Frühzündung *f* pre-ignition, premature ignition
Fuge *f* joint; seam; slot; gap; groove
fügen *v* join, joint
Fugenbreite *f* joint width
Fugendichtungsmasse *f* joint sealing compound
Fugendurchmesser *m* joint diameter
Fühler *m* feeler; tracer; (Druck~, Temperatur~) sensor
fühlergesteuert *adj* tracer-controlled
Fühlerlehre *f* feeler gage
führen *v* guide; *(Strom)* carry; *(nach außen)* carry to outside; conduct; lead; *(Signal)* transmit; *(Bediener)* prompt
Führer *m* (Kran~, Maschinen~) operator, (Kran~) driver
Fuhrpark *m* fleet, pool
Führung *f* (Gleit~, Rollen~, Stößel~) guide, (Reitstock~) guideway; lead; (Kabel~) routing
Führungs~ (~bolzen, ~bügel, ~flansch, ~lager, ~leiste, ~platte, ~ring, ~rolle, ~schiene, ~stange, ~stift, ~stück, ~walze, ~wand) guide ~
Führungsbahn *f* guideway
Führungsgröße *f* command variable
Führungsrolle *f* (Ketten~) guide roller, (Seil~) guide pulley
Füllstandsmesser *m* level indicator, level gage
Füllstoff *m* filler
Füllstutzen *m* neck
Fülltrichter *m* hopper
Füllung *f* (Fett~) charge, (Öl~) filling
Fundament *n* (Beton~, Kessel~, Maschinen~) foundation, (Stahl~) base
Fundament~ (~aushub, ~balken, ~berechnung, ~beton, ~bolzen, ~grube, ~klotz, ~platte, ~schraube, ~sockel, ~sohle) foundation ~
Fünfkant *m* pentagon
Funk *m* radio
Funk~ (~abschnitt, ~ausbreitung, ~bake, ~dienst, ~empfänger, ~feuer, ~gerät, ~horizont, ~kanal, ~navigation, ~ortung, ~peiler, ~peilung, ~rauschen, ~ruf, ~sender, ~sendung, ~signal, ~spektrum, ~sprechgerät, ~ sprechverkehr, ~spruch, ~station, ~steuerung, ~stille, ~strecke, ~technik, ~trägerfrequenz, ~turm, ~verbindung, ~verkehr, ~wellen, ~zelle, ~zone) radio ~
Funke *m* (Induktions~) spark
funken *v* radio, radio-transmit
Funkenbildung *f* sparking
funkenfrei *adj* non-sparking, sparkfree, sparkless
Funkenlöscher *m* spark quencher, spark arrester

Funkenprobe *f* spark test
Funkentstörung *f* radio interference suppression
Funkenstrecke *f* spark gap
Funkenüberschlag *m* spark-over, arc-over
Funker *m* radio operator, wireless operator
Funkspruch *m* radio message
Funktelefon *n* cellular phone
Funktion *f* (Binär~, Evolventen~, Hilfs~, Steuer~) function
funktionieren *v* work, function; operate, be in operation
funktionsbereit *adj* ready for operation, ready to run, available
Funktionsbeschreibung *f* functional description, description of operation
Funktionsprinzip *n* operating principle
Funktionsprüfung *f* functional test
Funktionstaste *f* function key
funktionstüchtig *adj* serviceable, in proper service condition, reliable
Funktionstüchtigkeit *f* reliability
funktionsübergreifend *adj* cross-functional
Furnier *n* veneer
Furnierdicke *f* veneer thickness
Furnierplatte *f* veneer panel, veneer board
Fuß *m* foot, leg; root; (Röhren~) base
fußbetätigt *adj* pedal-operated
Fußbodenbelag *m* flooring, floor covering
Fußbodenoberkante *f* finished floor level, FFL
Fußhöhe *f (Zahnrad)* dedendum
Fußkreis *m (Zahnrad)* root circle
Fußkreisdurchmesser *m* root diameter
Fußleiste *f* skirting board, toe board, toe guard
Fußstütze *f* foot rest
fusselfrei *adj* lint-free
Futter *n (Auskleidung)* (Ofen~) lining; *(Spannvorrichtung)* (Fräser~, Magnet~, Universal~, Werkzeug~) chuck
Futterleiste *f* jamb
Fuzzy-Logik *f* fuzzy logic

Gabel *f* (Kupplungs~) fork; cradle
Gabelgelenk *n* fork link
Gabelhebel *m* fork lever
Gabelschlüssel *m* (US) open-end wrench, (UK) open-ended spanner
Gabelstapler *m* fork truck, fork lift truck
galvanisch *adj* galvanic
galvanisch getrennt *adj* metallically separated, isolated
galvanische Trennung *f* electrical isolation, metallic isolation, isolation
galvanischer Überzug *m* electroplated coating, electrodeposit, plating
galvanisieren *v* electroplate, electrodeposit
Galvanisierung *f* electroplating
Galvanisierwerkstatt *f* electroplating shop
Galvanoformung *f* electroforming
Gammadurchstrahlung *f* gamma-ray testing, gamma-ray examination, gamma-ray radiography
Gammastrahlen *mpl* gamma rays
Gang *m (Kfz)* speed, gear; (Gewinde~) turn, thread; *(Schnecke)* start; *(Weg)* path, passage, gangway, (Bedienungs~) aisle; *(Betrieb)* running, operation; *(Bewegung)* movement, motion; *(Frequenzen)* (Amplituden~, Frequenz~, Phasen~) response; *(Ablauf)* (Fräs~) cycle
Ganghöhe *f (Gewinde)* lead
Gangschaltung *f* gear change, gear shifting
Gangsteigung *f* pitch
ganze Zahl *f* integer
Ganzmetallgehäuse *n* all-metal box, all-metal housing
Garnituren *fpl* (Kabel~) fittings, (Kabel~) accessories
Gas *n* (Heiz~, Hochofen~) gas
Gas~ (~abscheider, ~analysegerät, ~bildung, ~blase, ~brenner, ~dichte, ~dichtigkeitsprüfung, ~dichtung, ~druck, ~einschluss, ~entladung, ~erzeuger, ~fernleitung, ~feuerung, ~filter, ~flasche, ~hahn, ~herd, ~kreislauf, ~leitung, ~melder, ~pedal, ~polster, ~prüfer, ~raum, ~rohr, ~schweißen, ~turbine, ~umlenker, ~werk, ~zähler, ~zange) gas ~
gasdicht *adj* gas-proof, gas-tight
Gasdichtigkeitsprüfung *f* air leakage test
Gase *npl* (Auspuff~, Verbrennungs~) gases
gasförmig *adj* gaseous
Gasse *f (Lager)* aisle
Gattungsname *m* generic term
Gaze *f* gauze
Gebäudeleittechnik *f* building services management system
Geber *m* transmitter; encoder; (Impuls~) generator; pick-up; (Nockenwellen~, Strom~) sensor; *(Handtuch)* dispenser
Gebiet *n* (Versorgungs~) area
Gebinde *n* container; packing drum
Gebläse *n* (Saug~) fan, (Kolben~, Turbo~) blower
Gebläsegehäuse *n* blower casing, blower housing

Gebläsemotor *m* blower motor
Gebrauchsanleitung *f* directions for use, instructions for use, operating instructions
gebrauchsfertig *adj* ready for use
Gebrauchslast *f* service load
Gebrauchsmuster *n* utility model, registered design
Gebrauchsnormal *n* service standard, working standard
Gebrauchstauglichkeit *f* fitness for use
Gebühr *f* (Telefon~) charge
gedruckte Schaltung *f* printed circuit
geerdet *adj* (US) grounded, (UK) earthed
Gefahr *f* danger, (Brand~, Feuer~) hazard, peril; (Brand~) risk
Gefahrenstelle *f* hazard point
Gefälle *n* (Druck~, Temperatur~) gradient; pitch; slope
Gefäß *n* (Druck~) vessel; container; receptacle; tank
gefederte Eckverbindung *f (Holz)* tongue and rabbet joint
Geflecht *n* (Draht~) mesh
gefrieren *v* freeze
Gefrierpackung *f* deep-freeze package
Gefrierpunkt *m* freezing point
Gefrierschutz *m* anti-freeze
Gefriertemperatur *f* freezing temperature
gefriertrocknen *v* freeze-dry
Gefriertrocknung *f* freeze drying
Gefüge *n* structure; texture
Gefügebild *n* micrograph
Gefügespannung *f* textural stress
Gegendruck *m* back-pressure, counter-pressure
gegeneinander schalten *v* connect back to back
Gegenflanke *f* mating flank
Gegenflansch *m* counter-flange, mating flange, companion flange
Gegengewicht *n* counterweight; *(Antenne)* counterpoise
Gegenhalter *m* overarm; outer bearing
Gegenkopplung *f* negative feedback
Gegenlager *n* outer bearing
Gegenlauffräsen *n* up-cut milling, up-milling, conventional milling
Gegenlauffräsmaschine *f* conventional milling machine
gegenläufig *adj* contra-rotating
gegenläufige Kolben *mpl* opposite-stroke pistons
Gegenmutter *f* lock nut, check nut
gegenphasig *adj* in phase opposition, oppositely phased
Gegenrad *n* mating gear
Gegensprechanlage *f* two-way intercom system
gegenüberliegend *adj* opposite
Gegenuhrzeigersinn *m* anti-clockwise direction, counter-clockwise direction
gegenwärtig *adj*, **der ~e Stand der Technik** the present state of the art
Gehalt *m* (Kohlenstoff~) content
Gehänge *n* (Feder~) suspension; hanger
Gehäuse *n* (Lager~) housing, (Filter~, Getriebe~, Gleichrichter~, Kolben~, Pumpen~, Stecker~, Turbinen~) casing, (Feder~) case, cabinet; (Ventil~) box; (Batterie~) container; enclosure; (Stator~) frame; package

Gehörschutz *m* hearing protectors
gehren *v* (US) miter, (UK) mitre; bevel, chamfer
Gehrung *f* (US) miter, (UK) mitre, mitre joint
Gehrungssäge *f* miter box saw
Gehrungsschnitt *m* miter cut
Gehrungsstoß *m* miter joint
Gehrungswinkel *m* miter angle; *(Messzeug)* mitre square
gekapselt *adj* enclosed, encased, encapsulated; metal-clad
geklebt *adj* glued
gekörnt *adj* granular
gekröpft *adj* offset; cranked
Gel *n* gel
Gelände *n* terrain; territory; area; *(z.B. Firmengelände)* premises
Geländefahrzeug *n* cross-country car
Geländegängigkeit *f* cross-country mobility
Geländer *n* railing; guard-rails; handrail; balustrade; parapet
Gelbguss *m* yellow brass
Gelbildung *f* gelation, gel formation
Gelbmetall *n* brass and bronze
Geldeinwurf *m (Automat)* coin slot
Gelenk *n* (Universal~) joint, link
Gelenkarm *m* articulated arm, jointed arm
Gelenkarmroboter *m* jointed-arm robot
gelenkartig *adj* articulated
Gelenkfahrzeug *n* articulated vehicle
gelenkig aufhängen *v* suspend pivotally
Gelenkstück *n* universal joint
Gelenkwelle *f* cardan shaft; universal joint shaft; propeller shaft
Gelenkzapfen *m* pivot pin
gelieren *v* gelatinize, gel
Geltungsbereich *m (Norm)* scope, scope of application
gemeinsam nutzen *v* share
gemietete Leitung *f* leased line
Gemisch *n* mixture; (Frequenz~) spectrum
Gemischanreicherung *f* mixture enrichment
genau *adj* accurate; precise; exact; true; correct
Genauigkeit *f* (Anzeige~, Arbeits~, Einstell~, Mess~) accuracy; precision; exactness; (Frequenz~) stability
Genehmigung *f* approval; (US) license, (UK) licence; (Bau~) permit
genehmigungspflichtig *adj* requiring approval
Genehmigungszeichnung *f* approval drawing, approved drawing
Generation *f* generation (e.g. fourth-generation computer)
Generator *m* (Drehstrom~, Frequenz~, Gleichstrom~, Hilfs~, Hochfrequenz~, Impuls~, Induktions~, Mehrphasen~, Niederfrequenz~, Synchron~, Turbo~, Ultraschall~) generator
genormt *adj* standardized
genutet und gefedert *adj* tongued and grooved
Geometrie *f* (Werkstück~, Werkzeug~) geometry
gerade *adj* straight; *(Zahl)* even
Gerade *f* straight line
geraderichten *v* straighten
geradlinig *adj* straight-lined

Geradstirnrad *n* spur wheel, straight spur gear
geradverzahnt *adj* straight-toothed
geradzahlig *adj* even-numbered
Geradzahnrad *n* straight-tooth gear
gerändelt *adj* knurled
Gerät *n* (Anzeige~, Eingabe~, Mess~, Prüf~, Steuer~) device; appliance; (Empfangs~) apparatus; (Empfangs~, Radio~, Rundfunk~) set; (Mess~) instrument; (Batterie~) unit; utensil; (Batterie~, Funk~) set; equipment
Gerätebuch *n* log book
Gerätewagen *m* instrument trolley
Geräusch *n* (Auspuff~, Bezugs~, Leitungs~, Niederfrequenz~) noise
geräuscharm *adj* silent, quiet, low-noise
Geräuschdämpfer *m* silencer, exhaust muffler, noise damper
Geräuschkulisse *f* noise floor
Geräuschpegel *m* noise level
Geräuschschwelle *f* noise threshold
gerieft *adj* fluted
geriffelt *adj* serrated; corrugated
gerippt *adj* ribbed
Geruchverschluss *m (Rohr)* trap
Gerüst *n* scaffold; (Hochofen~) framework; (Kran~) frame; (Kabel~) rack
Gerüstboden *m* scaffold platform
Gesamt~ (~abweichung, ~belastung, ~dehnung, ~gewicht, ~leistung, ~strahlung, ~verbrauch, ~verlust, ~widerstand, ~wirkung, ~zeit) total ~
Gesamtansicht *f* general view
Gesamtbreite *f* overall width
Gesamthöhe *f* overall height
Gesamtklirrfaktor *m* total harmonic distortion
Gesamtlänge *f* overall length
Gesamtwirkungsgrad *m* overall efficiency
gesättigte Verbindungen *fpl* saturated compounds
geschlossener Kreislauf *m* closed circuit
geschmeidig *adj* ductile
Geschoss *n* floor, storey
geschraubt *adj (ohne Mutter)* screwed, *(mit Mutter)* bolted
Geschwindigkeit *f* (Abtast~, Auslöse~, Band~, Höchst~, Kolben~, Schrupp~, Überschall~, Übertragungs~) speed; (Höchst~, Licht~, Luft~, Ultraschall~, Winkel~) velocity; (Vorschub~) rate
Geschwindigkeitsmesser *m* speedometer
Geschwindigkeitsregler *m* speed governor
Geschwindigkeitsschreiber *m* tachograph
Gesenk *n* die; die block; *(Kunststoff)* cavity, mold
Gesenkfräser *m* die-sinking cutter
Gesenkpresse *f* die-stamping press
Gesenkpressteil *n* die-pressed part
gesenkschmieden *v* drop-forge
Gesenkschmiedepresse *f* drop forging press
Gesenkschmiedestück *n* drop forging
gesichert *adj* locked, secured; protected; *(elektrische Sicherung)* fused
gesperrt *adj* locked; blocked; inhibited; unserviceable
gesperrte Einheit *f* quarantined item
Gespräch *n* (Telefon~) call
gespritzt *adj (Kunststoff)* injection-molded

gespundet *adj (Holz)* tongued and grooved
Gestalt *f* shape; profile; contour; form; (Oberflächen~) configuration; structure
gestalten *v* design
gestaltlos *adj* amorphous
Gestaltung *f* (Werkzeug~) design; layout
Gestänge *n* (Brems~) linkage, link mechanism, linking mechanism
gestapelt *adj* racked, stacked
Gestell *n* (Maschinen~) frame; (Hochofen~) framework; stand; (Batterie~) rack; bay
gestört *adj* faulty; out of order; disturbed
gestrichelt *adj (Linie)* dashed, broken
Getriebe *n* gear; gears; (Differential~, Kupplungs~) gearing; transmission; (Flüssigkeits~) drive, drive mechanism
Getriebe~ (~aggregat, ~block, ~deckel, ~fett, ~gehäuse, ~kasten, ~öl, ~raum, ~schmierung, ~welle, ~zug) gear ~
Getriebekasten *m* gearbox; transmission case
getriebelos *adj* gearless
Getriebemotor *m* geared motor
Getriebeöl *n* transmission oil
Getrieberad *n* (Vorschub~) gear
Gewebe *n* fabric, tissue, (Draht~) gauze
gewellt *adj* corrugated
Gewerbe *n* (Bau~) trade
Gewicht *n* (Atom~, Fliehkraft~, Gesamt~, Höchst~, Molekular~) weight
gewichtet *adj* weighted
Gewichtsprozent *n* percent by weight
Gewichtung *f* weighting
gewickelt *adj* wound
Gewinde *n* (Innen~, Kegel~, Präzisions~, Rohr~, Schrauben~) thread
Gewinde~ (~flanke, ~form, ~gang, ~grund, ~länge, ~profil, ~rille, ~spitze, ~steigung, ~teilung) thread ~
gewindebohren *v* tap
Gewindebohrer *m* tap
Gewindebohrung *f* tapped hole
Gewindeflansch *m* threaded flange
Gewindehülse *f* threaded sleeve
Gewindelehre *f* screw thread gage
Gewindeloch *n* tapped hole
Gewindenippel *m* screwed nipple
Gewindeschneideisen *n* threading die
gewindeschneiden *v* cut a thread
Gewindeschneiden *n* thread-cutting, screw-cutting; *(Gewindebohren)* tapping
Gewindestift *m* grub screw; set screw
Gewindestopfen *m* screw plug
Gewindestrehlen *n* thread chasing
Gewindeteilung *f* pitch
Gewinn *m (Verstärkung)* (Antennen~, Energie~) gain, amplification
Gewinnung *f* (Nickel~) recovery
gezahnt *adj* toothed
Gezeitenkraftwerk *n* tidal power plant
Gicht *f* (Hochofen~) charge
Giebel *m (Gebäude)* gable
gießen *v* cast; pour
Gießen *n* (Metall~) casting
Gießerei *f* (Eisen~, Messing~, Metall~) foundry
Gießereibetrieb *m* foundry operation
Gießereiofen *m* foundry furnace
Gießereimodell *n* foundry pattern

Gießereiroheisen *n* foundry pig iron
Gießform *f* mold; die
Gießharz *n* cast resin
Gießling *m* casting
giftig *adj* toxic
Giftigkeit *f* toxicity
Gips *m* plaster
Gitter *n* (Ionen~) lattice; grid
Gitterdraht *m* grid wire
Gittermast *m* lattice tower; lattice mast
Gitterrost *m* grille
Glanz *m* glaze; gloss, brilliance; (US) luster, (UK) lustre
glanzlos *adj* dull, mat
Glas *n* (Quarz~, Sicherheits~) glass
Glaser *m* glazier
Glaserkitt *m* glazier's putty
Glasfalz *m* glass rebate
Glasfaserkabel *n* fiber optic cable, glass-fiber cable
Glasfasermatte *f* glass fiber mat
Glasfaserschlauch *m* glass fiber tube
glasfaserverstärkt *adj* glass-fiber reinforced
Glasgewebe *n* woven glass
Glas *n* **mit Drahteinlage** wire-mesh glass
Glaswolle *f* glass wool
glatt *adj* smooth; even
glätten *v* smooth
Glättscheibe *f* float
Glättung *f* (Strom~) smoothing, (Strom~) filtering
gleichgerichtet *adj (Elektrotechnik)* rectified
Gleichgewicht *n* equilibrium; balance
gleichlauffräsen *v* down-cut mill, down-mill
Gleichlauffräsmaschine *f* down milling machine, downfeed milling machine
Gleichlaufmotor *m* synchronous motor
gleichmäßig *adj* even; uniform
gleichrichten *v (Elektrotechnik)* rectify
Gleichrichter *m* (Einphasen~, Lichtbogen~, Mehrphasen~, Quarz~, Röhren~, Strom~, Wechselstrom~) rectifier
Gleichrichter~ (~anode, ~diode, ~element, ~gehäuse, ~instrument, ~kathode, ~kreis, ~röhre, ~säule, ~schaltung) rectifier ~
gleichschalten *v* coordinate; synchronize
gleichseitig *adj (Geometrie)* equilateral
Gleichspannung *f* DC voltage, direct current voltage
Gleichstrom *m* DC, d.c., direct current
Gleichstrom~ (~betrieb, ~generator, ~kabel, ~motor, ~netz, ~transformator, ~übertragung, ~umformer, ~widerstand) direct-current ~
Gleichtakt *m* common mode
Gleichtaktunterdrückung *f* common-mode rejection
Gleichung *f* (Differential~, Energie~) equation
gleichwertig *adj* equivalent
gleichwinklig *adj* equiangular
Gleis *n* rail, (Kran~) track; line
Gleisanschluss *m* siding
Gleisschotter *m* track ballast
Gleisverlegung *f* track laying
Gleit~ (~backe, ~bahn, ~führung, ~kupplung, ~lager, ~passung, ~pratze, ~reibung, ~schalung, ~schuh, ~sitz, ~widerstand) sliding ~

Gleitbahn *f* (Stößel~) slideway, guideway; *(zum Transportieren)* skid
gleiten *v* slide; slip; glide
gleitende Arbeitszeit *f* flexible working time, flextime
Gleitfläche *f* slip plane; friction surface
Gleitlager *n* plain bearing, journal bearing, slide bearing
Gleitrinne *f* chute, slide
Gleitschutz *m* anti-skid device, non-skid device
gleitsicher *adj* non-slip; skid-proof
Glied *n* (Mess~, Steuer~) element, member, component; (Ketten~) link; *(Mathematik)* term
Gliederkette *f* link chain
Gliederung *f* classification; break-down
Gliederwelle *f* articulated shaft
glimmen *v* glow
Glimmer *m* mica
Globalisierung *f* internationalization
Glühbirne *f* bulb
glühen *v (Wärmebehandlung)* anneal
Glühfaden *m* filament
Glühfarbe *f* annealing color
Glühlampe *f* filament lamp, incandescent lamp
Glühtemperatur *f* annealing temperature
Graben *m* (Kabel~) trench
Grad *m* (Winkel~) degree; *(Qualität)* grade; (Modulations~) depth
Grad *m* **Celsius** degrees Centigrade, °C
Grafik *f* (Farb~, Koordinaten~) graphics
grafikfähig *adj* with graphics capability
Grafit *m* graphite
Grat *m* burr; flash
Grauguss *m* grey cast iron
gravieren *v* engrave
Greifer *m* (Kran~) grab; gripper; claw
Greifkraft *f* grasping force
Grenzabweichung *f* limiting deviation
Grenzanteil *m* limiting proportion
Grenzdrehzahl *f* limiting speed
Grenze *f* (Biege~, Kühl~) limit; boundary
Grenzfall *m* borderline case
Grenzfläche *f* boundary surface; contact surface; interface
Grenzfrequenz *f* limiting frequency
grenzübergreifend *adj* cross-border; transfrontier
grenzüberschreitend *adj* cross-border; transborder, transfrontier; international
Grenzwert *m* limiting value
Griff *m* (Feilen~, Hebel~, Kurbel~) handle; knob; lever; grip; touch
Griffel *m* (Licht~) pen
Griffgelenk *n (Roboter)* wrist
Griffkreuz *n* star handle
Griffmuschel *f* recessed grip, shell-type handle
griffnah *adj* within easy reach
Grobanalyse *f* coarse analysis
Grobeinstellung *f* coarse adjustment
grobkörnig *adj* coarse-grained
grobes Korn *n* coarse grain
grobmaschig *adj* wide-meshed
grobschleifen *v* rough-grind
Grobsitz *m* loose fit, coarse fit
Größe *f* (Winkel~) size; quantity; (Bezugs~, Eingangs~) variable; magnitude; amount
Größenordnung *f* order

Großintegration *f* large-scale integration, LSI
Großraumbüro *n* open-plan office
Großrechner *m* mainframe
Grube *f* (Bau~, Fundament~) pit; (Erz~) mine
grün *adj (umweltfreundlich)* green
Grund *m* ground; soil; foundation; base; bottom; (Gewinde~) root; reason; *(Ursache)* cause
Grundanstrich *m* prime coat, priming coat; undercoat
Grundeinstellung *f* basic setting
Grundfläche *f* floor space, floor area
Grundgebühr *f* fixed charge
Grundgesamtheit *f* population
Grundgesamtmenge *f* population
grundieren *v* prime
Grundiermittel *n* primer
Grundierung *f* priming coat
Grundkreis *m (Zahnrad)* base circle
Grundlagenentwicklung *f* basic development
Grundlagenforschung *f* basic research
Grundmaterial *n* base material, parent material
Grundmetall *n* base metal, parent metal, backing metal
Grundplatte *f* baseplate; bedplate; *(PC)* motherboard
Grundrechenarten *fpl* basic arithmetical operations
Grundriss *m* plan view, floor plan, layout
Grundschaltung *f* basic circuit
Grundschwingung *f* fundamental
Grundstellung *f* home position; basic position; basic setting; starting position; initial position; normal position
Grundtakt *m* basic clock rate, basic pulse rate
Grundteilung *f (Zahnrad)* base pitch
Gründung *f* foundation
Grundwasser *n* ground water
Grundwerkstoff *m* base metal, parent metal; base material
Gruppe *f* group; gang; (Ventil~) bank
Gruppensteuerung *f* group control
GS-Zeichen *n (geprüfte Sicherheit)* "safety tested" mark
Gummi *m/n* rubber
Gummi~ (~band, ~belag, ~buchse, ~dichtring, ~dichtung, ~isolierung, ~kabel, ~kleber, ~lösung, ~matte, ~platte, ~puffer, ~riemen, ~ring, ~schlauch, ~tülle) rubber ~
gummieren *v* gum
Gurt *m* (Sicherheits~) belt; boom
Gurtförderer *m* belt conveyor
Gurtspanner *m* belt tightener
Guss *m* (Aluminium~, Messing~, Stahl~) casting
Gusseisen *n* cast iron
Gussgrat *m* fin
Gusslegierung *f* cast alloy
Gussstück *n* (Metall~) casting
gut abgelagert *adj (Holz)* well-seasoned
Gutachten *n* expert's opinion, expert's report, expertise
Güte *f* (Oberflächen~) quality, (Stahl~) grade
Gütebewertung *f* quality appraisal
Gütefaktor *m* quality factor

Gütekontrolle *f* quality control
Güteminderung *f* deterioration
Gutlehre *f* go gage
Gut-/Schlecht-Entscheidung *f* go/no-go decision, pass/fail decision

Haarlineal *n* hairline gage
Haarriss *m* hairline crack, micro crack, capillary crack
Hacker *m (Internet: illegaler Eindringling)* hacker
haften *v* adhere, stick to
Haftfähigkeit *f* adhesion, adhesiveness
Haftfestigkeit *f* adhesive strength
Haftmagnet *m* magnetic clamp
Haftung *f* (Riemen~) grip
Haftvermögen *n* peel strength
Hahn *m* (Abfluss~, Ablass~, Absperr~) cock; (Gas~) tap; faucet
Häkchen *n* check mark, tick
Haken *m* (Ketten~, Kran~, Last~) hook
Hakenschlüssel *m* (US) hook wrench, (UK) hook spanner
Hakenschraube *f* T-head bolt, Tee-bolt, hook bolt, clip bolt
Halbautomat *m* semi-automatic machine
halb automatisch *adj* semi-automatic
Halbfabrikat *n* semi-finished product
halb fertig *adj* semi-finished
Halbkreis *m* semicircle
Halbkugel *f* half sphere
halbkugelförmig *adj* hemispherical, semi-spherical
Halbleiter *m* semiconductor
Halbleiterbauelement *n* semiconductor device
Halbleiterelektronik *f* semiconductor electronics
Halbleiterscheibe *f* wafer
Halbleitertechnik *f* semiconductor technology, solid-state technology
Halbmesser *m* radius
halbrunde Rille *f* semicircular groove, U groove
Halbrundschraube *f* round-head screw
Halbwelle *f* half-wave
Halbwertzeit *f* half-life period
Halbzeug *n* semi-finished product
Halde *f* waste-dump, dump, yard
Halfeneisen *n* hollow-slotted rail
Hälfte *f* (Kupplungs~) half (*pl* halves)
Halogen-Einbaustrahler *m* built-in halogen lamp
Halogenlampe *f* halogen lamp, tungsten-halogen lamp
Hals *m* (Lager~) neck, collar
Halslager *n* journal bearing
Haltbarkeit *f* life, durability, stability; shelf life; package stability
Haltbarkeitsdauer *f* expiration date, limiting period
Haltebremse *f* holding brake
Haltebügel *m* bracket; clip; retainer
Haltegriff *m* handle, grip
Haltekontakt *m* locking contact
Haltepunkt *m* hold point
Halter *m* (Diamant~, Werkzeug~) holder; handle; (Kabel~) bracket; (Sicherungs~) carrier; clamp; (Werkstück~) fixture
Halterung *f* clamping fixture; holding fixture; (Isolations~) grip; support; carrier; mount; retention system
Halteschraube *f* retaining screw, fastening screw, fixing screw

Haltewinkel *m* fixing bracket; retaining angle
Hammer *m* (Druckluft~, Pressluft~) hammer
hämmerbar *adj (warm)* forgeable; *(kalt)* malleable
Hämmerbarkeit *f (warm)* forgeability; *(kalt)* malleability
hämmern *v* hammer
Hammerschlag *m* hammer blow, hammer stroke
Hammerschlaglackierung *f* hammer-finish
Hammerschraube *f* insert bolt
Hammerschweißung *f* forge welding
Hand-Arm-System *n* hand-arm system
Hand-Automatik-Umschalter *m* manual-automatic selector switch
handbedient *adj* hand-held
Handbedienung *f* manual operation, manual control
handbetätigt *adj* manually operated, hand-operated
Handbohrmaschine *f* hand drill
Handbremse *f* hand brake
Handbremshebel *m* hand brake lever
Handbuch *n* (Betriebs~) manual, handbook
handgefertigt *adj* hand-made
handgeführt *adj* hand-held
Handgriff *m* handle
handhaben *v* handle, manipulate
Handhabung *f* handling, manipulation
Handhabungsgerät *n* manipulator
Handhabungsroboter *m* material-handling robot
Handhabungstechnik *f (Roboter)* robotics
Handkreuz *n* star wheel
Handkurbel *f* hand crank
Handlampe *f* portable lamp
Handlauf *m* handrail
Handleuchte *f* inspection lamp
Handrad *n* handwheel
Handschleifmaschine *f* hand-tool grinder
Handstellteil *n* hand control, hand control element
Hand *f* , **von** ~ by hand, manual
Handwerk *n* trade, craft
Handwerker *m* craftman
handwerkliche Ausführung *f* workmanship
Handwerkzeug *n* hand tool
Handwinde *f* hand winch
Handy *n* handheld phone, handportable, mobile telephone, mobile radio telephone
Handy-Halter *m* handset rest
Hängebahn *f* overhead trolley; suspension railroad
Hängebrücke *f* suspension bridge
Hängebügel *m* hanger
Hängedecke *f* suspended ceiling
Hängedruckknopftafel *f* pendant pushbutton panel, pendant station
Hängeförderer *m* monorail conveyor
hängen *v* suspend, hang
Hängekabel *f* suspension cable; *(Aufzug)* travelling cable, trailing cable
Hänger *m (Lkw)* trailer
Hängeschiene *f* overhead rail
Hängeschloss *n* padlock
Hängetafel *f* pendant control panel

hantieren *v* handle, manipulate
Hardware *f* hardware
Harmonische *f (Oberwelle)* harmonic
Harmonisierungsdokument *n* harmonization document
Hartauftragschweißung *f* hard surfacing
härtbar *adj* hardenable; *(Kunststoff)* thermosetting
Härte *f* (Feilen~, Oberflächen~) hardness
härten *v* harden
Härten *n* (Direkt~) hardening
Härte *f* **nach Brinell** Brinell hardness
Härteofen *m* hardening furnace
Härteprofil *n* depth of indentation, indentation
Härteprüfer *m* hardness tester
Härteprüfmaschine *f* hardness testing machine
Härteprüfung *f* hardness test
Härteprüfung *f* **nach Brinell** Brinell hardness test
Härteprüfung *f* **nach Rockwell** Rockwell hardness test
Härteprüfung *f* **nach Shore** Shore hardness test
Härteprüfung *f* **nach Vickers** Vickers hardness test, diamond pyramid hardness test
Härterei *f* (Werkzeug~) hardening shop, heat treatment department
Härteriss *m* heat treatment crack, hardening crack, quenching crack
Härteschicht *f (Einsatzschicht)* hardened case
Härtespannung *f* hardening stress, hardening strain
Härtetiefe *f (Wärmebehandlung)* depth of hardening zone; *(Einsatzhärtung)* depth of case, (Nitrier~) hardness depth
Härteverzug *m* hardening distortion
Härtezahl *f* hardness number
Hartfaserplatte *f* hard fiberboard
Hartguss *m* chilled cast iron
Hartholz *n* hardwood
Hartlot *n* brazing solder, hard solder, spelter
hartlöten *v* braze, hard-solder
Hartmetall *n* sintered hard carbide, hard metal
Hartmetall~ (~bestückung, ~einlage, ~einsatz, ~legierung, ~schneide, ~werkzeug) carbide ~
hartmetallbestückt *adj* carbide-tipped
Härtung *f* (Induktions~, Luft~, Nitrier~, Oberflächen~) hardening
Hartverchromung *f* hard chrome plating, hard chromium plating
Harz *n* resin
harzen *v* resin, resinate
harzförmig *adj* resinous
Harzgewinnung *f* resin extraction, resin tapping
Haspel *f* (Draht~, Seil~) reel
Haube *f (Motor)* (US) (Absaug~) hood, *(Auto)* (UK) bonnet; (Schutz~) cover; *(Lüfter)* cowl, shroud; *(Dach)* canopy
häufig gestellte Fragen *fpl (Internet)* frequently asked questions, FAQ
Hauptfehler *m* major defect, major non-conformance
Hauptleitung *f* main
Hauptmenü *n* main menu

Hauptschalter *m* main switch, master switch
Hauptspeicher *m (EDV)* main memory
Haupt- und Nebenkanäle *mpl* main and branch ductwork
Hauptverzeichnis *n (PC)* main directory
Haus *n* (Kessel~) house
hausintern *adj* in-house
Haustechnik *f* building services
haustechnische Anlage *f* domestic installation
Hebebock *m* (Druckluft~) lifting jack
Hebebühne *f* lifting platform
Hebel *m* (Bedienungs~, Brems~, Einstell~, Exzenter~, Kontakt~, Kupplungs~, Rollen~, Steuer~, Teil~, Umkehr~, Vorschub~) lever
Hebel~ (~arm, ~getriebe, ~griff, ~schalter, ~schere, ~welle) lever ~
Hebelübersetzung *f* leverage
Hebelwirkung *f* leverage
heben *v* lift; elevate; raise; hoist; wind
Heber *m* jack
Hebevorrichtung *f* lifting device
Hebewinde *f* jack
Hebezeug *n* (Pressluft~) hoist
Heft *n* (Feilen~) tang
heften *v* tack; staple
Hefter *m* tacker, stapler
heftschweißen *v* tack-weld
Heimwerker *m* do-it-yourselfer
Heißluft *f* hot air
Heißlufttrockner *m* hot-air dryer
Heiz~ (~anlage, ~draht, ~element, ~faden, ~fläche, ~flansch, ~gas, ~kraft, ~leiter, ~mantel, ~medium, ~rohr, ~schlange, ~schrank, ~spirale, ~spule, ~stromkreis, ~widerstand) heating ~
heizen *v* heat
Heizfaden *m* filament
Heizgebläse *n* fan-assisted air heater
Heizkessel *m* boiler, heating and hot water boiler
Heizkörper *m* radiator
Heizleistung *f* heat output
Heizöl *n* fuel oil
Heizstrahler *m* radiant heater
Heizung *f* (Abgas~, Dampf~, Induktions~, Strahlungs~) heating; *(Feuerung)* firing
Heizungsanlage *f* heating system, heating installation
Heizungsbau *m* heating installation
Heizungskanal *m* heating duct
Heizungs-, Lüftungs- und Klimatechnik *f*, **HLK-Technik** heating, ventilation and air conditioning, heating, ventilation and air-conditioning technology, HVAC
Heizwendel *f* heater coil
Heizwert *m* calorific value, calorific power, thermal power
Heizzentrale *f* central heating plant
Helligkeit *f* brightness
hemmen *v* retard; obstruct; hinder
Hemmung *f* obstruction; retardation
Henkel *m* handle
herausführen *v* bring out
herausnehmbar *adj* removable; detachable; withdrawable
herausnehmen *v* remove; withdraw
herausragen *v* protrude; project
herausschlagen *v* knock out

herausschrauben *v* unscrew
herausstoßen *v* eject
herausziehen *v* pull out; withdraw; extract; retract
Herd *m* (Gas~) range
herstellen *v* manufacture, make, produce, fabricate
herstellerspezifisch *adj* proprietary
herstellerübergreifend *adj* multi-vendor
herstellerunabhängig *adj* non-proprietary
Herstelltoleranz *f* manufacturing tolerance
Hertz *n*, **Hz** cycles per second, Hz, cps
herunterladen *v* download
herunterschalten *v* step down
hervorheben *v* highlight
hervorragen *v* protrude, project
Herzholz *n* core-wood
heterogen *adj* heterogeneous
Hexadezimalzahl *f* hexadecimal number
Hexadezimalsystem *n* hexadecimal number system
hexagonal *adj* hexagonal
Hilfe *f* help, aid, assistance, support
Hilfefenster *n (PC)* help window
Hilfemenü *n (PC)* help menu
Hilfetaste *f (PC)* help key
Hilfetext *m (PC)* help text
Hilfs~ (~antenne, ~antrieb, ~ausrüstung, ~datei, ~energie, ~frequenz, ~funktion, ~generator, ~klemmenkasten, ~kontakt, ~leiter, ~leitung, ~maschine, ~motor, ~phase, ~pol, ~pumpe, ~schalter, ~spannung, ~spule, ~stromkreis, ~stromquelle, ~stromversorgung, ~taktgeber, ~transformator, ~trennschalter, ~werkzeug, ~wicklung) auxiliary ~
Hilfsmaßnahme *f* remedial measure
Hilfsmenü *n (PC)* utility menu
Hilfsmittel *n* aid
Hilfsprogramm *n (EDV)* utility program, utility routine
Hilfspumpe *f* booster pump
Himmel *m (Auto)* inside roof lining
Hindernis *n* obstacle, obstruction
hinterarbeiten *v (Metallbearbeitung)* relieve, back off
hinterdrehen *v* relief-turn
hintereinander angeordnet *adj* arranged in tandem
hintereinander geschaltet *adj* connected in series, series connected
Hinterflanke *f (Impuls)* trailing edge
hinterfräsen *v* relief-mill
hinterfüllen *v* back-up, back-fill
hinterfüttern *v* back
Hintergrund *m* background; backdrop; backbone
hinterleuchtet *adj* backlit
Hinterrad *n* rear wheel
Hinterradachse *f* rear axle
Hinterradantrieb *m* rear-axle drive
hinterschleifen *v* relief-grind
hinterschneiden *v* undercut, relief-cut
Hinterschneidung *f* undercut
hinterschütten *v* back up
Hin- und Herbewegung *f* reciprocating movement
Hin- und Herbiegeversuch *m* reverse bend test
hin- und hergehend *adj* reciprocating
hitzeempfindlich *adj* heat-sensitive
Hitzeschock *m* thermal shock

Hobel *m* plane
Hobelbank *f (Holz)* woodworking bench, carpenter's bench
Hobelmaschine *f* planing machine, planer; *(Waagerechtstoßmaschine)* shaper
hobeln *v* plane; shape
Hobel- und Fräsmaschine *f* planer-miller
hochauflösend *adj* high-resolution; high-definition
Hochbau *m* building, building construction
hochbocken *v* jack up
Hochdruck *m* high pressure
Hochdruck~ (~aufnehmer, ~behälter, ~dampf, ~kessel, ~leitung, ~pumpe, ~rohr, ~schlauch, ~ventil, ~verdichter) high-pressure ~
hochfahren *v* run up, start up, run up to speed, accelerate
hochfester Stahl *m* high-tensile steel, high-strength steel
Hochformat *n (Drucker)* portrait format
Hochfrequenz *f* high frequency, radio frequency
Hochfrequenz~ (~anteil, ~feld, ~generator, ~kabel, ~kondensator, ~leistung, ~sender, ~spannung, ~strahlung, ~strom, ~stufe, ~technik, ~transformator, ~übertragung, ~verstärker, ~widerstand) high-frequency ~
hochgekohlter Stahl *m* high-carbon steel
Hochgenauigkeitslager *n* high-precision bearing
Hochgeschwindigkeitsstahl *m* high-speed steel
hochgestellt *adj* raised, superscript
Hochglanz *m* mirror finish
Hochhaus *n* high-rise building
Hochintegration *f* large-scale integration, LSI
hochkant *adv* on edge, edgewise
hochkant stellen *v* place on edge, turn upside down
hochladen *v (PC)* upload
Hochlauf *m* full speed; run up
hochlaufen *v* run up, start, accelerate
hochlegierter Stahl *m* high-alloy steel
Hochleistung *f* high duty, heavy duty, high performance, high power, high speed
Hochleistungsmaschine *f* high-duty machine
Hochleistungsmotor *m* high-power motor, high-power engine
Hochofen *m* blast furnace
Hochofen~ (~anlage, ~begichtung, ~betrieb, ~charge, ~gas, ~gerüst, ~gestell, ~gicht, ~koks, ~panzer, ~reise, ~schacht, ~schlacke) blast-furnace ~
Hochrechnung *f* extrapolation
Hochregal *n* high bay
Hochspannung *f* high voltage, high tension
Hochspannungs~ (~abnehmer, ~anlage, ~freileitung, ~kabel, ~kondensator, ~leitung, ~netz, ~strom, ~technik, ~transformator, ~wicklung) high-voltage ~
Höchst~ (~drehzahl, ~geschwindigkeit, ~gewicht, ~last, ~leistung, ~stand, ~strom, ~temperatur, ~wert) maximum ~

hochstellen *v* elevate; raise
Hoch-Tief-Regelung *f* high-low control, h-l control
hochtouriger Motor *m* high-speed engine
Hoch- und Tiefbau *m* building and civil engineering
Hochvakuumtechnik *f* high-vacuum engineering
hochwertig *adj* high-grade, high-quality
Hochzahl *f* exponent
Höhe *f* (Arbeits~) height, altitude; (Arbeits~) level; (Druck~, Saug~) head
Höheneinstellung *f* vertical adjustment, height adjustment
Höhenkorrektur *f* altitude compensation
Höhenmesser *m* altimeter
höhenverstellbar *adj* vertically adjustable, height-adjustable
Höhenverstellung *f* vertical adjustment
Höhenvorschub *m* vertical feed
hohl *adj* hollow
Hohlgriff *m* recessed handle
Hohlkolben *m* hollow piston, hollow ram, tubular piston
Hohlkörper *m* hollow body
Hohlleiter *m* waveguide
Hohlnadel *f* hollow needle
Hohlnaht *f (Schweißen)* coved weld
Hohlniet *m/n* hollow rivet
Hohlprofil *n* hollow section
Hohlraum *m* cavity; hollow space; void; pocket
Hohlspiegel *m* concave mirror
Hohlwelle *f* hollow shaft
Hohlzylinder *m* hollow cylinder
Holm *m (waagerecht)* rail, toprail, top transom; *(senkrecht)* upright, side-piece; strut
Holz *n* wood, timber
Holzbau *m* timber construction, wood construction
Holzbearbeitungsmaschine *f* wood-working machine
Holzbohrer *m* wood borer, wood auger, wood bit
Holzbrennstoff *m* wood fuel
Holzfaserplatte *f* wood fiber board
Holzfurnier *n* wood veneer
Holzhammer *m* mallet
Holzkeil *m* wooden wedge
Holzkohle *f* charcoal
Holzmaserung *f* wood grain
Holzmast *m* wooden pole
Holzpfahl *m* wooden pile
Holzrückgewinnung *f* wood recycling
Holzsäge *f* wood-cutting saw
Holzschraube *f (Metallschraube für Holz)* wood screw; *(aus Holz)* wooden screw
Holzspanplatte *f* wood chip panel, coreboard
Holzverarbeitung *f* wood processing, woodworking
Home-Page *f (Internet)* homepage
homogen *adj* homogeneous
Honahle *f* honing tool
honen *v* hone
Honmaschine *f* honing machine
hörbar *adj* audible
Hörempfang *m* audio reception
Hörer *m* (Telefon~) receiver, handset; listener

Hörfrequenz *f* audio frequency, audible frequency
Horizont *m* (Funk~, Radio~) horizon
Hotkey *m* hot key
HSS-Stahl *m* high-speed steel
Hub *m* (Bohr~, Kolben~, Kompressions~, Puffer~, Pumpen~, Rest~, Saug~, Stößel~, Verdichtungs~) stroke; (Nocken~, Ventil~) lift; (Kurbel~) throw; travel; (Frequenz~, Phasen~) deviation
Hubgeschwindigkeit *f* stroke rate
Hubhöhe *f* lifting height
Hubkette *f* hoisting chain
Hubkraft *f* lifting force, lifting power, hoisting power
Hubleistung *f* lifting power
Hubmagnet *m* lifting magnet; solenoid, solenoid actuator
Hubmotor *m* lifting motor, hoisting motor, hoist motor
Hubnocken *m* eccentric cam
Hubraum *m* swept volume, piston displacement
Hubspindel *f* jackscrew
Hubtisch *m* lifting table
Hubventil *n* lift valve
Hubwagen *m* lift truck, lifting truck, industrial truck
Hubweg *m* travel
Hubwelle *f* eccentric shaft
Hubwerk *n* hoisting gear
Hubwinde *f* lifting winch
Hubzähler *m* stroke counter
Hülle *f* shell; sheath; *(Diskette)* jacket; envelope
Hülse *f* (Kegel~, Spindel~) sleeve; (Ketten~) bushing; barrel; quill
Humanfaktoren *mpl* human factors
Hundertprozentprüfung *f* one-hundred-percent inspection
Hutmutter *f* cap nut, acorn nut
Hütte *f* (Kupfer~) mine
Hüttenkunde *f* metallurgy
Hüttentechnik *f* iron and steel industry
Hüttenwerk *n* metallurgical works, ironworks
Hybridschaltung *f* hybrid circuit
Hybridsystem *n* hybrid system
Hydraulik *f (Fachgebiet)* hydraulics; *(Gerät)* hydraulic unit
Hydraulikaggregat *n* power pack, pump and motor unit
Hydraulikgetriebe *n* hydraulic transmission
Hydraulikpumpe *f* hydraulic pump
hydraulischer Antrieb *m* hydraulic drive
hydraulischer Speicher *m* hydraulic accumulator
Hydrodynamik *f* hydrodynamics
hydrodynamisch *adj* hydrodynamic
Hydrostatik *f* hydrostatics
hydrostatisch *adj* hydrostatic
Hyperbel *f* hyperbola
Hyperlink *m (PC)* hyperlink
Hypermedia *npl* hypermedia
Hypertext *m* hypertext
Hypotenuse *f* hypotenuse
Hypothese *f* (Arbeits~) hypothesis (*pl* hypotheses)
Hysterese *f* hysteresis
Hystereseschleife *f* hysteresis loop
Hystereseverlust *m* hysteresis loss

IC *(integrierte Schaltung)* IC, integrated circuit
Identkarte *f (Qualitätssicherung)* identity card
Identnummer *f (Qualitätssicherung)* identity number
Ikon *n* icon
Immission *f* immission
Imissionsgrenzwert *m* immission standard
Impedanz *f* impedance
implantieren *v* implant
Implantation *f* (Ionen~) implantation
imprägnieren *v* impregnate
Impuls *m* impulse, (Licht~, Steuer~, Strom~) pulse
Impuls~ (~abstand, ~abtastung, ~amplitude, ~antwort, ~aufbereitung, ~breite, ~dauer, ~erzeugung, ~folge, ~form, ~formung, ~frequenz, ~geber, ~generator, ~länge, ~modulation, ~profil, ~reihe, ~schalter, ~sender, ~signal, ~signalisierung, ~spitze, ~teiler, ~teilung, ~träger, ~umformer, ~verhältnis, ~verschleifen, ~verstärker, ~verzerrung, ~wandler, ~zähler, ~zug) pulse ~
Impuls-Echo-Verfahren *n* pulse-echo method
Impulsgabe *f* pulsing
Impulstaktgeber *m* clock-pulse generator
Inbetriebnahme *f* start-up, commissioning, putting into operation
Inbetriebnahmeprüfungen *fpl* commissioning tests
Inbusschlüssel *m (Innensechskantschlüssel)* (US) hexagon socket wrench, (UK) hexagon socket spanner
Inbusschraube *f* socket head cap screw, hexagon-socket-head cap screw
Index *m (Mathematik)* subscript
indexieren *v* index
Indirektteilverfahren *n* indirect method of indexing
Induktion *f* induction
Induktions~ (~feld, ~fluss, ~frequenz, ~funke, ~generator, ~härtung, ~heizung, ~kreis, ~leuchte, ~maschine, ~messer, ~motor, ~ofen, ~regler, ~relais, ~schweißen, ~spule, ~strom, ~zähler) induction ~
induktionsfrei *adj* non-inductive
induktiver Widerstand *m* inductive reactance
Induktivität *f* inductance
Industrie *f* (Bau~) industry
Industrieansiedlungszone *f* industrial development area
Industrieroboter *m* industrial robot
ineinander greifen *v* mesh, mate; engage
ineinander schieben *v* telescope
Informatik *f* computer science, information science
Informationsfenster *n* information window
Informationsgesellschaft *f* information society
Informationstechnik *f* information technology, IT

Informations- und Kommunikationstechnik *f*, **luk-Technik** information and communications technology
Informationszeitalter *n* information age
infrarot *adj* infrared
Infrarotlicht *n* infrared light
Infrarotsender *m* infrared transmitter
Infrarotstrahlen *mpl* infrared rays
Infrarotstrahler *m* infrared heater
Infrarotstrahlung *f* infrared radiation
Infrarottrockner *m* infrared drier
Infrarottrocknung *f* infrared drying
Infrastruktur *f* infrastructure
Ingenieur *m* (Sicherheits~) engineer
Ingenieurbüro *n* engineering office
Inhaber *m* (Patent~) holder
Inhaltsverzeichnis *n (Dateien)* directory; table of contents, contents
initialisieren *v* initialize
Initialisierung *f* initialization
inkompatibel *adj* incompatible
Inkompatibilität *f* incompatibility
Inkrement *n* increment
Inkrementalgeber *m* incremental encoder
innen *adv* indoors
Innen... *adj* interior, indoor, inside, internal, inner
Innen~ (~bearbeitung, ~beleuchtung, ~druck, ~durchmesser, ~gewinde, ~kegel, ~läufer, ~profil, ~raum, ~riss, ~spannung, ~verdrahtung, ~verzahnung, ~widerstand, ~zahnrad) internal ~
Innenansicht *f* interior view
Innenarchitekt *m* interior decorator
Innenausbau *m* interior finishing, interior finish
Innenausstattung *f* interior furnishing, interior finish, interior design
Innenbeleuchtung *f* interior lighting; *(Kfz)* courtesy lights
innendrehen *v* bore
Innendrehmeißel *m* inside turning tool; boring tool
Innendrücker *m* inside door handle
Innendurchmesser *m* inside diameter
Innengewinde *n* female thread
Innenkonus *m* inside taper
innenläppen *v* lap internally
innenräumen *v* broach internally
innenschleifen *v* grind internally
innenschweißen *v* weld internally
Innensechskant *m* hexagon socket, hexagon hole
Innensechskantschlüssel *m* hexagon head socket wrench
Innensechskantschraube *f* hexagon socket screw, socket head cap screw
Innentaster *m* inside calipers
innerbetrieblich *adj* in-house, intra-company, internal
innovativ *adj* innovative
Innovation *f* innovation
instabil *adj* unstable
Installateur *m* plumber, fitter
Installation *f* installation; *(sanitär)* plumbing; *(Elektrotechnik)* wiring
Installationsdiskette *f (PC)* installation diskette, installation floppy disk
Installationsplan *m* installation drawing
Installationsprogramm *n (PC)* installation program, set-up program

installieren *v* install; *(Elektrotechnik)* wire; set up
instand halten *v* maintain
Instandhaltung *f* (Werkzeug~) maintenance
instand setzen *v* repair
Instandsetzung *f* repair; corrective maintenance
Instandsetzungsarbeiten *fpl* repair work
Instrument *n* (Anzeige~, Gleichrichter~, Mess~, Präzisions~) instrument; (Mess~) tool; apparatus; device
Instrumentenausstattung *f* instrumentation
integriert *adj* integrated
integrierte Schaltung *f* integrated circuit, IC
intelligent *adj* intelligent, smart
Intensität *f* (Licht~, Strahlungs~) intensity
interaktiv *adj* interactive, conversational, (US) dialog, (UK) dialogue
Interferenz *f* interference
interkontinental *adj* intercontinental
interkristallin *adj* intercrystalline, intergranular
interkristalline Korrosion *f* intercrystalline corrosion, intergranular corrosion
interkristalline Rissbildung *f* intercrystalline cracking
Internationales Einheitensystem *n*, **SI** International System of Units, SI
Internationalisierung *f* going international
Internet *n* internet
Internet-Anwendungen *fpl* internet applications
internetgestützt *adj* internet-based
Internet-Suchsystem *n* internet search engine, Web search site
Internet-Zugang *m* internet access
Internet-Diensteanbieter *m* internet service provider
Intranet *n* intranet, corporate network
Inverkehrbringen *n* putting into operation, putting into service
Ion *n* ion
Ionen~ (~austausch, ~austauscher, ~bündelung, ~dichte, ~entladung, ~falle, ~gitter, ~implantation, ~strahl, ~strom, ~zähler) ion ~
Ionisation *f* ionization
ionisieren *v* ionize
ionisierende Strahlung *f* ionizing radiation
Ionisierungsenergie *f* ionization energy
I-Profil *n* I-beam, I-section
ISDN *(diensteintegrierendes digitales Netz)* integrated services digital network, ISDN
ISDN-Anschluss *m* ISDN access
Isolation *f (Elektrotechnik)* (Wärme~) insulation; *(Trennung)* isolation
Isolations~ (~durchbruch, ~fehler, ~halterung, ~klasse, ~material, ~prüfer, ~prüfung, ~schaden, ~schutz, ~stoff, ~widerstand) insulation ~
Isolator *m* insulator; *(Trenner)* isolator
Isolierband *n* insulation tape
isolieren *v* insulate; *(trennen)* isolate
Isolierglas *n* insulating glass, insulated glass
Isolierlack *m* insulating varnish
Isoliermatte *f* insulating mat

Isoliermittel *n* insulating material, insulating compound

Isolierschicht *f (Bauwerk)* insulating course

Isolierstoff *m* insulating material

Isolierstoffklasse *f* insulation class

Isolierung *f (Elektrotechnik)* (Gummi~, Kabel~) insulation; *(Trennung)* isolation

Isotop *n* isotope

isotrop *adj* isotropic

Ist-Abmaß *n* deviation from actual size

Istmaß *n* actual size

Istwert *m* actual value

I-Träger *m* I-beam, I-girder

IuK-Technik *f* , **Informations- und Kommunikationstechnik** information and communications technology

Jalousie *f* venetian blind
Joch *n* yoke
Jod *n* iodine
Joule *n* joule, J
Joystick *m* joystick
justieren *v* adjust
Justierfehler *m* maladjustment
Justierschraube *f* adjusting screw, setting screw
Justierung *f* adjustment
Just-in-Time-... *adj* just-in-time
Jute *f* jute

Kabel *n* (Abzweig~, Antennen~, Blei~, Erdungs~, Fernmelde~, Gleichstrom~, Gummi~, Hochfrequenz~, Hochspannungs~, Kupfer~, Mess~, Mikrofon~, Niederspannungs~, Steuer~, Telefon~) cable; *(Drahtseil)* wire rope; *(Faser)* tow
Kabel~ (~abzweiger, ~ader, ~anschluss, ~armaturen, ~band, ~baum, ~bett, ~bewehrung, ~binder, ~boden, ~durchführung, ~einführung, ~einführungsarmatur, ~einführungsstutzen, ~entzerrer, ~fernsehen, ~führung, ~garnituren, ~gerüst, ~graben, ~halter, ~isolierung, ~kanal, ~kasten, ~klemme, ~länge, ~leiter, ~leitung, ~mantel, ~prüfgerät, ~rolle, ~satz, ~schacht, ~schelle, ~schuh, ~schutzrohr, ~seele, ~seil, ~spleißung, ~stecker, ~stollen, ~strecke, ~träger, ~trasse, ~trommel, ~umwicklung, ~verbinder, ~verbindung, ~verlegung, ~verteilungskasten, ~wanne, ~winde) cable ~
Kabelsalat *m* spaghetti of cables
Kachel *f* tile, ceramic tile
Käfig *m* (Lager~, Läufer~, Rollen~) cage, (Batterie~) cradle
Käfigläufer *m* squirrel-cage rotor
Käfigläufermotor *m* squirrel-cage motor
Kalibriernormal *n* calibration standard
Kalium *n* potassium
Kalk *m* lime
kalken *v* whitewash
Kalotte *f* spherical cap
kaltbearbeiten *v* cold-work
Kaltbearbeitung *f* cold-working
Kälteanlage *f* refrigerator
Kälte-Dehnungsprüfung *f* cold elongation test
kälteerzeugend *adj* cryogenic, frigorific
Kälteerzeugung *f* refrigeration
Kältemittel *n* refrigerant; cryogen
Kälterissprüfung *f* cold crack test
kaltgewalzt *adj* cold-rolled
Kaltleiter *m* PTC resistor (**P**ositive **T**emperature **C**oefficient)
Kaltriss *m* cold crack
Kaltstart *m* cold start
Kaltstarthilfe *f* cold start aid
Kaltverfestigung *f* strain hardening
kaltwalzen *v* cold-roll
Kaltwalzwerk *n* cold rolling mill
kaltziehen *v* cold-draw
Kalzium *n* calcium
Kamin *m* *(Fabrikschornstein)* smokestack; *(Schornstein eines Hauses)* chimney; *(im Haus)* fireplace, fireside
Kammer *f* (Verbrennungs~) chamber; (Fett~) compartment; (Sicherungs~) box; (Lichtbogen~) chute
Kanal *m* (Fernseh~, Frequenz~, Funk~, Nachrichten~, Radio~, Überschall~, Übertragungs~) channel; (Eingangs~, Empfangs~, Sende~) port; *(Leitung)* conduit; (Druckluft~, Kabel~, Kühl~, Luft~) duct; *(Wasserweg)* canal; (Fett~) conduit; (Abwasser~) sewer; (Abgas~) flue; *(Durchgang)* passage

Kanalbau *m (Tiefbau)* sewer construction
Kanalisation *f* sewerage
Kanalsystem *n* duct system
Kanaltrockner *m* tunnel drier
Kanban-System *n (japanisches System zur Fertigungsorganisation)* Kanban system
Kanister *m* (Kraftstoff~) can
Kanne *f* can
Kanone *f* (Elektronen~) gun
Kante *f* edge; corner; border
kanten *v* edge; turn over; tilt; *(Holz)* square
Kanten brechen *v* chamfer edges, bevel edges
Kantholz *n* squared timber
Kaolin *n* kaolin, China clay
Kapazität *f* (Anfangs~, Antennen~, Übertragungs~) capacity
Kapillarriss *m* hairline crack
Kapillarrohr *n* capillary tube
Kappe *f* (Dicht~) cap; hood; dome; top
Kapsel *f* capsule
kapseln *v* encapsulate; enclose; *(vergießen)* pot
Karabinerhaken *m* snap hook
Kardanantrieb *m* universal-shaft drive
Kardanaufhängung *f* cardanic suspension
Kardangelenk *n* universal joint
Kardanwelle *f* propeller shaft, universal shaft, cardan shaft
Karosserie *f* car body, body
Kaschierung *f* (Kupfer~) cladding
Kaskade *f* cascade
Kaskaden~ (~anlasser, ~motor, ~regelung, ~satz, ~schaltung, ~umformer, ~verstärker, ~wandler) cascade ~
Kaskaden-Spannungswandler *m* cascade voltage transformer
Kassenterminal *n* point-of-sale terminal, POS terminal
Kasten *m* (Batterie~, Getriebe~, Sicherungs~) box, (Kabel~) terminal box; case; container; compartment; cage; (Werkzeug~) kit
kastenförmig *adj* box-shaped, of box design
Kastenständer *m (Werkzeugmaschine)* box-type column
Katalysator *m (Kfz)* catalytic converter; *(Chemie/Physik)* (Abgas~) catalyst
Kathode *f* (Gleichrichter~) cathode
Kathodenstrahlröhre *f* cathode-ray tube, CRT
Katze *f* (Kran~) trolley
Kegel *m* taper; (Diamant~, Innen~, Ventil~) cone
Kegel~ (~bohrung, ~flansch, ~gewinde, ~hülse, ~passung, ~ring, ~sitz, ~stift) taper ~
Kegeldurchmesser *m* cone diameter
Kegelfeder *f* conical spring
Kegelfläche *f* conical surface
kegelförmig *adj* tapered, conical
Kegelgetriebe *n* bevel gearing
Kegelhülse *f* taper bush, taper sleeve
Kegelkörper *m* conical body
Kegelloch *n* tapered hole
Kegelpassung *f* taper fit
Kegelrad *n* bevel gear
Kegelradgetriebe *n* bevel gear drive
Kegelrollenlager *n* tapered roller bearing
kegelsenken *v* countersink

Kegelstumpf *m* truncated cone, frustrum of a cone
Kehlnaht *f (Schweißen)* fillet weld, fillet joint
Kehlnaht-Güteprüfung *f* fillet soundness test
Kehlnahtschweißung *f* fillet welding
Kehrwert *m* reciprocal, reciprocal value
Keil *m* key; wedge; spline
Keilbahn *f* keyway, keyseat; *(Keilwelle)* splineway
keilförmig *adj* tapered, conical, wedge-shaped
Keilnabe *f* splineway; female spline
Keilnut *f* keyway, keyseat; V-groove
Keilriemen *m* vee belt, V-belt
Keilriemenscheibe *f* V-belt pulley
Keilrippenriemen *m* V-ribbed belt
Keilrippenscheibe *f* V-ribbed belt pulley
Keilverzahnung *f* splining; (Evolventen~) serrations
Keilwelle *f* splineshaft, splined shaft
Kelle *f* trowel
Kenngröße *f* parameter
Kennlinie *f* (Frequenz~, Lade~, Leerlauf~, Strom~) characteristic, curve
Kennwort *n* key word, code word, password
Kennzeichen *n* identification; (Prüf~) mark
Kennzeichnung *f* identifying marking
Kerbbiegeprobe *f* notched bar bend test
Kerbe *f* notch; dent; recess; slot; groove
Kerbschlagbiegeprüfung *f* notched bar impact bending test
Kerbschlagprobestab *m* notched test bar
Kerbschlagprüfung *f* notched-bar impact test, impact notch test
Kerbschlagzähigkeit *f* notched-bar impact strength, notched impact strength
Kerbzähigkeitsprüfung *f* impact notch test
Kerbzange *f* crimping tool
Kerbzugfestigkeit *f* notched-bar tensile strength
Kerbzugprüfung *f* notched-bar tensile test
Kern *m* (Anker~, Eisen~, Magnet~, Pol~, Transformatoren~) core; (Atom~) nucleus (*pl* nuclei); *(Software)* kernel
Kern~ (~dichte, ~elektron, ~energie, ~kraft, ~kraftwerk, ~ladung, ~physik, ~reaktion, ~reaktor, ~spaltung, ~spin, ~strahlung, ~teilchen, ~verschmelzung, ~zahl, ~zertrümmerung) nuclear ~
Kernarbeitszeit *f* core time
Kerndurchmesser *m (Gewinde)* minor diameter; inside diameter; *(Lichtwellenleiter)* core diameter
Kernholz *n* heartwood
Kernkraftantrieb *m* nuclear propulsion
Kernphysik *f* nuclear physics
Kernspeicher *m* core memory
kerntechnisches Qualitätsaudit *n* nuclear quality audit
Kernzeit *f* core time
Kerosin *n* kerosene
Kessel *m* (Dampf~, Hochdruck~, Niederdruck~) boiler; tank; vessel; kettle
Kessel~ (~aggregat, ~anlage, ~armaturen, ~außerbetriebnahme, ~blech, ~boden,

~druck, ~feuerung, ~fundament, ~haus, ~leistung, ~mantel, ~reinigung, ~rohr, ~rost, ~spülung, ~stein) boiler ~

Kette *f* (Kran~, Last~, Rollen~) chain; cascade; *(Gewebe)* warp

Ketten~ (~antrieb, ~aufhänger, ~aufzug, ~bolzen, ~flaschenzug, ~förderer, ~führungsrolle, ~glied, ~haken, ~hülse, ~länge, ~lasche, ~last, ~leitrolle, ~pendel, ~rad, ~reaktion, ~rolle, ~säge, ~schutz, ~spanner, ~strang, ~teilung, ~trieb, ~trommel, ~verbindung, ~winde, ~wirbel, ~zug) chain ~

Kettengetriebe *n* (Rollen~) chain drive

Kettennuss *f* sprocket wheel

Kettenrad *n* sprocket, (Rollen~) chain sprocket

Kette *f* **und Schuss** *(Gewebe)* warp and weft, warp and filling thread

Keule *f* (Strahlungs~) lobe

Kies *m* gravel; (Kupfer~) pyrites

Kinematik *f* kinematics

kinematische Viskosität *f* kinematic viscosity

Kinetik *f* kinetics

kinetische Energie *f* kinetic energy

kippen *v* tilt, tip

Kipphebel *m* tumbler lever, rocker arm, rocker

Kipphebelschalter *m* tumbler switch

Kippmischer *m* tilting mixer

Kippschalter *m* toggle switch, tumbler switch

kippsicher *adj* non-tilting; stable

Kissen *n* (Luft~, Magnet~) cushion

Kiste *f* box

Kitt *m* putty; cement; filler

Kittmesser *n* putty knife

Klammer *f (rund)* parenthesis (*pl* parentheses), *(eckig)* bracket, *(geschweift)* brace; *(Mechanik)* clamp, (Feder~) clip; *(Heftklammer)* staple

Klammeraffe *m* commercial at, @

Klappe *f* flap; trap door; (Luft~) damper; butterfly valve

Klappenscharnier *n* flap hinge

Klappenverschluss *m* automatic shutter

Kläranlage *f* water treatment plant

Klardauer *f* up time

Klärschlamm *m* sewage sludge

Klartext *m* plain text

Klärung *f* (Abwasser~) clarifying, (Abwasser~) treatment

Klasse *f* (Isolations~) class

Klaue *f* claw; jaw; dog

Klauenkupplung *f* jaw coupling

Klebdruck *m* contact pressure

Klebeband *n* adhesive tape

Klebefolie *f* self-adhesive film

kleben *v* bond; glue; cement; stick

Kleber *m* adhesive; cement; (Gummi~) glue

Kleber auftragen *v* apply adhesive

Klebeschild *n* sticker, adhesive label

Klebestreifen *m* pressure-sensitive tape, self-adhesive tape, sealing tape

Klebstoff *m* adhesive

Kleidung *f* (Schutz~) clothing

Kleinintegration *f* small-scale integration, SSI

Kleinklima *n* microclimate

Kleinmaterial *n* consumables

Kleinspannung *f* extra-low voltage
Kleinteil *n* small part
Kleinteile *npl* small accessories
Klemme *f (Mechanik)* (Kabel~, Seil~) clamp; grip; *(Elektrotechnik)* (Abzweig~, Anker~, Batterie~, Eingangs~, Erd~, Erdungs~, Kabel~, Messing~, Niederspannungs~, Prüf~, Relais~, Schrauben~, Strom~, Transformatoren~) terminal
klemmen *v* clamp; grip; jam, seize
Klemmenbrett *n* terminal board
Klemmenkasten *m* (Hilfs~) terminal box
Klemmenleiste *f* terminal strip
Klemmfeder *f* clamping spring
Klemmfutter *n* clamping chuck
Klemmschraube *f* clamp bolt, (Feder~) clamp screw
Klemmvorrichtung *f* clamping device
Klempner *m* plumber, fitter
Klempnerarbeiten *fpl* plumbing
Klettverschluss *m* Velco fastener
klicken *v* click
Klimaaggregat *n* air conditioner
Klimaanlage *f* air conditioner, air conditioning plant, air conditioning system
Klimadecke *f* air-handling ceiling, ventilated ceiling
Klimagerät *n* air conditioner, air handler
Klimaleuchte *f* air-handling luminaire, ventilated lighting fitting
Klimaraum *m* conditioning room
Klimaschrank *m* conditioning cabinet, air-conditioning cabinet
Klimatechnik *f* air conditioning, air conditioning technology
klimatisieren *v* air-condition
Klinge *f* blade
Klinke *f* pawl; handle; jack; latch
Klinkenrad *n* ratchet wheel
Klinker *m (Klinkerstein)* clinker, clinker brick
Klirrfaktor *m* distortion factor, harmonic distortion factor
klonen *v* clone
Klotz *m* (Brems~) pad, (Brems~) shoe; (Fundament~) block
Knarre *f (Ratsche)* ratchet handle
Knarrenhebel *m* ratchet lever
Knebel *m* tommy
Knebelschraube *f* tommy screw
Kneifzange *f* pincers
Knick *m* kink; bend; crease
Knickbeanspruchung *f* buckling stress
Knickbelastung *f* buckling load
knicken *v* buckle; kink
knickfest *adj* non-buckling
Knickfestigkeit *f* buckling strength
Knicklast *f* buckling load
Knickschutztülle *f* anti-kink sleeve
Knickspannung *f* buckling stress
Knickversuch *m* buckling test
Knie *f* knee; elbow; bend; angle
knitterfest *adj* crease-proof; wrinkle-resistant
Knopf *m* button; *(zum Drehen)* (Einstell~) knob
Knoten *m* knot; (Strom~) node
Knotenpunkt *m* (Eisenbahn~) junction
Knowhow *n* know-how
Knüppel *m* billet; (Steuer~) stick
Koaxialkabel *n* coaxial cable, coax cable

kochen *v* boil
Koeffizient *m* (Sicherheits~) coefficient
Kohle *f* coal; *(Chemie)* carbon
Kohle~ (~bogenlampe, ~bürste, ~elektrode, ~faden, ~faser, ~film, ~lichtbogen, ~mikrofon, ~widerstand) carbon ~
Kohlekraftwerk *n* coal-fired power station
Kohlen~ (~aufbereitung, ~aufbereitungsanlage, ~bergbau, ~bergwerk, ~bunker, ~staub, ~wäscher) coal ~
Kohlendioxid *n* carbon dioxide
Kohlenmonoxid *n* carbon monoxide
Kohlenoxid *n* carbon oxide
Kohlensäure *f* carbonic acid
Kohlenstoff *m* carbon
Kohlenstoff~ (~aufnahme, ~gehalt, ~stahl, ~werkzeugstahl) carbon ~
kohlenstoffarm *adj* low-carbon
kohlenstoffreich *adj* rich in carbon, high-carbon
Kohlenstoff-Zink-Batterie *f* carbon-zinc battery
Kohlenwasserstoff *m* hydrocarbon
Kohlungsmittel *n* carburizing agent, carburizer
Kokille *f* ingot, mold
Kokillenguss *m* gravity die-casting
Kokillenschleuderguss *m* hot-mold centrifugal casting process
Koks *m* (Hochofen~) coke
Kolben *m* (Brems~, Dampf~, Pumpen~, Saug~, Ventil~) piston; *(Tauchkolben)* (Steuer~) plunger; ram; jack; *(Glühlampe)* bulb; *(Labor)* flask; *(Lötkolben)* bit
Kolben~ (~antrieb, ~bolzen, ~dichtung, ~druck, ~fläche, ~gebläse, ~gehäuse, ~geschwindigkeit, ~hub, ~manschette, ~ring, ~schieber, ~stange, ~ventil, ~verdrängung, ~weg,) piston ~
Kolbenbolzen *m* gudgeon pin
Kolbenkraft *f* ram force
Kolbenpumpe *f* plunger pump
Kolbenweg *m* ram travel
Kolbenzylinder *m* plunger cylinder
Kollektor *m* collector
Kollision *f* collision
Kombizange *f* combination pliers
komfortabel *adj* user-friendly, operator-friendly
Komfortausführung *f* enhanced version
Komfortelektronik *f* convenience electronics
Komfortmerkmal *n* added feature
Komforttelefon *n* added-feature telephone
Kommando *n* command; signal
Kommandogabe *f* commanding, signalling
Kommandoknopf *m* control button
Kommandoorgan *n* control element
Kommandotafel *f* control panel
Kommunikation *f* communication, communications
Kommunikations~ (~netz, ~prozessor, ~rechner, ~schnittstelle, ~speicher, ~verbindung) communications ~
kompakt *adj* compact; packaged
kompatibel *adj* compatible
Kompatibilität *f* compatibility
komplex *adj* complex
kompliziert *adj* complicated, intricate
Komponente *f* component
Kompression *f* compression

Kompressions~ (~druck, ~hub, ~pumpe, ~verhältnis, ~zündung) compression ~
Kompressor *m* (Luft~, Turbo~) compressor
komprimieren *v* compress
Kondensat *n* condensate
Kondensation *f* condensation
Kondensator *m (Elektrotechnik)* (Anlauf~, Eingangs~, Filter~, Hochfrequenz~, Hochspannungs~, Kopplungs~, Lade~, Niederfrequenz~, Reihen~, Rückkopplungs~, Sieb~) capacitor; *(Dampf/ Chemie)* (Luft~) condenser
Kondenshahn *m* drain cock
Kondenswasser *n* condensation water, condensed water, condensate
konfektioniertes Kabel *n* ready-made cable
Konferenz *f* (Telefon~) conference
Konferenzschaltung *f* conference circuit
Konfiguration *f* (Leitungs~) configuration
Konfigurationsänderung *f* re-configuration
Konformität *f* conformity, conformance, compliance
Konformitätsbescheinigung *f* certificate of conformance, certificate of compliance
Konformitätserklärung *f* declaration of conformity
Konformitätszeichen *n* mark of conformity
konisch *adj* tapered
konkav *adj* concave; dished
Konkurrenzbetrieb *m* contention mode
konservieren *v* preserve; tin; can; bottle
Konsole *f* console; bracket; knee; stand
Konsolfräsmaschine *f* (Waagerecht~) knee-and-column milling machine, knee-type milling machine
Konstante *f* (Zeit~) constant
konstruieren *v* design
Konstrukteur *m* (Werkzeug~) designer, design engineer
Konstruktion *f* design; *(Bau)* construction, *(Aufbau, Bauwerk)* structure
Konstruktionsabteilung *f* design department
Konstruktionsbüro *n* drawing office
Konstruktionsfehler *m* faulty design
Konstruktionsvorgaben *fpl* design input
Konstruktionszeichnung *f* design drawing, engineering drawing
Kontakt *m* (Druck~, Erd~, Hilfs~, Kopplungs~, Leitungs~, Nocken~, Puffer~, Quecksilber~, Relais~, Schutz~, Strom~, Volllast~) contact
Kontakt~ (~abnutzung, ~abstand, ~bahn, ~buchse, ~bürste, ~druck, ~element, ~feder, ~fläche, ~hebel, ~kraft, ~niet, ~platte, ~potenzial, ~prellung, ~ring, ~rolle, ~satz, ~schiene, ~schraube, ~spannung, ~stelle, ~stift, ~stück, ~träger, ~verschleiß, ~widerstand, ~zone) contact ~
Kontaktgeber *m* contact maker
kontaktlos *adj* non-contact, contactless; solid-state
Kontermutter *f* lock nut
kontern *v* lock
Kontextmenü *n (PC)* context-sensitive menu
kontrastarm *adj* low-contrast

kontrastreich *adj* high-contrast
Kontrastregelung *f* contrast control
Kontrollbericht *m* check report
Kontrolle *f* check, inspection; (Qualitäts~) control; verification
kontrollieren *v* check, inspect; control
Kontrolllampe *f* pilot lamp
Kontrollleuchte *f* inspection lamp
Kontrollprüfung *f* check test
Kontur *f* (Werkstück~) contour
Konus *m* cone
Konverter *m* converter
konvex *adj* convex; domed
konzentrisch *adj* concentric
Koordinate *f* coordinate
Koordinaten~ (~achse, ~bemaßung, ~bewegung, ~darstellung, ~drehung, ~ebene, ~einstellung, ~grafik, ~lehrenbohrmaschine, ~maße, ~messung, ~richtung, ~system, ~tisch, ~ursprung, ~wert) coordinate ~
Koordinaten-Messmaschine *f* coordinate inspection machine
Koordinaten-Nullpunkt *m* coordinate basic origin
Koordinatensystem *n* (Werkzeug~) coordinate system
Kopf *m* (Bohr~, Magnet~, Spindel~, Teil~) head; tip; top, top end
Kopfbahnhof *m* terminal station
Kopfhöhe *f (Zahnrad)* addendum
Kopfhörer *m* headphone, earphone, headset
Kopfkreis *m (Zahnrad)* tip circle
Kopfkreisdurchmesser *m* tip circle diameter
Kopfschutzhaube *f (Schweißen)* helmet
kopieren *v* copy; duplicate
Kopierdrehautomat *m* automatic copying lathe
Kopierdrehmaschine *f* (Revolver~) copying lathe
Kopierfräsmaschine *f* copy-milling machine, contour milling machine
kopierfräsen *v* copy-mill, contour mill
kopiergeschützt *adj* copy-protected
koppeln *v* couple
Koppler *m* (Leitungs~) coupler
Kopplung *f* coupling
Kopplungs~ (~beiwert, ~faktor, ~kondensator, ~kontakt, ~spule, ~transformator, ~vorrichtung, ~widerstand) coupling ~
Kordelmutter *f* knurled nut
kordeln *v* knurl
Kordelung *f* knurling
Korkbodenplatte *f* cork tile
Korn *n* grain
Körner *m* center punch; (Reitstock~) center
Korngefüge *n* grain structure
Korngröße *f* grain size
Kornkorrosionsprüfung *f* weld decay test
Körper *m* (Erz~, Läufer~, Ventil~, Zahnrad~) body
Körperhaltung *f* posture
Körperschall *m* structure-borne noise
Korrektur *f* correction, (Programm~) debugging; (Vorschub~) override; (Werkzeug~) compensation, (Werkzeug~) offset
Korrelation *f* (Zeit~) correlation
Korrelationsdiagramm *n* scatter diagram

korrodieren *v* corrode
Korrosion *f* (Berührungs~) corrosion
korrosionsbeständig *adj* corrosion-resistant
korrosionsbeständiger Stahl *m* stainless steel
Korrosionsbeständigkeit *f* corrosion resistance
korrosionsempfindlich *adj* sensitive to corrosion
Korrosionsermüdung *f* corrosion fatigue
korrosionsfest *adj* corrosion-resistant, rust-proof
Korrosionsfestigkeit *f* corrosion resistance
Korrosionsnarbe *f* corrosion pit
Korrosionsschaden *m* corrosion damage
Korrosionsschutz *m* corrosion protection
Kosinus *m* cosine
Kosten *plt* (Betriebs~) cost
Kostenstelle *f* cost center
Kostenträger *m* cost unit
Kraft *f* (Antriebs~, Biege~, Feder~, Kontakt~, Molekular~, Reibungs~, Scher~, Zentrifugal~) force; (Dampf~, Heiz~, Vorschub~, Wasser~) power; strength; (Kern~) energy
Kraftangriff *m* application of force
Kraftfahrzeug *n* motor vehicle, motor car, vehicle
Kraftfahrzeugbau *m* automotive engineering
Kraftfluss *m* magnetic flux
kräftig *adj* sturdy, rugged, strong; virogous; powerful
Kraftlinie *f* line of force
Kraftmaschine *f* engine
kraftschlüssige Verbindung *f* non-positive connection, frictional connection, power grip
Kraftspannfutter *n* power-operated chuck
Kraftstoff *m* fuel; propellant
Kraftstoff~ (~behälter, ~einspritzung, ~filter, ~kanister, ~kreislauf, ~leitung, ~messer, ~pumpe, ~rohr, ~tank, ~verbrauch, ~zufuhr) fuel ~
Kraftverstärker *m* (Brems~) booster
Kraftwerk *n* (Dampf~, Kern~) power station
Kragarm *m* overhanging arm; cantilever arm
Kragbalken *m* cantilever
Kragen *m* collar; shroud
Kran *m* crane
Kran~ (~antrieb, ~ausleger, ~bahn, ~bau, ~brücke, ~führer, ~gerüst, ~gleis, ~greifer, ~haken, ~katze, ~kette, ~last, ~motor, ~schiene, ~seil, ~technik, ~turm) crane ~
Kranführer *m* crane operator, crane driver
Kranz *m (Rad)* rim, gear rim
Krater *m* crater, pit
Kraterbildung *f* cratering
Kratzer *m* scratch, mar
kratzfest *adj* mar-resistant, non-marring, scratch-proof
Kratzfestigkeit *f* mar resistance, scratch resistance
Kreis *m* circle; *(Elektrotechnik)* (Anker~, Bezugs~, Brems~, Drehstrom~, Empfangs~, Entlade~, Erreger~, Filter~, Gleichrichter~, Induktions~, Lade~, Läufer~, Magnet~, Mikrofon~, Nach-

richten~, Niederspannungs~, Primär~, Reihen~, Resonanz~, Rückkopplungs~, Sekundär~, Sende~, Sieb~, Steuer~, Transformatoren~, Wechselstrom~) circuit

Kreisabschnitt *m* segment

Kreisbewegung *f* rotary motion

Kreisbogen *m* circular arc

Kreiselkompass *m* gyro-compass

Kreiselpumpe *f* centrifugal pump, rotary pump

kreisen *v* rotate; revolve; circulate; gyrate

kreisförmig *adj* circular

Kreiskolbenmotor *m (Wankelmotor)* rotary engine, rotary piston engine

Kreislauf *m* circulation; cycling; (Kraftstoff~, Wasser~) cycle; *(Hydraulik)* (Gas~) circuit

Kreissäge *f* (Universal~) circular saw; circular sawing machine

Kreissägeblatt *n* circular saw-blade

Kreisumfang *m* circumference

kreuzen *v* cross; *(sich schneiden)* intersect

Kreuzgelenk *n* universal joint

Kreuzgriff *m* star handle

Kreuzschlitzschraube *f* Phillips screw, recessed-head screw

Kreuzschlitzschraubendreher *m* Phillips hand screwdriver, screwdriver for recessed-head screws

Kreuzschlüssel *m* four-way socket wrench

Kreuzungspunkt *m* junction

Kriechboden *m* raised floor, false floor

kriechen *v* creep

Kriechgang *m* creep feed, creeping feed

Kriechstrom *m* leakage current

Kristall *m* (Quarz~) crystal

Kristallgitter *n* lattice

Kristallstruktur *f* crystal structure

Kristallstrukturanalyse *f* crystal structure analysis

Kriterium *n* criterion (*pl* criteria)

kritischer Fehler *m* critical defect, critical non-conformance

kritischer Weg *m* critical path

Krone *f* crown; crest

Kronenmutter *f* castle nut, castellated nut

kröpfen *v* offset; crank

Kröpfung *f* offset; crank

Krümmer *m (Rohr)* elbow, bend; (Auspuff~, Rohr~) manifold; knee

Krümmung *f* curvature; radius; bend; curve; bow

Kufe *f* skid

Kugel *f* (Stahl~, Ventil~) ball; (Ventil~) sphere; globe

Kugeldruckhärte *f* ball indentation hardness

Kugeleindruck *m* ball indentation

Kugelfallprobe *f* falling ball test

kugelförmig *adj* spherical, ball-shaped, globular

Kugelgelenk *n* ball-and-socket joint, ball joint

Kugelhahn *m* ball valve, globe valve

Kugelkäfig *m* ball cage

Kugellager *n* ball bearing

Kugelpfanne *f* ball socket

Kugelraste *f* ball catch

Kugelscheibe *f* spherical washer

Kugelschnäpper *m* ball catch

Kugelventil *n* globe valve

Kühl~ (~anlage, ~fläche, ~grenze, ~kanal, ~leistung, ~luft, ~mantel, ~mittel, ~öl, ~pumpe, ~schlange, ~sieb, ~turm, ~wasser) cooling ~
kühlen *v* cool
Kühler *m (Auto)* radiator; *(Kältetechnik)* (Luft~, Öl~, Wasser~) cooler
Kühlfalle *f* cold trap
Kühlkörper *m* heat sink
Kühlmaschine *f* refrigerator
Kühlmittel *n* coolant, refrigerant
Kühlrippe *f (innen)* cooling rib, *(außen)* cooling fin
Kühlschlange *f* radiator coil; cooling coil
Kühlung *f* (Luft~, Wasser~) cooling
Kühlwalze *f* chill roll
Kühlwasser *n* chilled water
Kühlwasser~ (~leitung, ~mantel, ~pumpe, ~rohr, ~umlauf, ~verbrauch) cooling water ~
Kühlwertigkeit *f* heat-transfer index, heat-transfer coefficient
Kühlzahl *f* heat-transfer coefficient
Kühlzeit *f* chill time
Kundendienst *m* service, customer service, after-sales service
Kundendiensttechniker *m* field service engineer
kundenspezifische Anfertigung *f* custom made
Kunstfaser *f* synthetic fiber
Kunstharz *n* synthetic resin
künstlich *adj* artificial, synthetic, man-made
künstliche Intelligenz *f* artificial intelligence, AI
künstliche Störungen *fpl* man-made noise
Kunstrasen *m* turf, simulated turf
Kunststoff *m* plastic material, plastic; synthetic material
Kunststofftechnik *f* plastics engineering
Kupfer *n* copper
Kupfer~ (~band, ~draht, ~drahtumflechtung, ~erz, ~hütte, ~kabel, ~kaschierung, ~kies, ~legierung, ~litze, ~plättchen, ~plattierung, ~rohr, ~schaltstück, ~seil, ~streifen, ~überzug, ~verhüttung) copper ~
kupferhaltig *adj* copper-bearing
kupferplattiert *adj* copper-clad
Kuppel *f* dome
kuppeln *v* couple; engage
Kupplung *f (Verbindung)* (Brems~) coupling; *(Schaltung)* (Anlauf~, Antriebs~, Band~, Fliehkraft~, Gleit~, Magnet~, Reib~, Reibungs~, Sicherheits~) clutch
Kupplungs~ (~antrieb, ~belag, ~bremse, ~büchse, ~drucklager, ~feder, ~flansch, ~gabel, ~getriebe, ~hälfte, ~hebel, ~lager, ~lamelle, ~magnet, ~muffe, ~nabe, ~nocken, ~pedal, ~scheibe, ~spiel, ~träger, ~trommel, ~welle) clutch ~
Kurbel *f* (Pumpen~, Reitstock~, Teil~) crank
Kurbel~ (~griff, ~hub, ~presse, ~schenkel, ~schwinge, ~wange, ~winkel) crank ~
Kurbelgehäuse *n* crankcase
Kurbelgetriebe *n* crank drive, crank mechanism
Kurbeltrieb *m* crank mechanism, crank gear, crank drive

Kurbelwelle *f* crankshaft
Kurbelwellengeber *m* crankshaft sensor
Kurbelzapfen *m* crankpin
Kurbelzapfenlager *n* crankpin bearing
Kurve *f* (Belastungs~, Last~, Strom~, Vorschub~) curve; radius; *(Steuerkurve)* (Exzenter~) cam; graph, plot
kurvenförmig *adj* curved, curvilinear
kurvengesteuert *adj* cam-controlled
Kurvengetriebe *n* cam mechanism
Kurvenhub *m* cam throw
Kurvenschablone *f* master cam
Kurvenschaltung *f* cam control
Kurvenschar *f* family of curves, set of curves
Kurvenscheibe *f* plate cam
Kurvensteuerung *f* cam control
Kurventrommel *f* drum-type cam
kurzhobeln *v* shape
kurzschließen *v* short-circuit, short
Kurzschluss *m* short circuit
Kurzschlussstrom *m* short-circuit current
Kurzversuch *m* accelerated test
Kurzwellen *fpl (Antenne)* short-wave
Kurzwellen~ (~antenne, ~bereich, ~empfang, ~empfänger, ~sender, ~übertragung) short-wave ~
Kybernetik *f* cybernetics

Labor *n* laboratory
laborgeprüft *adj* lab-examined
Labormuster *n* laboratory prototype
Laborprüfung *f* laboratory test
Labyrinthdichtung *f* labyrinth packing
Lack *m* varnish; paint; lacquer; shellac
Lackentferner *m* paint remover
lackieren *v (mit Klarlack)* varnish; *(mit Farblack)* lacquer
Lackierroboter *m* spray-painting robot
ladbar *adj* loadable
Lade~ (~aggregat, ~art, ~kennlinie, ~kondensator, ~kreis, ~leistung, ~leitung, ~maschine, ~schaltung, ~spannung, ~station, ~stecker, ~strom, ~vorrichtung, ~widerstand, ~zeit) charging ~
Ladegerät *n* loader; (Batterie~) charger
laden *v* load; charge; fill
Laden *n* (Werkstück~, Werkzeug~) loading
Lader *m* (Turbo~) charger, supercharger
Laderampe *f* loading platform
Ladestelle *f* loading station
Ladevorrichtung *f* loading attachment
Ladung *f (Elektrotechnik)* (Elektronen~, Kern~, Rest~) charge; load; *(Schiff)* cargo
Ladungsträger *m* charge carrier
Lage *f* (Frequenz~, Winkel~) position; location; situation; *(Schicht)* layer, ply; *(Überzug)* coat; (Qualitäts~) level; *(Zustand, Bedingung)* condition
Lager *n* (Anker~, Axial~, Führungs~, Gleit~, Kupplungs~, Läufer~, Nockenwellen~, Rollen~, Spindel~) bearing; *(Stütze)* support; pedestal; *(Speicher)* (Puffer~) store, warehouse, storehouse; *(Geologie)* (Erz~) deposit
Lager~ (~abnutzung, ~anordnung, ~auskleidung, ~bock, ~bohrung, ~bolzen, ~bronze, ~buchse, ~deckel, ~dichtung, ~distanzstück, ~druck, ~einbau, ~einsatz, ~flansch, ~gehäuse, ~hals, ~käfig, ~luft, ~metall, ~nabe, ~schale, ~sitz, ~spiel, ~träger, ~zapfen) bearing ~
Lager-Abziehwerkzeug *n* bearing extractor
Lagerbock *m* pillow block
Lagerbronze *f* gun metal
Lagerdauer *f* storage life
lagern *v (montieren)* mount; *(stützen)* support; *(anordnen)* arrange; *(speichern)* store; *(stapeln)* stack; *(im Regal)* shelve; *(unterbringen)* accommodate; *(altern)* season
Lagerschild *n* end shield
Lagerung *f (Auflager)* bearing; *(Befestigung)* mounting; *(Abstützung)* support; *(Speicherung)* storage
Lagerzapfen *m* journal
Lamelle *f* disk, (Kupplungs~) plate; segment
Lamellenbremse *f* multiple-disk brake
Lampe *f* (Batterie~, Lichtbogen~, Prüf~, Quarz~, Quecksilber~, Röhren~) lamp, luminaire; *(Birne)* bulb
Lampenfassung *f* lamp socket
Landfunk *m* land radio

Länge *f* (Biege~, Gewinde~, Impuls~, Kabel~, Ketten~, Lichtbogen~) length
längen *v* lengthen
Länge *f* **über alles** overall length
Langloch *n* elongated hole, oblong hole; slot
Längsachse *f* longitudinal axis
Längsanschlag *m* longitudinal stop
Längsdehnung *f* longitudinal extension
Längsschnitt *m* longitudinal section
Längung *f* elongation, expansion
läppen *v* lap
Lappen *m* rag
Läppmaschine *f* (Universal~) lapping machine
Läppwerkzeug *n* lapping tool
Laptop *m (tragbarer PC)* laptop
Lärm *m* noise
Lärmbekämpfung *f* noise control
Lärmbelästigung *f* noise pollution
Lärmdämpfung *f* noise attenuation
Lärmemission *f* noise emission
Lärmpegel *m* noise level
Lasche *f* strap, lug; *(Schiene)* fishplate; *(Feder)* shackle; (Ketten~) side bar
Laschenschraube *f* fish bolt
Laser *m* laser (light amplification by stimulated emission of radiation)
Laserdrucker *m* laser printer
Laserschweißen *n* laser welding
Last *f* (Axial~, Höchst~, Ketten~, Kran~, Prüf~, Wärme~) load; burden
Last~ (~ausgleich, ~bremse, ~diagramm, ~drehmoment, ~druck, ~faktor, ~haken, ~kette, ~kurve, ~rolle, ~spiel, ~verteilung, ~wechsel, ~winkel, ~zustand) load ~
Lastannahme *f* design load
Lastdrehzahl *f* on-load speed
Lastenheft *n* specifications
Lasthebemagnet *m* hoisting magnet
Lastkraftwagen *m* (US) truck, (UK) lorry
lastlos *adj* at no load
Lastmoment *n* load torque
Lastöse *f* hoisting ring
Lastspiel *n* load cycle; *(Dauerversuch)* stress cycle
Lastwechsel *m (Dauerversuch)* reversal of stress
Lasur *f* glaze
Latenzzeit *f* latency time
Latex *m* latex (*pl* latices)
Latexfarbe *f* latex paint, latex-based paint
Latte *f* batten; slat; lath; (Mess~) rod, staff
Lattenkiste *f* crate
Laubbaum *m* deciduous tree, hardwood tree
Laubholz *n* hardwood
Laubsäge *f* fretsaw
Lauf *m* travel; traverse; movement; run; course
Laufbahn *f* runway; track; *(Lager)* raceway
Laufbuchse *f* bush, liner
Laufbühne *f* raised platform
Laufeigenschaften *fpl* running properties
laufen *v* run, operate, move
Läufer *m (Elektrotechnik)* (Innen~, Schleifring~) rotor
Läufer~ (~anlasser, ~eisen, ~elektrode, ~käfig, ~körper, ~kreis, ~lager, ~spannung, ~strom, ~welle, ~wicklung) rotor ~

Lauffläche *f* running surface; *(Reifen)* tread
Laufkarte *f* routing card, traveller
Laufkatze *f* trolley; crab
Laufkontrolleur *m* patrol inspector
Laufkran *m* travelling crane
Laufrad *n* impeller; runner; (Turbinen~) wheel
Laufrille *f* track
Laufring *m (Lager)* raceway, bearing race
Laufrolle *f* roller; castor
Laufruhe *f* smooth running
Laufschiene *f* rail
Laufsitz *m* running fit
Laufsteg *m* gangway; walkway
Laufwerk *n (PC)* (Band~) drive
Laufzeit *f* (Maschinen~) run time; (Phasen~) delay, (Phasen~) delay time
Laufzeitüberwachung *f* watchdog timer
Lauge *f* caustic solution; alkaline solution; soda solution; *(Kalilauge)* caustic potash solution; *(Salz)* brine; lye; leach
Lautsprecher *m* loudspeaker
Lautstärke *f* intensity; loudness; (Empfangs~) volume; sound level
Lautstärkeregelung *f* volume control, intensity control
Lawine *f* (Elektronen~) avalanche
Lebensdauer *f* life, service life, useful life, working life, life span
Lebensdauerprüfung *f* life test
Lebenserwartung *f* life expectancy
Leckölleitung *f* leakage oil tube, oil leakage pipe
Leckstelle *f* leakage
Leckstrom *m* leakage current
Ledernarben *fpl* leather grain
Leerhub *m* idling stroke
Leerlauf *m* idle running, no-load operation
Leerlauf~ (~drehmoment, ~drehzahl, ~einstellung, ~erregung, ~kennlinie, ~leistung, ~reibung, ~schaltung, ~spannung, ~strom, ~verlust, ~zustand) no-load ~
leerlaufen *v* run idle, run at no load
Leerlaufstellung *f* neutral position, idle position
Leerstelle *f* blank; space
Leerzeit *f* idle time
Legende *f* legend
legieren *v* alloy
Legierung *f* (Aluminium~, Blei~, Hartmetall~, Kupfer~, Nickel~, Quecksilber~) alloy
Lehre *f* (Draht~) (US) gage, (UK) gauge; (Bohr~) jig; (Farben~) theory
leicht *adj (einfach)* easy; *(schwach)* slight; *(Gewicht)* light-weight, light in weight
Lehrenbohrmaschine *f* (Koordinaten~) jig boring machine
Leichtbauweise *f* light-weight construction
Leichtmetall *n* light metal
Leichtmetalllegierung *f* light-metal alloy
Leim *m* glue
leimen *v* glue, paste
Leimspachtel *m* glue filler
Leinwand *f* canvas; (Schmirgel~) cloth
Leiste *f* strip; strap; board; (Führungs~) rail; *(Holz)* lath
Leistung *f* (Betriebs~, Bohr~, Fräs~, Gesamt~, Höchst~, Lade~, Maschinen~,

Produktions~, Schrupp~) capacity; (Kessel~) rating; (Turbinen~, Volllast~) output; (Kessel~, Strahlungs~) efficiency; (Abtriebs~, Antennen~, Antriebs~, Bezugs~, Brems~, Eingangs~, Hochfrequenz~, Kühl~, Lade~, Leerlauf~, Reibungs~, Sende~, Steuer~, Volllast~, Wechselstrom~) power; (Resonanz~) energy; *(Arbeit)* work, work done; handling capacity; *(Pumpe)* delivery rate; *(Ausbeute)* yield

Leistungsabgabe *f* power output

Leistungsabschlag *m* derating

Leistungsangabe *f* power rating

Leistungsaufnahme *f* power input

Leistungsbereich *m* capacity range; power range

Leistungsbeschreibung *f* contract specification

Leistungselektronik *f* power electronics

leistungsfähig *adj* powerful; efficient; productive; high-capacity; high-speed; high-power; high-performance; heavy-duty

Leistungsfaktor *m* (Volllast~) power factor

Leistungsgröße *f* performance variable

Leistungskennlinie *f* performance characteristic, performance curve

Leistungsmerkmal *n* feature; facility

Leistungsprüfung *f* performance test

Leistungsschild *n* rating plate

Leistungsspektrum *n* power spectrum

leistungsstark *adj* powerful

Leistungsstromkreis *m* power circuit

Leistungsstufe *f* power stage

Leistungstransformator *m* power transformer

Leistungstransistor *m* power transistor

Leistungsverbrauch *m* power consumption

Leistungsverlust *m* power loss

Leistungsverstärker *m* power amplifier

Leistungsverzeichnis *n* specifications, tender specifications, specifications of work and services

Leitblech *n* baffle plate, guide plate, deflector

leiten *v* guide; direct; conduct; lead; control

leitend *adj* conducting

leitender Auditor *m* lead auditor

Leiter *m (Elektrotechnik)* (Aluminium~, Erd~, Erdungs~, Heiz~, Hilfs~, Kabel~, Wärme~) conductor; (Schmelz~) element; *(Steigleiter)* ladder, ladders; *(Person)* manager, director, executive

Leiterplatte *f* circuit board, printed circuit board

Leiterquerschnitt *m* cross-sectional area of conductor, conductor cross section

leitfähig *adj* conductive

Leitfähigkeit *f* (Wärme~) conductivity

Leitrolle *f* (Ketten~) guide pulley, guide roll

Leitschiene *f* guide rail, guide bar

Leitspindel *f (Drehbank)* leadscrew

Leitstelle *f* control center

Leitung *f* (Absaug~, Abzweig~, Auspuff~, Brems~, Dampf~, Druck~, Einspritz~, Ersatz~, Fernmelde~, Fernsprech~, Hilfs~, Hochdruck~, Hochspannungs~, Kabel~, Kraftstoff~, Kühlwasser~, Lade~, Niederspannungs~, Rohr~,

Saug~, Steuer~, Telefon~, Übertragungs~, Versorgungs~) line; wire, cable, lead; circuit; *(Rohr)* (Abgas~, Gas~) pipe, tube, pipeline, piping; main; conduit; *(Wärme)* (Oberflächen~, Strom~, Wärme~) conduction; *(Betriebsleitung)* management

Leitungs~ (~dämpfung, ~draht, ~frequenz, ~geräusch, ~konfiguration, ~kontakt, ~koppler, ~schnittstelle, ~störung, ~strecke, ~verlust, ~verstärker, ~system, ~wähler, ~widerstand, ~zugriff) line ~

Leitungseinführung *f* conduit entry

Leitungsnetz *n* network

Leitungsrohr *n* pipe

Leitungsschnur *f* flexible cord

Leitungs-Server *m* line server

leitungsvermittelt *adj* circuit-switched

Leitungsvermittlung *f* circuit switching

Leitungswasser *n* tap water, mains water

Leitwarte *f (Pult)* supervisory console, *(Raum)* control room

Leitwert *m* conductance

Leitzahl *f* index number

Lenkachse *f* steering axle

lenken *v* steer; direct; *(Licht)* concentrate, focus

Lenkgestänge *n* steering linkage

Lenkgetriebe *n* steering gear

Lenkrad *n* steering wheel

Lenksäule *f* steering column

Lenkwelle *f* steering shaft

lesbare und dauerhafte Kennzeichnung *f* legible and durable marking

Leser *m* (Band~) reader

Leuchtdiode *f* light-emitting diode, LED

Leuchte *f* (Maschinen~) lamp, (Induktions~) luminaire, lighting fitting

leuchten *v* light

Leuchtstofflampe *f* fluorescent lamp

Libelle *f* (Wasser~) level

Licht *n* (Brems~) light

Licht~ (~ausbreitung, ~ausfall, ~ausstrahlung, ~bündel, ~einfall, ~energie, ~filter, ~fokussierung, ~geschwindigkeit, ~griffel, ~impuls, ~intensität, ~modulation, ~punkt, ~quelle, ~schalter, ~schirm, ~stärke, ~steckdose, ~stift, ~strahl, ~strahlung, ~stromkreis, ~teilchen, ~verstärker, ~verteilung, ~weg, ~welle, ~würfel) light ~

Lichtbeständigkeit *f* fastness to light

Lichtbogen *m* (Kohle~) arc

Lichtbogen~ (~abfall, ~elektrode, ~entladung, ~fenster, ~festigkeit, ~flamme, ~gleichrichter, ~kammer, ~lampe, ~länge, ~löschung, ~plasma, ~schweißen, ~spur, ~strecke, ~trennwand, ~umlauf, ~verlust, ~wärme, ~widerstand, ~zündung) arc ~

lichtdurchlässig *adj* translucent

lichtecht *adj* fast to light, light-proof

lichtelektrische Zelle *f* photoelectric cell

lichtempfindlich *adj* sensitive to light

Lichtempfindlichkeit *f* sensitivity to light

lichter Durchmesser *m* inside diameter, interior diameter

Lichtleittechnik *f* fiber optics

Lichtleitung *f* lighting circuit

Lichtmaschine *f* dynamo; generator

Lichtnetz *n* lighting mains

Lichtsatz *m* photocomposition
Lichtschranke *f* photoelectric device, light ray unit, light ray system, light barrier
Lichttechnik *f* lighting engineering
Lichtwellenleiterkabel *n* fiber optic cable, optical fiber cable, optical waveguide cable
Lieferantenbeurteilung *f (Qualitätssicherung) (vor Auftragserteilung)* vendor appraisal, vendor assessment; *(Prüfung der Gegenstände beim Lieferanten)* vendor inspection; *(Eingangsprüfung und laufende Bewertung der Qualitätsfähigeit des Lieferanten)* vendor rating
Lieferantenrisiko *n (Qualitätssicherung)* producer's risk
Lieferfirma *f (Qualitätssicherung)* vendor
Lieferlos *n* delivery lot
Lieferqualität *f (Qualitätssicherung)* delivery quality
Lieferungsbeurteilung *f (Qualitätssicherung)* consignment appraisal
Lieferzeichnung *f* as-delivered drawing.
Lineal *n* rule, ruler, straight-edge
Linearität *f* (Frequenz~) linearity
Linie *f* (Berührungs~, Resonanz~) line
Linksanschlag *m (Regler, Potentiometer)* fully anti-clockwise position, fully counter-clockwise position
Linksdrehung *f* counter-clockwise rotation, anti-clockwise rotation, left-hand rotation
linksbündig *adj* left-justified; left-aligned
linksdrehend *adj* rotating anti-clockwise, rotating counter-clockwise
linksgängig *adj* left-hand, left-handed
Linksgewinde *n* left-hand thread
Linsenschraube *f* filister head screw, oval-head screw; *(mit Schlitz)* slotted filister head screw
Lippe *f* (Dicht~) lip
Lippendichtung *f* lip sealing
Liste *f* **qualifizierter Lieferanten** approved vendors list
Liste *f* **zugelassener Erzeugnisse** qualified products list
Litze *f* stranded wire; (Kupfer~) strand
Litzenleiter *m* stranded conductor
Loch *n* (Teil~) hole; bore; aperture
lochen *v* punch; perforate; pierce
Lochfraß *m* pitting
Lochkorrosion *f* pitting corrosion
Lochung *f* punching; perforation; piercing
locker werden *v* work loose, become slack
lockern *v* loosen; slacken
Logarithmus *m* logarithm
Logik *f* (Steuer~) logic
Logikbaustein *m* logic device, logic chip
Lokalisierung *f (Software)* localization
Los *n* (Prüf~) lot, batch
losbinden *v* untie
löschen *v (Feuer)* extinguish; *(Kalk)* slake, slack; *(abschrecken)* quench; *(Anzeige)* cancel; *(Daten)* clear, erase, delete; *(definierter Befehl)* undefine; *(rückgängig machen)* undo
Löscher *m* (Feuer~) extinguisher; *(magnetische Aufzeichnungsmedien)* eraser
Löschung *f* (Lichtbogen~) extinction, (Lichtbogen~) quenching

Lösemittel *n* solvent
lösen *v (lockern)* loosen, slacken; *(entfernen)* remove; detach; undo; *(Chemie)* dissolve; *(Elektrotechnik)* disconnect; release; *(Mechanik)* unclamp
Losgröße *f* lot size, batch size
loslassen *v* release
löslich *adj* soluble
Löslichkeit *f* solubility
loslösen *v* detach
losschrauben *v* unscrew, unbolt, undo
Lösung *f* (Gummi~, Puffer~) solution
Lösungsmittel *n* (Fett~) solvent
Lot *n* (Messing~) solder; filler; *(Lotblei)* plumb, plumb bob, plummet; *(Geometrie)* perpendicular
Lotabweichung *f* plumb-line deviation, deviation from the vertical
Lötbad *n* solder bath
lötbar *adj* solderable
Lotdraht *m* wire solder
löten *v (weich)* solder; *(hart)* braze
Lötflussmittel *n* soldering flux
Lötkolben *m* soldering iron, soldering bit
Lötmittel *n* solder
lotrecht *adj* perpendicular, truly vertical, truly plumbed
lotrecht ausrichten *v* align vertically, align perpendicularly
Lötstoß *m* soldering joint
Lotung *f* (Ultraschall~) sounding
Lötverbindung *f* solder joint
Lötzinn *n* soldering tin
Lücke *f* gap; space
Luft *f* (Kühl~, Verbrennungs~) air; *(Spiel)* play; (Lager~) clearance
Luft~ (~abscheider, ~austritt, ~befeuchter, ~blase, ~dämpfer, ~dichte, ~druck, ~einlass, ~einschluss, ~eintritt, ~erhitzer, ~filter, ~geschwindigkeit, ~härtung, ~kanal, ~kissen, ~klappe, ~kompressor, ~kondensator, ~kühler, ~kühlung, ~pumpe, ~säule, ~schlauch, ~schleuse, ~spalt, ~strecke, ~strömung, ~trockner, ~umwälzung, ~verdichter, ~verschmutzung, ~vorwärmer, ~wärmer, ~wirbel, ~zufuhr) air ~
luftdicht *adj* airtight, airproof
Lufteinschluss *m* inclusion of air, trapping of air; air-lock; air pocket
lüften *v* ventilate; air; *(Bremse)* release
Lüfter *m* (Axial~, Fliehkraft~, Saug~) fan; blower; *(Bremse)* lifter
Lüfterdrehzahl *f* fan speed
Lüftergehäuse *n* fan casing, fan housing, fan enclosure
Lüfterkragen *m* fan shroud
Lüftermotor *m* fan motor
Lüfterrad *n* fan impeller
Luftfeuchtigkeit *f* humidity
luftgekühlt *adj* air-cooled, ventilated
luftgetrocknet *adj (Holz)* air-seasoned, air-dried
Lüfthebel *m* (Brems~) release lever
luftisoliert *adj* air-insulated
Luftkabel *n* aerial cable
Luftleistung *f* flow rate, air flow rate, rate of air flow
Lüftmagnet *m* (Brems~) lifting magnet
Luftpresse *f* air-operated press, pneumatic press
Luftschall *m* air-borne noise

Luftstrom *m* (US) draft, (UK) draught; air current
Luftumlaufkühlung *f* air circulation cooling
Lüftung *f* ventilation; air handling; *(Bremse)* release
Lüftungsanlage *f* air-handling system
Lüftungsgerät *n* air-handling unit
Lüftungsklappe *f* ventilation flap
Lüftungsöffnungen *fpl* ventilation apertures, vents
Lüftungsschlitz *m* ventilation slot
lüftungstechnische Anlage *f* ventilation system
Luftwiderstand *m* aerodynamic resistance
Luftzutritt *m* admission of air, access of air
Luke *f* hatch
Lunker *m* shrink hole; void; blow hole
Lupe *f* magnifying glass
Lupendarstellung *f* zoom display, close-up
Lüsterklemme *f* lamp-wire connector, lamp-wire terminal
Lux *n* lux

M

Machbarkeitsstudie *f* feasibility study
Magazin *n* magazine; hopper
Magerbeton *m* lean concrete
mageres Gemisch *n* lean mixture
Magnet *m* (Anlass~, Brems~, Erreger~, Feld~, Kupplungs~) magnet, solenoid
Magnet~ (~band, ~bremse, ~dichte, ~draht, ~feld, ~filter, ~fluss, ~futter, ~kern, ~kissen, ~kopf, ~kreis, ~kupplung, ~nadel, ~platte, ~pol, ~pulver, ~schloss, ~schnäpper, ~segment, ~speicher, ~spule, ~stab, ~trommel, ~verschluss, ~verstärker) magnetic ~
Magnetblasenspeicher *m* magnetic bubble memory
Magnetfeld *n* (Rest~) magnetic field
magnetisch *adj* magnetic
magnetische Feldstärke *f* magnetic field strength
magnetischer Pol *m* magnetic pole
magnetisch betätigt *adj* solenoid-operated
magnetisierbar *adj* magnetizable
magnetisieren *v* magnetize
Magnetisierung *f* magnetization
Magnetismus *m* (Rest~) magnetism
Magnetpulverprüfung *f* magnetic particle test
Magnetschalter *m* solenoid switch, solenoid-operated switch, electromagnetic switch
Magnetventil *n* solenoid valve
mahlen *v* mill; *(grob)* crush; *(fein)* grind; *(feinst)* pulverize, powder
Mailbox *f* mailbox
Mainframe *m* mainframe, mainframe computer
Makeln *n* broker's call
Makro *m* macro
Makroaufnahme *f* macrograph
Makroprüfung *f* macro-examination
Makroschliffbild *n* macrosection, macrograph
makroskopische Prüfung *f* macroscopic test
Makrostruktur *f* macrostructure
Management *n* (Qualitäts~) management
Mangan *n* manganese
Mangel *m* lack, shortage, deficiency, shortness; *(Fehler)* defect; deficiency
Mängel beheben *v* correct deficiencies; remedy defects, remedy faults
Mängelbericht *m* defect note, defect report, non-conformance report, non-conformity report
mangelhaft *adj* defective, imperfect, faulty
Manipulator *m* manipulator
Mannloch *n* manhole
Mannschaft *f* (Bedienungs~) crew
Mann-Stunde *f* man-hour
Manometer *n* pressure gage, manometer
Manschette *f* ferrule; gasket, (Kolben~) packing; sealing member
Mantel *m* (Heiz~, Kühl~, Kühlwasser~, Metall~) jacket; (Kessel~) shell; (Blei~, Kabel~) sheath
Marke *f* brand, make

Martinflussstahl *m* open-hearth steel
Masche *f* mesh
Maschine *f* (Abgrat~, Antriebs~, Bau~, Biege~, Bohr~, Fräs~, Hilfs~, Induktions~, Mess~, Produktions~, Prüf~, Schrupp~, Schweiß~, Wechselstrom~) machine; (Lade~) generator; *(Werkzeugmaschine)* machine tool; *(Verbrennungsmaschine)* engine; *(Elektrotechnik)* motor
maschinell *adj* mechanical, by machine
Maschinen~ (~ausfall, ~ausrüstung, ~bediener, ~bett, ~führer, ~fundament, ~gestell, ~laufzeit, ~leistung, ~leuchte, ~schraubstock, ~sockel, ~ständer, ~störung, ~unterbau, ~unterteil) machine ~
Maschinenbau *m* mechanical engineering, engineering
Maschinenbauer *m* mechanical engineer
Maschinenbauingenieur *m* mechanical engineer
Maschinenbaustahl *m* engineering steel
Maschinenraum *m* machine room, machinery space; engine room
Maschinensäge *f* power saw
Maschinenschlosser *m* fitter
Maschinenschraubstock *m* machine vice
Maschinenunterbau *m* machinery base
Maser *m* maser (**m**icrowave **a**mplification by **s**timulated **e**mission of **r**adiation)
Maserung *f (Holz)* grain
Maske *f* mask
Maß *n* (Axial~, Winkel~) dimension; size; measure
Maßbild *n* dimension drawing
Maße *npl* (Koordinaten~) dimensions
Masse *f* mass; bulk; *(Elektrotechnik)* (US) ground, frame, (UK) earth; chassis
Masseanschluss *m* earth connection, connection to frame
Maßeinheit *f* unit of measurement
Maßeinteilung *f* graduation, division; scale
Massekabel *n* earthing cable, ground cable
Masseklemme *f* earth terminal
Masseleitung *f* earth cable, ground cable
Massenträgheit *f* inertia
Massenträgheitsmoment *n* mass moment of inertia
Masseschluss *m* earthing, grounding
maßgefertigt *adj* tailor-made, custom-made
maßgenau *adj* true to size
Maßgenauigkeit *f* dimensional accuracy
maßgeschneidert *adj* tailor-made
maßhaltig *adj* true to size, dimensionally correct
massiv *adj* solid; rugged, strong
Massivbauweise *f* solid construction
Maßnahme *f* (Not~, Schutz~, Sicherheits~) measure
Maßprüfung *f* dimensional check, dimensional examination
Maßstab *m* scale; graduated scale
maßstäblich *adj* to scale, true to scale
Maßtoleranz *f* size tolerance, dimensional tolerance
Maßverkörperung *f* material measure
Maßzugabe *f* size allowance
Mast *m* (Antennen~) pole; mast; column; post

Material *n* (Bau~, Isolations~) material, stock
Materialermüdung *f* fatigue of material, fatigue
Materialfehler *m* defect of material
Materialfluss *m* material flow
Materialprüfanstalt *f* material testing institute
Materialprüfung *f* material testing
Materie *f* matter, substance
Matrix *f* matrix
Matrize *f* die; stencil
matt *adj* dull, mat
Matte *f* (Filter~, Gummi~) mat
Mattglanz *m* mat finish, dull finish
Mattglas *n* frosted glass
mattieren *v* mat finish
Mauer *f* (Brand~) wall
Maueranker *m* tie-bolt
mauern *v* lay bricks
Mauerwerk *n* (Ofen~) brickwork, masonry
Mauerziegel *m* brick
Maulschlüssel *m* (US) open-end wrench, (UK) open-end spanner
Maurer *m* bricklayer, mason
Maurerhammer *m* mason hammer
Maus *f* mouse
Mausklick *m (PC)* mouse click
Maustaste *f* mouse button
Mausunterlage *f* mouse pad
Mechanik *f* (Bruch~) mechanics
Mechaniker *m* mechanic, fitter
mechanisieren *v* mechanize
Medium *n* (Eingabe~, Heiz~, Übertragungs~) medium (*pl* media)
Mehl *n* dust, powder
mehradriges Kabel *n* multi-core cable
Mehrarmroboter *m* multi-arm robot
Mehraufwand *m* extra work
Mehrbereich-Messgerät *n* multi-range measuring instrument
Mehrbereichsöl *n* multi-grade oil
mehrdimensionale Stellelemente *npl* multi-dimensional controls
mehrfach *adj* multiple
Mehrfachdurchlauf *m* multiple pass
Mehrfachstecker *m* multi-contact plug
Mehrfachstichprobenprüfung *f* multiple sampling
Mehrfachzugriff *m* multiple access
mehrgängiges Gewinde *n* multi-start thread
Mehrphasen~ (~generator, ~gleichrichter, ~motor, ~schaltung, ~strom, ~transformator, ~wicklung) multiphase ~
mehrpolig *adj* multi-pole
Mehrscheibenbremse *f* multiple-disk brake
Mehrscheibenkupplung *f* multiple-disk clutch
Mehrspindelautomat *m* multiple-spindle automatic machine
mehrstufiges Getriebe *n* multi-stage gear
mehrstufige Stichprobenentnahme *f* multi-stage sampling
Mehrweghahn *m* multi-way cock
Mehrwegverpackung *f* multi-way package
Mehrwertdienste *mpl* value-added services, enhanced services
Mehrzweckmaschine *f* general-purpose machine, multi-purpose machine
Meißel *m* chisel

Meister *m* foreman
Meldeanlage *f* (Feuer~) alarm installation
Meldeeinrichtung *f* signalling device, annunciator
Meldeleuchte *f* indicator lamp
melden *v* signal, indicate; *(sich melden)* answer
Melder *m* (Feuer~) alarm, (Feuer~) alarm box, (Brand~, Gas~) detector
Meldesignal *n* answer signal
Meldung *f* message; (Brand~, Feuer~) alarm; report
Membran *f* diaphragm; membrane
Membranpumpe *f* diaphragm pump
Membranventil *n* diaphragm valve
Menge *f* (Rest~) quantity; volume
Mengenmesser *m* volumeter
Mengenregler *m* volume control
Mensch-Maschine-Schnittstelle *f* man-machine interface
Menü *n (PC)* menu
Menübalken *m* menu bar
Menüdatei *f* menu file
Menüführung *f* menu prompting
menügesteuert *adj* menu-driven
Menüleiste *f* menu bar
Menüpunkt *m* menu item
menüunterstützt *adj* menu-supported
Merkblatt *n* guidance note, code of practice
Merkmal *n* feature, (Qualitäts~) characteristic, attribute
Mess~ (~anordnung, ~bereich, ~brücke, ~ebene, ~einrichtung, ~ergebnis, ~fehler, ~genauigkeit, ~gerät, ~glied, ~instrument, ~kabel, ~latte, ~maschine, ~mittel, ~punkt, ~signal, ~spannung, ~spule, ~verfahren, ~verstärker, ~vorrichtung, ~werk, ~werkzeug, ~zylinder) measuring ~
Messaufnehmer *m* sensor
Messautomatik *f* automatic measuring system
messbar*adj* measurable
messen *v* measure; *(mit Lehre)* gage
Messer *n* knife; blade; cutter
Messer *m* (Drehzahl~) indicator, (Druck~) gage; (Frequenz~, Induktions~, Kraftstoff~, Phasen~) meter
Messgeber *m* encoder
Messgerät *n* measuring instrument, measuring tool, measuring device; (Nachrichten~) testing unit; diagnostic tool; (Abgas~) analyzer
Messgeräteausrüstung *f* instrumentation
Messerkopf *m* inserted blade milling cutter
Messing *n* brass
Messing~ (~blech, ~draht, ~druckguss, ~gießerei, ~guss, ~klemme, ~lot, ~rohr) brass ~
Messingwaren *fpl* brass-ware
Messmaschine *f* (Präzisions~) measuring machine
Messobjekt *n* device under test
Messoptik *f* optical measuring system
Messreihe *f* series of measurements
Messstab *m* (Öl~) dipstick
Messstelle *f* measuring point, test point
Mess-, Steuerungs- und Regelungstechnik *f* measuring and control technology, instrumentation and control engineering

Messtechnik *f* metrology, measuring practice
messtechnisch *adj* metrological
Messuhr *f* dial gage, dial indicator
Mess- und Prüfeinrichtungen *fpl* measuring and test equipment
Messung *f* (Antennen~, Koordinaten~, Temperatur~) measurement; gaging; metering; (Radar~) ranging
Messunsicherheit *f* uncertainty of measurement
Messverfahren *n* method of measurement, measurement technique
Messwagen *m (Eisenbahn)* recording coach; *(Mobilfunk)* test van
Messwert *m* measured value; measuring value; value to be measured
Messwesen *n* metrology
Messzeug *n* measuring tools
Metall *n* (Lager~) metal
Metall~ (~bearbeitung, ~beschichtung, ~folie, ~gießen, ~gießerei, ~gussstück, ~mantel, ~überzug, ~verarbeitung) metal ~
Metalldichtung *f* metallic packing
Metalleffektfarbe *f* metallic finish
Metallguss *m* cast metal
metallkaschiert *adj* metal-clad
Metallsäge *f* hack-saw
Metallurgie *f* metallurgy
Metallverarbeitung *f* metal working
Metallwaren *fpl* metalware
metrisch *adj* metric
metrisches Maßsystem *n* metric system of measurement
Mietleitung *f* leased line, leased circuit
Mikroanalyse *f* microanalysis
Mikroaufnahme *f* micrograph
Mikrobaustein *m* micro-chip
Mikrobild *n* micrograph
Mikrocomputer *m* microcomputer
Mikroelektronik *f* microelectronics
Mikrofon *n* (Kohle~) microphone
Mikrofon~ (~kabel, ~kreis, ~sender, ~strom, ~transformator, ~verstärker) microphone ~
Mikrogefüge *n* micro-texture
Mikrogestalt *f* micro-texture
Mikrohärte *f* micro-hardness
Mikrohärteprüfer *m* micro-hardness tester
Mikromechanik *f* micromechanics
Mikrometermessuhr *f* dial indicator micrometer
Mikrometerschraube *f* micrometer screw
Mikron *n* micron
Mikroprozessorsteuerung *f* microprocessor control, microprocessor-based control
Mikroriss *m* microcrack
Mikroschalter *m* microswitch
Mikroschaltung *f* micro-circuit
Mikroschliffbild *n* microsection, micrograph
Mikroskop *n* (Elektronen~) microscope
mikroskopische Prüfung *f* microscopic inspection
Mikrostruktur *f* microstructure
Mikrowelle *f* microwave
Mikrowellenverbindung *f* microwave link
Mikrozellentechnik *f* microcell technology

Millimeterpapier *n* millimeter-ruled paper, plotting paper
Mindestmaß *n* minimum, minimum size
Mineralöl *n* mineral oil
miniaturisiert *adj* miniaturized
Miniaturisierung *f* miniaturization
Minuspol *m* negative pole
Minute *f* (Winkel~) minute
Mischbatterie *f* mixer tap, mixing valve
Mischdüse *f* mixing nozzle
mischen *v* mix; blend; merge; collate
Mischer *m* (Beton~) mixer; blender
Mischpult *n* central control desk; master control console, mixing console
Mischturm *m (Beton)* concrete mixing tower
Mischung *f* (Beton~) mixture, mix; blend; composition
Mischventil *n* mixing valve
missbräuchlich *adj* abusive
missbrauchsicher *adj* tamper-proof
mitbenutzen *v* share
Mitnehmer *m* driver; coupler; follower
Mitnehmerscheibe *f* driving plate, dog plate
Mitnehmerstift *m* follower pin
mitschwingen *v* resonate
Mitte *f* (US) center, (UK) centre
Mittel *n* mean; (Abschreck~, Kühl~) medium; (Mess~) tool; *(Chemie)* (Dicht~, Kühl~) agent; (Übertragungs~) means; *(Durchschnitt)* average
Mittelabgriff *m* center tap
Mittelleiter *m* neutral conductor
Mittellinie *f* center line
mitteln *v* average
Mittelpunkt *m* (US) center, (UK) centre; midpoint
Mittelstellung *f* central position, mid-position; neutral position
Mittelung *f* averaging
Mittelwert *m* average, mean, mean value
Mittelwertbildung *f* averaging
Mittenabstand *m* center distance
Mittenfrequenz *f* mid-frequency
mittig *adj* central
mittlere Aufenthaltszeit *f* mean abode time
mittlere Qualitätslage *f* process average
mittlerer Ausfallabstand *m* mean time between failures, MTBF
mnemotechnisch *adj* mnemonic
mobiler Teilnehmer *m* mobile subscriber
mobiles Funktelefon *n* mobile radio telephone
Mobilfax *n* mobile fax machine
Mobilfunk *m* mobile radio
Mobilfunkdienst *m* mobile radio service, mobile phone service, radio-based mobile phone service, mobile radio telephone service
Mobilstation *f* mobile station, mobile services station
Modell *n* (Atom~) model; type; pattern
Modem *n* modem
Modul *m (Zahnrad)* module (reciprocal of diametral pitch)
Modul *n (Baugruppe)* module
modular *adj* modular
Modularbauweise *f* modular design

Modulation *f* (Amplituden~, Frequenz~, Impuls~, Licht~, Phasen~, Strom~) modulation
Modulations~ (~frequenz, ~grad, ~rauschen, ~spannung, ~spektrum, ~spule, ~steilheit, ~tiefe, ~träger, ~transformator, ~verfahren, ~verzerrung, ~wirkungsgrad) modulation ~
modulieren *v* modulate
Molekül *n* molecule
Molekular~ (~energie, ~filter, ~gewicht, ~kraft, ~strahl, ~volumen) molecular ~
Molybdän *n* molybdenum
Moment *n* (Biege~) moment; *(Drehmoment)* (Abtriebs~, Anfangs~, Anlass~, Anlauf~, Antriebs~, Brems~, Reibungs~, Spin~, Volllast~) torque
Momentanbeschleunigung *f* instantaneous acceleration
Momentaufnahme *f* snapshot
Momentenregelung *f* torque control
Monitor *m* monitor
monostabil *adj* monostable
Monoxid *n* monoxide
Montage *f (Zusammenbau)* assembly; *(Bauwerk)* erection; *(Aufbau/Einbau)* mounting, installation; fitting
Montageanweisung *f* assembly instructions, installation instructions
Montageband *n* assembly line
Montageboden *m* erection platform, mounting platform
montagefertig *adj* ready for assembly, ready to fit; preassembled
montagefreundlich *adj* easy to install
Montagegerüst scaffold, temporary framework; platform
Montageroboter *m* assembly robot
Montagesatz *m* installation kit, mounting kit
Montagewerkzeug *n* assembly tool
Montagezeichnung *f* as-installed drawing
Monteur *m* installer, fitter, erector; mechanic
montieren assemble; erect; mount; install; fit
Morsekegel *m* Morse taper
Mörtel *m* (Beton~) mortar
Motor *m (Verbrennungsmotor)* (Einspritz~, Kran~, Pressluft~, Turbinen~, Verbrennungs~) engine; *(Elektromotor)* (Antriebs~, Drehstrom~, Einphasen~, Flüssigkeits~, Fräs~, Gleichstrom~, Hilfs~, Induktions~, Kaskaden~, Mehrphasen~, Pumpen~, Synchron~, Universal~, Vorschub~, Wechselstrom~) motor
Motorantrieb *m* motor drive
Motorblock *m* engine block
Motordrehzahl *f* motor speed
Motorenöl *n* engine oil, motor oil
Motorhaube *f* (US) hood, (UK) bonnet
Motorleistung *f* engine power, engine performance; motor output; motor rating
Motorprüfstand *m* engine testing stand
Motorwanne *f* crankcase sump
Muffe *f* sleeve; (Rohr~) socket; bush; (Kupplungs~) box
Muffenverbindung *f* spigot and socket joint

Mühle *f* mill; *(grob)* crusher; *(fein)* grinder; *(feinst)* pulverizer

Mulde *f* cavity; pit; depression

Multifunktionsterminal *n* multi-function terminal

Multimedia-Eignung *f* suitability to multimedia

multimediale Datendienste *mpl* multimedia data services

Multiplexer *m* (Zeit~) multiplexer

Multiplex-Schnittstelle *f* multiplex interface

Multiprozessorbetrieb *m* multiprocessor mode

Mundstück *n* nozzle; tip

Münzfernsprecher *m* coin-box telephone, payphone

Muschelgriff *m* recessed grip

Musikeinspielung *f (Telefon)* music on hold, music-while-you-wait

Muster *n* sample, specimen; model; pattern; prototype

Mutter *f (Schraubenmutter)* (Dicht~) nut

Mutterplatine *f* motherboard

Nabe *f* (Kupplungs~, Lager~) hub; boss
Nacharbeit *f* rework; reworking; re-machining
nacharbeiten *v* rework; re-machine; refinish
Nachaudit *n (Qualitätssicherung)* re-audit
Nachbarkanal *m* adjacent channel
Nachbearbeitung *f* reworking; re-machining; finishing
nachbehandeln *v* after-treat
Nachbehandlung *f* after-treatment, post-treatment
nacheilen *v* lag, lag behind
Nacheilung *f* (Phasen~) lag
nachformen *v* copy, duplicate
nachführen *v* follow up; track
Nachführung *f* follow-up; tracking; correction
nachfüllen *v* refill, top up; replenish
nachgeordnet *adj* downstream of
nachgeschaltet *adj* downstream of, series-connected, connected in series
Nachkalibrierung *f* recalibration
nachlaufen *v* lag
nach Maß tailor-made
nachprüfen *v* check; inspect; verify
Nachprüfung *f* check, inspection, revision
Nachricht *f* message, information; mail
Nachrichten~ (~kanal, ~kreis, ~messgerät, ~satellit, ~signal, ~system, ~technik, ~techniker, ~wesen) communication(s) ~
nachrichten *v* re-level; re-align
Nachrichtentechnik *f* telecommunications technology
Nachrichtenverkehr *m* message traffic
Nachrichtenvermittlung *f* message switching
nachrüsten *v* retrofit, add on
Nachrüstsatz *m* add-on kit
Nachsatz *m* trailer
nachschneiden *v* finish-cut, re-cut
Nachsetzlüfter *m* make-up fan
nachspannen *v (Werkzeug)* reclamp
nachstellbar *adj* adjustable, readjustable
Nachstellschraube *f* adjusting screw
Nachverarbeitung *f* post-processing
Nachvollziehbarkeit *f* traceability
Nachvollziehbarkeit *f* **der Kalibrierung** calibration traceability
Nachweis *m* evidence, proof; verification
nachweispflichtig *adj (Qualitätssicherung)* requiring verification
Nachweispunkt *m (Qualitätssicherung)* witness point
Nachwirkung *f* after-effect
nachziehen *v (Schraube)* re-tighten
Nadel *f* (Magnet~, Ventil~) needle; *(Räumnadel)* broach; *(Zeiger)* pointer, stylus
Nadelbaum *m* coniferous tree, conifer, softwood tree
Nadelholz *n* coniferous wood, softwood
Nadelkäfig *m* needle cage
Nadellager *n* needle bearing
Nadelventil *n* needle valve
Nagel *m* (Draht~) nail; spike
nageln *v* nail
Nahansicht *f* close-up view

Nahaufnahme *f (Foto)* close-up
Nahempfang *m* short-distance reception
Näherung *f* approximation
Näherungsschalter *m* proximity switch
Näherungswert *m* approximate value
Nahschwund *m* local fading
Naht *f* (Schweiß~) seam; (Dicht~) weld; joint
Nahtaufbau *m* weld composition, weld structure
nahtlos *adj* seamless
nahtschweißen *v* seam-weld
Nahtschweißung *f* seam welding
Nahtstellen-Überwachung *f (Qualitätssicherung)* interface control
Nahtwurzel *f* weld root
Namensschild *n* nameplate, rating plate
Nanosekunde *f* nanosecond
Narbe *f (Oberflächenfehler)* pit; scar; *(Leder)* grain
Nase *f* (Spindel~) nose; lug; projection; tab; catch
nass *adj* wet, moist, humid
Nassthermometer *n* wet-bulb thermometer
Natrium *n* sodium
natürliche Größe *f (eines Prüfmusters)* full size
Navigation *f* (Funk~, Radar~) navigation
Navigationshilfe *f* navigation aid
Nebel *m* fog; mist
neben *präp* adjacent, next to, close to, near, alongside
Neben-... *(Bedeutung)* secondary
nebeneinander *adv* side by side
Nebenfehler *m (Qualitätssicherung)* minor defect, minor non-conformity
Nebenprodukt *n* by-product
Nebenschluss *m (Elektrotechnik)* shunt
Nebensprechen *n* crosstalk
Nebenstelle *f (Telefon)* extension
Nebenstellenanlage *f* private branch exchange, PBX
Nebenwirkung *f* side effect
Nebenzeit *f* down-time
neigbar *adj* inclinable; tiltable
Neigung *f* incline, inclination; slope; tilt; gradient; *(Entwicklung)* trend, tendency
Neigungswinkel *m* angle of inclination, slope angle
NE-Metall *n* non-ferrous metal
Nennbeschleunigung *f* rated acceleration
Nennbruchkraft *f* rated breaking strength
Nenndrehmoment *n* rated torque, full-load torque
Nenndrehzahl *f* rated speed
Nenndruck *m* nominal pressure
Nenndurchmesser *m* nominal diameter
Nenner *m (Mathematik)* denominator
Nennheizleistung *f* rated heat output
Nennlast *f* rated load
Nennlastmoment *n* rated load torque
Nennleistung *f* rated output; rating; rated power
Nennmaß *n* nominal size
Nennspannung *f* rated voltage
Nennstrom *m* rated current
Nennweite *f* nominal width, *(Rohr)* nominal size
Nennwert *m* nominal value
Neonlampe *f* neon lamp
Neopren *n* neoprene

Netz *n (Elektrotechnik)* (Gleichstrom~) mains, (Digital~, Fernmelde~, Kommunikations~, Telefon~, Übertragungs~, Versorgungs~, Wechselstrom~) network, line, (Drehstrom~, Hochspannungs~) system; *(Internet)* web

Netz~ (~antenne, ~frequenz, ~spannung, ~transformator) mains ~

Netzanschluss *m* mains supply, connection to power supply

Netzausfall *m* power failure

netzausfallsicher *adj* power-failure-proof

Netzersatzaggregat *n* standby generating set

Netzersatzbetrieb *m* standby operation

Netzrückwirkung *f* system perturbation

Netzschalter *m* power switch, power supply switch

Netzstrom *m* line current

Netzteil *n* power pack, power supply unit

Netzverträglichkeit *f* power system compatibility

Neubau *m* new building

Neubescheinigung *f* re-certification

neu nachweisen *v* re-prove; *(einer Wiederholungsprüfung unterziehen)* re-test

Neunsegmentanzeige *f* nine-segment display

Neuqualifizierung *f* requalification

Neutron *n* neutron

Neutronen~ (~beschuss, ~dichte, ~einfang, ~fluss, ~strahl, ~strahlung, ~zähler) neutron ~

neu zulassen *v* recertify

NF-Stufe *f* low-frequency stage

NF-Verstärkung *f* audio-frequency amplification, low-frequency amplification

nicht beherrschter Prozess *m (Qualitätssicherung)* process out of control

Nichteisenmetall *n* non-ferrous metal

Nichterfüllung *f* non-compliance

nicht leitend *adj* non-conductive

Nichtleiter *m* non-conductor, dielectric

nicht metallisch *adj* non-metallic

nicht rostend *adj* rustless; stainless

Nicht-Sprach-Dienst *m* non-voice service

Nichtverfügbarkeit *f* non-availability, *(Qualitätssicherung)* outage

nicht verlierbar *adj* captive

Nickel *m* nickel

Nickel~ (~erz, ~gewinnung, ~legierung, ~plattierung, ~überzug) nickel ~

Nickel-Cadmium-Akkumulator *m* nickel-cadmium battery

Niederdruck *m* low pressure

Niederdruck~ (~behälter, ~dampf, ~entladung, ~kessel, ~pumpe, ~säule, ~turbine) low-pressure ~

Niederfrequenz *f* low frequency, audio-frequency

Niederfrequenz~ (~anteil, ~generator, ~geräusch, ~kondensator, ~pegel, ~röhre, ~spannung, ~strom, ~stufe, ~transformator, ~verstärker, ~widerstand) low-frequency ~

Niedergang *m* descent, fall; *(Kolben)* down-stroke; downward travel

Niederhalter *m* holding-down device

niederohmig *adj* low-resistance

Niederschlag *m* precipitate; condensate; fallout; deposit; sediment
Niederspannung *f* low voltage
Niederspannungs~ (~abnehmer, ~anlage, ~anschluss, ~kabel, ~klemme, ~kreis, ~leitung, ~sicherung, ~spule, ~verteilung, ~wicklung) low-voltage ~
niedertourig *adj* low-speed
Niet *m/n* (Kontakt~) rivet
nieten *v* rivet
Nietkopf *m* (US) rivet point, (UK) rivet head
Nietkopfsetzer *m* rivet header, heading set
Nietmaschine *f* riveting machine, riveter
Nietung *f* riveting
Nietverbindung *f* riveted joint
Nietwerkzeug *n* rivet set and header
Nippel *m* (Fett~, Öl~) nipple
Nische *f* recess; niche
Nitrier~ (~anlage, ~härtetiefe, ~härtung, ~ofen, ~stahl) nitriding ~
nitrieren *v (Wärmebehandlung)* nitride
Nitrierschicht *f* nitrided case
Nitrierung *f* nitriding, nitrigenization, nitration
Niveau *n* level
nivellieren *v* level
Nivelliergerät *n* builder's level
Nivellierinstrument *n* levelling instrument
Nivellierlatte *f* levelling staff, levelling rod
Nocken *m* dog; *(Steuerkurve)* (Auslöse~, Kupplungs~, Teil~) cam
Nocken~ (~bahn, ~form, ~hub, ~kontakt, ~ring, ~schaltung, ~schaltwerk, ~scheibe, ~schütz, ~segment, ~steuerschalter, ~steuerung, ~trieb, ~trommel, ~verriegelung, ~walze, ~weg, ~welle) cam ~
Nocken-Endschalter *m* cam limit switch
nockengesteuert *adj* cam-controlled
Nockenschalter *m* cam-operated switch
Nockenwelle *f* camshaft
Nockenwellen~ (~antrieb, ~drehzahl, ~geber, ~lager, ~schalten, ~schütz, ~steller, ~steuerschalter) camshaft ~
Nockenwellenrad *n (Kfz)* timing gear
Nominalmerkmal *n* nominal characteristic
Noppenfolie *f* stud sheet
Norm *f* (Sicherheits~) standard, standard specification
Normal *n* measurement standard, (Bezugs~) standard
normal *adj* normal, regular, standard; plain
Normalausführung *f* standard design
Normalbeanspruchung *f* normal stress
Normalgewinde *n* standard thread
Normallehre *f* standard gage
Normblatt *n* standard specification
normen *v* standardize
Normentwurf *m* draft standard
Normprobe *f* standard test bar
Normung *f* standardization
Normvorschrift *f* standard specification
Not~ (~abschaltung, ~anlage, ~anruf, ~ausgang, ~ausschalter, ~ausschaltung, ~beleuchtung, ~betrieb, ~bremse, ~bremsung, ~dienst, ~lampe, ~maßnahme, ~ruf, ~rufmelder, ~schalter, ~ventil) emergency ~
Not-Aus-Taster *m* emergency pushbutton, panic button

Notebook *n* notebook
Notizblock *m (PC)* scratchpad
Notstromaggregat *n* emergency generator set, standby generating set
Notstromgenerator *m* standby generator
Notstromnetz *n* standby supply
Notstromversorgung *f* standby power supply, standby electrical supply, emergency power supply
nuklear *adj* nuclear
Null *f* zero; naught; null
Nullabgleich *m* zero balance
Nullablesung *f* zero reading
Nulleinstellung *f* zero setting, zero adjustment
nullen *v* zero; neutralize; connect to neutral; home
Nulllage *f* zero position
Nulllast *f* no-load
Nullleiter *m* neutral conductor, neutral wire
Nulllinie *f* zero line
Nullpunkt *m* zero point; neutral point
Nullpunktabweichung *f* zero variation
Nullpunkteinstellung *f* zero setting, zero adjustment
Nullserie *f* pilot lot
Nullspannung *f* zero potential
numerisch gesteuert *adj* numerically controlled
numerisch gesteuertes Bearbeitungszentrum *n* NC machining center
numerische Steuerung *f* numeric control, NC
Nummer *f* (Atom~, Telefon~) number
nummerieren *v* number
Nur-Empfang *m* receive-only
Nur-Empfänger *m* receive-only unit
Nur-Lese-Speicher *m* read-only memory, ROM
Nuss *f (Werkzeug)* socket
Nut *f* (Spiral~) groove; *(Keilnut)* keyway; *(Spannut)* flute; *(Spannut)* slot; *(Keilwelle)* splineway, spline; *(Schlitz)* slot
Nutenfräser *m* keyway cutter, slot cutter
nutenstoßen *v* slot
Nutenstoßmaschine *f* keyway slotter
Nutenwelle *f* splineshaft
Nutmutter *f* slotted nut
Nutring *m* grooved ring
Nut *f* **und Feder** tongue and groove
Nutwelle *f* splineshaft
Nutzarbeit *f* useful work
Nutzbarkeit *f* serviceability
Nutzen *m* use; profit; advantage; benefit
Nutzenanalyse *f* benefit analysis
Nutzfahrzeug *n* commercial vehicle
Nutzfläche *f* available area
Nutzholz *n* timber
Nutzlast *f* imposed load; useful load; payload
Nutzleistung *f* useful power, effective power
Nutzungsdauer *f* service life, useful life

O

obenliegend *adj* overhead; top
Oberarm *m* upper arm
Oberbau *m* superstructure
Oberbegriff *m* generic term
obere Entscheidungsgrenze *f* *(Qualitätssicherung)* upper control limit
obere Grenzabweichung *f* upper limiting deviation
obere Streckgrenze *f* upper yield point
oberes Abmaß *n* upper deviation
Oberfläche *f* surface
Oberflächen~ (~behandlung, ~beschaffenheit, ~fehler, ~gestalt, ~güte, ~härte, ~härtung, ~leitung, ~rauigkeit, ~reibung, ~riss, ~schicht, ~spannung, ~widerstand) surface ~
Oberflächenmontagetechnik *f* surface mounting technology, SMT
oberflächenmontiertes Gerät *n* surface-mounted device, SMD
Oberflächenveredelung *f* surface treatment
Oberflächenrissprüfung *f* surface crack test
Obergesenk *n* upper die, top die
Oberkante *f* top edge, upper edge
Oberleitung *f* overhead line
Oberlicht *n* skylight, rooflight
Oberschwingung *f* harmonic
Oberwelle *f* harmonic wave
Oberwellenanteil *m* harmonic content
Objektiv *n* lens system, objective
obligatorisch *adj* mandatory
Ofen *m* *(Industrieofen)* (Induktions~, Nitrier~, Schmiede~) furnace; *(zum Brennen)* kiln; oven
Ofen~ (~auskleidung, ~ausmauerung, ~futter, ~mauerwerk, ~schlacke, ~transformator) furnace ~
Ofentrocknung *f* oven drying, kiln drying
öffentliches Fernsprechnetz *n* public telephone network
öffentliches Wählnetz *n* public switched network
öffnen *v* open; unlock; disconnect
Öffner *m* *(Kontakt)* normally closed contact, break contact
Öffnung *f* (Abfluss~, Absaug~) opening; orifice; (Antennen~) aperture
Öffnungskontakt *m* break contact, opening contact
Ohm *n* Ohm
ohmscher Widerstand *m* ohmic resistance
ohne Markenname no name (unbranded equipment)
ökologisch *adj* ecological
Öko-PC *m* green PC
Oktanzahl *f* octane number, octane rate, anti-knock value
Oktavband *n* octave band
Okular *n* eyepiece
Öl *n* (Kühl~, Spindel~) oil
Öl~ (~ablasshahn, ~ablassschraube, ~abscheider, ~abschreckung, ~abstreifer, ~abstreifung, ~bad, ~behälter, ~dichtung, ~dichtungsring,

~docht, ~druck, ~durchfluss, ~einfüllschraube, ~einfüllstutzen, ~farbe, ~filter, ~füllung, ~kühler, ~messstab, ~nippel, ~pegel, ~pumpe, ~schlamm, ~schmierung, ~stand, ~standschauglas, ~umlauf, ~umwälzung, ~verteiler, ~viskosität, ~wanne, ~wechsel, ~zerstäuber, ~zusatz) oil ~

Ölauffangschale *f* drip tray

Ölbadschmierung *f* oil-bath lubrication

Öldruckanzeiger *m* oil pressure gage

Öldruckschalter *m* oil-pressure switch

Öler *m* oiler, lubricator

Ölkochprobe *f* boiling-oil penetrant inspection

Ölmessstab *m* dipstick

Ölspritzschmierung *f* oil-splash lubrication

Ölstandsanzeige *f* oil level indicator

Ölstandsauge *n* oil level gage

Ölumlaufschmierung *f* circulation oiling, circulating-oil lubrication, oil circulation lubrication

Operationsverstärker *m* operational amplifier

Optik *f* optics; optical equipment

optimieren *v* optimize

Optimierung *f* optimization

optisch-akustisch *adj* audio-visual, AV

Optoelektronik *f* optoelectronics

Optokoppler *m* optocoupler, optical coupler

Ordinate *f* ordinate

Ordnungszahl *f* ordinal number

Organ *n* member, (Bedienungs~, Sicherheits~, Übertragungs~) element, part

O-ring *m* O-ring

Ornamentglas *n* ornamental glass

Ort *m* place; position; spot; location; site; station

Ortbeton *m* cast-in-situ concrete, in-situ concrete

orten *v* locate; localize; spot; *(Radar)* find the direction

ortsbeweglich *adj* portable, mobile

ortsfest *adj* stationary; fixed

ortsveränderlich *adj* portable

Ortung *f* position finding; (Funk~) locating; (Funk~) direction finding

Ortungsgerät *n* locating device; (Radar~) locator; detector; location finder

Öse *f* eye

Ösenhaken *m* eye hook

Ösenmutter *f* eye nut, lifting eye nut

Ösenschraube *f* eyebolt

Oszillator *m* (Quarz~) oscillator

Oszillograph *m* oscillograph

Oszilloskop *n* oscilloscope

Ottomotor *m* Otto engine, (US) gasoline engine, (UK) petrol engine

Outsourcing *n (Bedarfsdeckung außerhalb des eigenen Unternehmens)* outsourcing

Oxid *n* (Eisen~) oxide

Oxidationsmittel *n* oxidizing agent, oxidizer

Oxidationsschutzmittel *n* anti-oxidant

Oxidhaut *f* oxide skin, oxidation film

oxidieren *v* oxidize

Oxidierung *f* oxidation

Oxidschicht *f* oxide film

Ozon *n* ozone

Ozonbehandlung *f* ozone treatment

P

Paar *n* pair; couple
Paarigkeit *f* pairing
paarweise verdrillt *adj* twisted in pairs
packen *v* pack
Packung *f* (Filter~) packing; package; *(Dichtung)* gasket
Paket *n* (Programm~) package; packet
Palette *f* pallet, palette
Palettenförderer *m* pallet conveyor
Palettenstapler *m* pallet stacker
Palettieren *n* palleting
Panik-Druckknopf *m* panic button
Panne *f* breakdown, failure
Pannendienst *m* breakdown service
pannensicher *adj* foolproof
Pantograph *m* pantograph
Panzer *m* (Hochofen~) jacket
Panzerblech *n* armor plate
Panzerkabel *n* armored cable
panzern *v* (US) armor, (UK) armour
Panzerung *f* armoring; metal sheathing; *(Auftragsschweißung)* hard surfacing
Papier *n* (Filter~, Schmirgel~) paper
Papierbahn *f* web
Papierkorb *m (PC)* recycle bin
Pappe *f* cardboard, board
Parabel *f* parabola
Parabolreflektor *m* parabolic reflector
Parallelbetrieb *m* parallel operation
Parallele *f* parallel, parallel line
parallel schalten *v* connect in parallel
Parallelschaltung *f* parallel connection
Parameter *m* (Temperatur~) parameter
Parametrierung *f* parameterization, parameter assignment, parameter entry, parameter setting
Paritätsprüfung *f* parity check
Parkleitsystem *n* car-park routing system
Partikel *m* particle
Partikelgröße *f* particle size
passen *v* fit; suit; go with
Passfeder *f* feather key
Passfläche *f* mating surface
Passsitz *m* snug fit
Passstift *m* set pin, fitting pin, locating pin
Passstück *n* adapter
Passteil *n* fitting member, mating part
Passung *f* (Gleit~, Kegel~) fit
Passungsspiel *n* fitting clearance
Passwort *n* password
Patent *n* patent
Patent~ (~amt, ~anmeldung, ~anspruch, ~beschreibung, ~inhaber, ~schrift, ~verletzung) patent ~
Patent *n* **angemeldet** patent pending
patentieren *v* patent
Patrize *f* upper die; top die; punch
Patrone *f (Tintenstrahldrucker; Schmelzsicherung)* (Schmelz~, Sicherungs~) cartridge; *(Spannzange)* collet
Pause *f* pause, break, interval
Pedal *n* (Gas~, Kupplungs~) pedal
Pegel *m* (Bezugs~, Empfangs~, Niederfrequenz~, Öl~, Übertragungs~) level
Pegelabgleich *m* level compensation
Pegelanpassung *f* level adaptation

Pegelmesser *m* level meter
Pegelsteuerung *f* level control
Peilantenne *f* direction finding aerial
Peilempfänger *m* directional receiver
peilen *v* take a bearing; *(Echolot)* sound
Peiler *m* direction finder
Peilfunk *m* directional radio
Peilung *f* (Funk~) direction finding
Peilungsrichtung *f* bearing direction
Peilwinkel *m* bearing angle
Pendel *n* pendulum; (Ketten~) pendant
Pendelbewegung *f* swinging motion
Pendelkarte *f* traveller
Pendelkugellager *n* self-aligning ball bearing
Pendellager *n* self-aligning bearing
pendeln *v* swing; sway; oscillate; reciprocate; float
Pendelrollenlager *n* self-aligning roller bearing
Pendelschlagversuch *m* pendulum impact test
Pendelschlagwerk *n* pendulum impact machine
Pendeltisch *m* reciprocating table
Pendelung *f* (Strom~, Winkel~) pulsation
Pendelverkehr *m* shuttle service
Pendelwerkzeug *n* floating tool
perforieren *v* perforate, punch
Periode *f (Elektrotechnik)* cycle
Periodendauer *f (Elektrotechnik)* period
Periodenzahl *f (Elektrotechnik)* number of cycles
Peripherie *f* periphery
Peripheriegeräte *npl* peripherals, peripheral equipment
Perle *f* bead
Personal *n* (Bedienungs~) personnel, (Bedienungs~) staff
Personalcomputer *m* personal computer, PC
Personenaufzug *m* (US) passenger elevator, (UK) passenger lift
Personenverkehr *m* passenger traffic
Petroleum *n (Erdöl)* crude oil, mineral oil, petroleum
Pfad *m* (Rückkopplungs~, Strom~) path
Pfahl *m* pile, pole
Pfahlgründung *f* pile foundation
Pfeil *m* arrow
Pfeiler *m* pier; pillar, (Beton~) column
Pfeilergründung *f* pier foundation
Pfeilrad *n* double helical gear
Pfeiltaste *f (PC)* arrow key
Pfeilverzahnung *f* herringbone teeth
Pfeilzahnstirnrad *n* herringbone-tooth spur gear
Pfeilzahnrad *n* herringbone gear
Pferdestärke *f* horsepower
Pfette *f* purlin
Pflege *f* attendance, maintenance, service
pflegen *v* attend to, maintain, service, look after; *(Software)* update
Pflichtenheft *n* specifications
Pfosten *m* post, pole, upright
Phase *f (Elektrotechnik)* (Hilfs~, Strom~) phase
Phasen~ (~abgleich, ~ausfall, ~ausgleich, ~demodulation, ~diagramm, ~entzerrer, ~faktor, ~fehler, ~folge, ~gang, ~hub, ~laufzeit, ~messer, ~modulation, ~nacheilung, ~rauschen,

~regler, ~spannung, ~strom, ~trennung, ~übergang, ~umformer, ~unterschied, ~vergleich, ~verschiebung, ~verzerrung, ~voreilung, ~wechsel, ~winkel) phase ~
phasenrichtig *adj* properly phased
phasenverschoben *adj* out of phase, phase-displaced
Phonzahl *f* noise level in phons
pH-Wert *m* pH value
Physik *f* (Kern~) physics
physikalisch *adj* physical
Physiker *m* physicist
physiologisch unbedenklich *adj* biocompatible, ecologically beneficial
physisch *adj* physical
Pickel *m* pick
piezoelektrisch *adj* piezoelectric
piezoelektrischer Effekt *m* piezoelectric effect
Pigment *n* pigment
pigmentieren *v* pigment
Piktogramm *n* pictogram
Pilgerschrittschweißung *f* step-back welding
Pilotsignal *n* pilot signal
Pilzdruckknopf *m* mushroom button
Pinole *f* (Spindel~) quill, (Reitstock~) center sleeve
Pinsel *m* brush
Pistole *f* (Druckluft~, Schweiß~) gun, (Druckluft~) pistol
Pixel *n* pixel, picture element
plan *adj* plane; flat; level
Plan *m* (Arbeits~) plan; project; layout
plandrehen *v* face, surface
planen *v* plan; project; schedule
Planetengetriebe *n* planetary gearing
Planetenrad *n* planet gear, planet wheel
Planetenrührwerk *n* planetary mixer
Planfräser *m* face-milling cutter
planieren *v* level, plane; smooth
Planierraupe *f* caterpillar; bulldozer
Planscheibe *f (Drehbank)* (Reitstock~) faceplate
Planspiel *n* management game
Planung *f* (Fertigungs~, Produktions~) planning
Planungsstadium *n* planning stage
Plasma *n* (Lichtbogen~) plasma
plastische Verformung *f* plastic deformation
plastisch-elastische Verformung *f* plasto-elastic deformation
Platin *n* platinum
Platine *f* board, card
Plättchen *n* (Kupfer~) wafer
Platte *f* (Anker~, Druck~, Führungs~, Gummi~, Kontakt~, Stahl~) plate; (Magnet~) disk; *(Bautechnik)* (Beton~, Fundament~) slab; board; panel
Plattenspeicher *m* disk storage
Plattform *f* platform
plattieren *v* clad
Plattierung *f* (Kupfer~, Nickel~) cladding
Platz *m* (Bau~) site
Platzbedarf *m* space required
platzsparend *adj* space-saving, room-saving
Pleuel *m* (US) pitman, (UK) connecting rod
Pleuellager *n* connecting-rod bearing, big-end bearing

Pleuelstange *f* connecting rod
Plombe *f* seal, lead seal
Plombendraht *m* sealing wire
plombieren *v* seal
Plotter *m* plotter
Pluspol *m* positive pole
pneumatisch *adj* pneumatic
pneumatisch betätigt *adj* pneumatically actuated
Podest *n* platform
Pol *m* (Feld~, Hilfs~, Magnet~) pole
Pol~ (~anker, ~anschluss, ~bogen, ~durchgang, ~kern, ~prüfer, ~schuh, ~stärke, ~stern, ~teilung, ~wechsler) pole ~
polarisieren *v* polarize
Polarität *f* polarity
polen *v* polarize, pole
Polier *m (Bau)* foreman
polieren *v* polish
Polierpaste *f* polishing paste
Polierscheibe *f* buffing wheel, polishing wheel
Politur *f* polish; bright finish; gloss
Polster *n* pad; (Gas~) cushion, (Gas~) planket
Polumkehr *f* pole reversal
polumschaltbarer Motor *m* pole-changing motor, two-speed motor
Polumschalter *m* pole-changing switch
Polumschaltung *f* pole changing
Polung *f* polarity, (Strom~) polarization
Polwechsel *m* polarity change
Polyester *m* polyester
Polyethylen *n* polyethylene, PE
Polymer *n* polymer
Polystyrol *n* polystyrene
Polyurethan *n* polyurethane
Polyvinylchlorid *n* polyvinyl chloride, PVC
Pore *f* pore; void
porenfrei *adj* non-porous
Porigkeit *f* porosity
porös *adj* porous
Porosität *f* porosity
Portal *n* portal; gantry
Portalkran *m* gantry crane
Porzellan *n* porcelain, China
Potentiometer *n* potentiometer
Potenz *f* power
Potenzial *n* (Kontakt~) potential
Potenzialausgleich *m* equipotential bonding
Potenzialgefälle *n* potential drop
Potenzialtrennung *f* electrical isolation
potenzieren *v* raise to a power, exponentiate
prägen *v* stamp; emboss; coin
Prallblech *n* baffle plate; deflector
Pratze *f* (Gleit~) claw, clamp
praxisnah *adj* practice-oriented, practice-orientated
Präzision *f* precision
Präzisions~ (~bearbeitung, ~einstellung, ~gewinde, ~instrument, ~messmaschine, ~werkzeug, ~zähler) precision ~
Preis-/Leistungsverhältnis *n* price/performance ratio
Prellbock *m* buffer stop
prellen *v* bounce
Prellen *n* (Anker~) bounce
prellfrei *adj* bounce-free

Prellung *f* (Kontakt~) bounce, bouncing, (Kontakt~) chatter
Presse *f* (Biege~, Exzenter~, Filter~, Kurbel~, Schmiede~, Tiefzieh~) press, power press, mechanical press; (Fett~) gun
pressen *v* press; compress; (US) mold, (UK) mould; squeeze
Pressenroboter *m* press robot
Pressform *f* stamping die; extrusion die; impression die
Presskarton *m* pressboard
Presskolben *m* press ram
Pressling *m* pressed part; stamping; die-stamping, die-pressed part
Pressluft *f* compressed air
Pressluft~ (~hammer, ~hebezeug, ~motor, ~rüttler, ~werkzeug) compressed-air ~, air ~
Presspappe *f* pressboard
Presspassung *f* interference fit
Pressschweißen *n* pressure welding
Presssitz *m* force fit
Pressstempel *m* extrusion die; ram
Pressteil *n* pressed part; die-formed part; stamping; compression-molded article
Pressung *f* pressure; compression
Presswerkzeug *n* press tool; compression tool
Primär~ (~anker, ~batterie, ~element, ~kreis, ~spannung, ~spule, ~strahlung, ~strom, ~stromkreis, ~weg, ~wicklung, ~zugriff) primary ~
Primzahl *f* prime number
Prinzip *f* **des gefahrlosen Ausfalls** *(Qualitätssicherung)* fail-safe
Prinzipschaltbild *n* schematic diagram, schematic
Prinzipskizze *f* schematic sketch
Priorität *f* priority
Prisma *n* prism; V-block; Vee-way
Prismenführungsbahn *f* V-guideway
Probe *f* test specimen, test piece, object under test, sample; test
Probeentnahme *f* sampling
Probekörper *m* test specimen, test piece
Probelauf *m* test run, trial run
Probestab *m* test bar
Produkt *n* (Abfall~, Verbrennungs~) product
Produktion *f* **auf Abruf** just-in-time production
Produktions~ (~betrieb, ~leistung, ~maschine, ~planung, ~serie, ~zelle) production ~
Produktionshalle *f* production bay
Profil *n* (Bezugs~, Gewinde~, Impuls~, Innen~) profile; (Axial~, Schienen~) section; form, shape
profilfräsen *v* profile-mill, form-mill
Profilfräser *m* form cutter, profile cutter
Profilfräsmaschine *f* contour miller
profilschleifen *v* form-grind, contour-grind
Profilschleifmaschine *f* contour grinder
Profilstahl *m* section steel, sectional steel
Profilteil *n* shaped part
Prognose *f* forecast
Programm *n (EDV)* (US, UK) (Steuer~) program; *(sonst)* (US) program, (UK) programme

Programm~ (~ablauf, ~archivierung, ~aufbau, ~ausführung, ~bibliothek, ~einstellung, ~korrektur, ~paket, ~schaltung, ~schleife, ~speicherung, ~steuerung, ~test, ~tester, ~verkettung, ~wähler) program ~

programmgesteuert *adj* program-controlled, under program control

programmieren *v* program

Programmierung *f* programming

Programmwiederholung *f* program re-run

Projekt *n* (Bau~) project

Projektierung *f* project planning

Projektionsapparat *m* projector

Projektor *m* projector

Protokoll *n (Prüfung)* record; (Abnahme~) certificate; protocol; log; minutes

Protokollebene *f* protocol level

Prototyp *m* prototype

provisorisch *adj* temporary

Prozedur *f* (Steuer~) procedure

Prozentsatz *m* **fehlerhafter Einheiten** *(Qualitätssicherung)* percent defective

Prozessfähigkeit *f* process capability

Prozessor *m* (Kommunikations~) processor

Prozessprüfung *f* process inspection

Prüf~ (~ablauf, ~anleitung, ~anordnung, ~anschluss, ~anweisung, ~ausrüstung, ~befund, ~bereich, ~bericht, ~bescheinigung, ~blatt, ~drehmoment, ~druck, ~durchlauf, ~einheit, ~einrichtung, ~ergebnis, ~feld, ~frequenz, ~gerät, ~kennzeichen, ~klemme, ~lampe, ~last, ~los, ~maschine, ~punkt, ~sonde, ~spannung, ~spitze, ~stab, ~stand, ~stecker, ~tafel, ~verfahren, ~vorrichtung, ~vorschrift, ~zone) test ~, testing ~

Prüfablauf *m* inspection and test sequence

Prüfablaufplan *m* inspection and test sequence plan, inspection schedule

Prüfanweisung *f* inspection instruction

Prüfaufsicht *f* inspection supervisor, inspector

Prüfbescheinigung *f* inspection certificate, test certificate

prüfen *v* test, examine, inspect, check, investigate; verify

Prüfer *m* (Isolations~, Pol~, Strom~) tester, (Gas~) analyzer

Prüfergebnisse *npl* test results, findings

Prüffeld *n* test room, test bay, test laboratory

Prüfgerät *n* (Farb~, Kabel~, Zahnrad~) tester

Prüfkopf *m* probe

Prüfling *m* device under test, part under test, unit under test

Prüflos *n* inspection lot

Prüfmaschine *f* (Universal~) testing machine

Prüfmerkmal *n* inspection characteristic

Prüfniveau *n* inspection level

Prüfort *m* place of inspection

Prüfplakette *f* inspection sticker

Prüfplan *m* inspection plan

Prüfplanung *f* inspection planning

Prüfpunkt *m* inspection point

Prüf-Sachverständiger *m* authorized inspector

Prüfschärfe *f* severity of test

Prüfspezifikation *f* inspection specification
Prüfstatus *m* inspection and test status
Prüfumfang *m* amount of inspection, scope of inspection
Prüfung *f* (Abnahme~, Belastungs~, Isolations~, Ultraschall~) test, (Ultraschall~) testing, examination, inspection, check, investigation; verification
Prüfung *f* **im Beisein des Kundenvertreters** witnessed test
Prüfungsprotokoll *n* examination record
Prüfzustand *m* inspection status
Puder *m* powder
Puffer *m* (Eingabe~, Gummi~) buffer; cushion
Puffer~ (~batterie, ~feder, ~hub, ~kontakt, ~lager, ~lösung, ~register, ~satz, ~speicher, ~überlauf, ~wirkung) buffer ~
pulsieren *v* pulsate
Pult *n* (Steuer~) desk, console
Pulver *n* (Aluminium~, Magnet~) powder
Pulverbeschichten *n* powder coating
Pumpe *f* (Absaug~, Einspritz~, Hilfs~, Hochdruck~, Kompressions~, Kraftstoff~, Kühl~, Kühlwasser~, Luft~, Niederdruck~, Öl~, Saug~, Turbo~, Wasser~, Zentrifugal~) pump
pumpen *v* pump
Pumpen~ (~aggregat, ~förderung, ~gehäuse, ~hub, ~kolben, ~kurbel, ~motor, ~satz, ~typ, ~ventil, ~zylinder) pump ~
Punkt *m* (Abzweig~, Bezugs~, Erdungs~, Mess~, Prüf~) point, (Abtast~, Licht~) spot
punktierte Linie *f* dotted line
Punktlast *f* concentrated load
Punktmatrix *f* dot matrix
punktschweißen *v* spot-weld
Punktschweißmaschine *f* spot welding machine
Punktschweißung *f* spot welding
Punktschweißzange *f* spot-welding tongs
Punktstrahllampe *f* spot lamp
Punktzahl *f* score
Pupinkabel *n* coil-loaded cable
Putzbaumwolle *f* waste cotton
putzen *v* clean; dress
Putzmittel *n* cleaning material
Putzwolle *f* cotton waste
Pyramide *f* (Diamant~) pyramid
Pyramidenhärte *f* (Diamant~) pyramid hardness

Q

Quadrant *m* quadrant
Quadrat *n* square
quadratisch *adj* square
Quadratwurzel *f* square root
Quadrophonie *f* quadrophony
Qualifikation *f* qualification
Qualifikationsforderung *f* qualification requirement
Qualifikationsnachweis *m* qualification records
Qualifizierung *f* qualification; skilling; training
Qualität *f* (Tiefzieh~) quality
qualitatives Merkmal *n* qualitative characteristic
Qualitäts~ (~audit, ~bewertung, ~kontrolle, ~lage, ~management, ~merkmal, ~regelkarte, ~sicherung, ~überwachung, ~ziel) quality ~
Qualitätsbeanstandung *f* non-conformance report
Qualitätseinbuße *f* impairment of quality
Qualitätsfähigkeit *f* **des Lieferanten** supplier's quality performance
Qualitätsminderung *f* degradation of quality
Qualitätsstahl *m* high-grade steel
Quantität *f* quantity
quantitatives Merkmal *n* quantitative characteristic
Quarz *m* quartz
Quarz~ (~filter, ~glas, ~gleichrichter, ~kristall, ~lampe, ~oszillator, ~röhre, ~schwinger, ~uhr) quartz ~
quarzgesteuert *adj* crystal-controlled
Quecksilber *n* mercury
Quecksilber~ (~bogen, ~dampf, ~faden, ~kontakt, ~lampe, ~legierung, ~röhre, ~säule, ~schaltröhre, ~thermometer) mercury ~
Quelle *f* (Bezugs~, Licht~, Radio~, Strahlungs~, Strom~) source
Quelldaten *plt* source data
quellen *v* swell; soak
quellfest *adj* swelling-resistant
quer *adj* cross; transverse
Querbalken *m* cross beam, transverse beam
Querbeanspruchung *f* transverse stress
Querbewegung *f* transverse motion, transverse travel
Querbiegeversuch *m* transverse bending test
Querformat *n* *(Drucker)* landscape format
Querkraft *f* transverse force
Querriegel *m* transom; cross beam, cross bar
Querschlitten *m* cross slide; saddle
Querschnitt *m* cross section
Querschnittsdarstellung *f* sectional drawing
Querschnittsfläche *f* cross-sectional area, sectional area
Querstab *m* cross bar
Querträger *m* cross girder, cross beam
querverstellbar *adj* transversely adjustable
Querverweis *m* cross-reference

Quervorschub *m* cross feed, transverse feed
quetschen *v* squeeze; crush, pinch
Quetschgefahr *f* risk of crushing
Quetschgrenze *f* compressive yield point, yield point
Quetschhülse *f* ferrule
Quetschkabelschuh *m* crimping cable lug
Quetschstelle *f* squeeze point
Quetschverbinder *m* crimp connector
Quetschzange *f* crimping tool
quittieren *v* acknowledge
Quittierung *f* acknowledgement
Quittungsbetrieb *m* handshaking
Quotient *m* quotient

Rad *n* (Antriebs~, Ketten~, Reib~, Wasser~) wheel; *(Zahnrad)* (Antriebs~, Spindel~) gear, toothed wheel

Radar *n* (Abtast~) radar (**ra**dio **d**etection **a**nd **r**anging)

Radar~ (~anlage, ~anzeige, ~aufklärung, ~ausrüstung, ~bedeckung, ~beobachtung, ~bild, ~bildschirm, ~echo, ~echolotung, ~gerät, ~horizont, ~lotung, ~messung, ~navigation, ~ortungsgerät, ~reichweite, ~schatten, ~schirm, ~störung, ~strahl, ~ziel) radar ~

radargesteuert *adj* radar-controlled

Räderkasten *m (Werkzeugmaschine)* (Vorschub~) gearbox

Radialbohrmaschine *f* radial drilling machine

Radialdichtring *m* radial seal

Radialflügelrad *n* radial vane wheel

Radialgebläse *n* centrifugal fan

Radialkugellager *n* radial ball bearing

Radial-Pendelkugellager *n* self-aligning ball bearing

Radial-Pendelrollenlager *n* self-aligning roller bearing

Radial-Rillenkugellager *n* deep-groove ball bearing

Radialschlag *m* eccentricity

Radialspiel *n* radial play, radial clearance

Radialventilator *m* radial fan, radial-flow fan

Radio *n (Funk)* radio, wireless; *(Rundfunk)* broadcasting

Radio~ (~apparat, ~empfänger, ~frequenz, ~gerät, ~horizont, ~kanal, ~quelle, ~sender, ~störung, ~technik, ~übertragung, ~welle) radio ~

radioaktiv *adj* radioactive

radioaktiver Abfall *m* radioactive waste, hot waste

radioaktiver Niederschlag *m* radioactive deposit

radioaktive Verseuchung *f* radioactive contamination

radioaktiver Zerfall *m* radioactive decay, radioactive disintegration

Radioaktivität *f* radioactivity

Radiocarbondatierung *f* radiocarbon dating

Radius *m* (Biege~) radius (*pl* radii)

radizieren *v* extract roots

Radkörper *m* gear body

Radkranz *m* gear rim; wheel rim

Radlast *f* wheel pressure

Radnabe *f* wheel hub, boss

Radom *n* radome

Radsatz *m* wheel set

Radstand *m* wheel base

Radsturz *m* camber

Raffinerie *f* refinery

raffinieren *v* refine

Rahmen *m* frame; framework; chassis; skeleton; sling

Ramme *f* pile driver; (Druckluft~) ram

Rand *m* edge; border; rim; periphery; margin

Rändel *n* knurl

Rändelmutter *f* knurled nut
rändeln *v* knurl
Rändelschalter *m* thumbwheel switch
Rändelscheibe *f* thumb wheel
Rändelschraube *f* knurled thumb screw
Rangordnung *f* ranking
Raste *f* catch; (Teil~) notch
Raster *m/n* raster; grating; screen; grid
Rasterdecke *f* louvered ceiling
Rastereinheit *f* raster unit
Rasterelektronenmikroskop *n* scanning electron microscope, SEM
Rastermaße *npl* grid dimensions
Rastschalter *m* maintained-contact switch
rationalisieren *v* streamline, rationalize
Ratsche *f* ratchet
Ratschenschraubendreher *m* ratchet screwdriver
Rattermarke *f* chatter mark
rattern *v* chatter
Raubkopie *f (Software)* pirated copy
Rauch *m* smoke; fume
Rauchabzug *m* flue
Rauchfang *m* smoke flue
Rauchgas *n* flue gas, smoke gas
Rauchglas *n* smoked glass
Rauchkanal *m* smoke duct, waste-gas flue
Rauchmelder *m* smoke detector
Rauch- und Brandmeldeanlage *f* smoke detection and fire alarm system
rau *adj* rough
Rauheitsprofil *n* roughness profile
Rauigkeit *f* (Oberflächen~) roughness
Raum *m* (Betriebs~, Innen~) room, (Verbrennungs~) space; (Resonanz~) cavity; (Gas~, Getriebe~) compartment; (Saug~) chamber; *(Inhalt)* volume
Raumbedarf *m* space occupied, space required
Raumbeleuchtung *f* room lighting
räumen *v* broach; clear, empty; *(Baustelle)* demobilize
Raumfahrzeug *n* space vehicle
Raumgeometrie *f* space geometry, solid geometry
Raumgewicht *n* weight by volume; volumetric weight
Räumhub *m* broaching stroke
Rauminhalt *m* volume; cubic capacity; volume capacity
Raumlast *f* room load
räumlich *adj* spatial; three-dimensional
Raumlufttechnik *f* ventilation and air conditioning
Räummaschine *f* (Universal~, Waagerecht~) broaching machine
Raummaß *n* volumetric measure, cubic measure
Räumnadel *f* broach
Räumschlitten *m* broach slide
Raumsonde *f* space probe
raumsparend *adj* space-saving
Raumtemperatur *f* room temperature
Raumtemperaturregler *m* thermostat
Räumwerkzeug *n* broaching tool
Rauschabstand *m* signal-to-noise ratio
Rauschanteil *m* noise component
rauscharm *adj* low-noise
Rauschen *n* (Eingangs~, Empfänger~, Funk~, Modulations~, Phasen~, Röhren~) noise

rauschfrei *adj* noiseless
Rauschgrenze *f* noise threshold
Rauschpegel *m* noise level
Rauschsignal *n* noise signal
Rauschunempfindlichkeit *f* noise immunity
Rauschverhalten *n* noise performance
Raute *f* lozenge, rhombus
rautenförmig *adj* diamond-shaped
Rautiefe *f* peak-to-valley height
reagieren *v* react, respond
Reaktion *f* (Kern~, Ketten~) reaction; response
reaktionsfähig *adj* reactive, responsive
Reaktor *m* (Kern~) reactor
Reaktordruckgefäß *n* reactor pressure vessel
Rechenzentrum *n* computing center, computer center
rechnen *v* calculate, compute, reckon
Rechner *m* calculator; (Analog~, Digital~, Kommunikations~) computer; *(PC)* personal computer; *(Großrechner)* mainframe
Rechner *m* **der dritten Generation** third-generation computer
rechnergeführt *adj* computer-based
rechnergesteuert *adj* computer-controlled
rechnergestützt *adj* computer-assisted, computer-aided
rechnerintegriert *adj* computer-integrated
Rechner-NC-Steuerung *f* computer numerical control, CNC
Rechteck *n* rectangle
rechteckig *adj* rectangular
Rechteckimpuls *m* square-wave pulse, rectangular pulse
rechts *adv* right, right-hand, right-handed; clockwise
Rechtsanschlag *m (z.B. Potentiometer)* fully clockwise position, full CW setting
rechtsbündig *adj* right-justified
Rechtsdrall *m* right-hand twist
rechtsdrehend *adj* rotating clockwise
Rechtsdrehung *f* right-hand rotation, clockwise rotation
Rechtsflanke *f* right-hand flank
Rechtsgewinde *n* right-hand thread
Rechtslauf *m* clockwise rotation
Rechtsschlag *m (Seil)* right-hand lay
Rechtsverkehr *m* right-hand traffic
Rechtswicklung *f* right-handed winding
rechtwinklig *adj* right-angled; *(rechteckig)* rectangular
Recycling *n* recycling
Reduktionsgetriebe *n* speed reduction gear, speed reducer, step-down gear
Redundanz *f* redundancy
Reduzierhülse *f* adapter sleeve, reduction sleeve, reducer
Reduzierstück *n* reducer
Reflektor *m* reflector
Regal *n* shelf (*pl* shelves); rack
Regalbediengerät *n* storage and retrieval unit for high-bay warehouse, rack serving unit, stacking machine, appliance with automatic caging
Regallager *n* high-bay store
regelbar *adj* adjustable; controllable; variable

regelbares Getriebe *n* variable-speed gear
regelbarer Kondensator *m* variable capacitor
Regelgerät *n* controller, control device
Regelgetriebe *n* variable-speed gear
Regelgröße *f* controlled variable
Regelkarte *f* (Qualitäts~) chart
Regelkreis *m* control circuit, automatic control loop
regellos *adj* random
regelmäßige Prüfung *f* periodic inspection
Regelmotor *m* variable-speed motor
regeln *v* control, control automatically, regulate; vary; govern
Regelung *f* automatic control, closed-loop control, adjustment; (Drehzahl~, Frequenz~) regulation; (Druck~, Frequenz~, Kaskaden~, Rückkopplungs~, Vorschub~) control; (Differential~) action control
Regelungssystem *n* feedback control system
Regelungstechnik *f* automatic control technology, control engineering
Regelventil *n* regulating valve, (Druck~) control valve
regenerierbar *adj* renewable
Register *n* (Puffer~, Steuer~) register
Regler *m* (Brems~, Differential~, Strom~, Temperatur~) controller; (Drehzahl~, Druck~, Feld~, Frequenz~, Induktions~, Strom~) regulator, (Drehzahl~, Fliehkraft~, Turbinen~, Zentrifugal~) governor; *(Wärme)* thermostat; *(Phasenschieber)* (Phasen~) shifter
Reglerfreigabe *f* controller enable
Reglersperre *f* controller inhibit
regulierbar *adj* adjustable, controllable
Reib~ (~antrieb, ~belag, ~kupplung, ~rad, ~scheibe, ~schluss, ~schweißen, ~trieb) friction ~
Reibahle *f* reamer
reiben *v* rub; ream
Reibradgetriebe *n* friction gearing, friction wheel drive
Reibschluss *m* frictional engagement
Reibung *f* (Gleit~, Leerlauf~, Oberflächen~) friction
Reibungs~ (~arbeit, ~ausgleich, ~ belag, ~bremse, ~drehmoment, ~kraft, ~kupplung, ~leistung, ~moment, ~schluss, ~verlust, ~wärme, ~wert, ~widerstand, ~winkel, ~zahl) friction ~
Reibungszahl *f* coefficient of friction
Reibwert *m* coefficient of friction
Reichweite *f* (Radar~, Sende~, Übertragungs~) range, reach; coverage
Reifen *m* (Ersatz~) (US) tire, (UK) tyre
Reihe *f* row; tier; *(Mathematik)* progression; (Impuls~) series
Reihen~ (~kondensator, ~kreis, ~schaltung, ~spannung, ~widerstand) series ~
Reihenbohrmaschine *f* gang drilling machine
Reihenmotor *m* *(Kfz)* in-line engine; *(Elektrotechnik)* series-wound motor
Reihenschlussmotor *m* series-wound motor
rein *adj* pure, clean
rein digital *adj* all digital

reinigen *v* clean, cleanse; purify; purge
Reinigung *f* (Kessel~, Ultraschall~) cleaning, cleansing; washing; purification
Reinigungsöffnung *f* cleaning opening, servicing opening
Reinluft *f* filtered air
Reinraum *m* clean room
Reise *f* (Hochofen~, Ofen~) campaign
Reisegeschwindigkeit *f* cruising speed
Reitstock *m (Drehbank)* tailstock
Reitstock~ (~führung, ~körner, ~kurbel, ~pinole, ~planscheibe, ~spindel, ~untersatz) tailstock ~
Relais *n* (Empfänger~, Induktions~, Resonanz~, Sende~, Sicherheits~, Steuer~, Strom~, Überstrom~) relay
Relais~ (~klemme, ~kontakt, ~satellit, ~satz, ~spule, ~station, ~steuerung, ~übertragung, ~ventil, ~wicklung) relay ~
Relaisauslösepunkt *m* relay trip point
relative Luftfeuchtigkeit *f* relative humidity
Reparatur *f* repair, overhaul
Reparaturbetrieb *m* repair shop
reparieren *v* repair, overhaul; mend
Reserve *f* (Energie~) reserve; spare; stand-by; back-up
Reservebatterie *f* spare battery
Reservebetrieb *m* back-up mode, stand-by mode
Reserveprozessor *m* standby processor
Reserverad *n* spare wheel
Reservetank *m* reserve tank
Resonanz *f* (Amplituden~) resonance
Resonanz~ (~absorption, ~anordnung, ~bereich, ~effekt, ~erregung, ~feld, ~frequenz, ~kreis, ~linie, ~potenzial, ~raum, ~relais, ~schaltung, ~schwingung, ~spannung, ~strahlung, ~transformator, ~verstärker, ~widerstand) resonance ~, resonant ~
Ressourcen *fpl* resources
Rest *m* rest, remainder; *(Rückstand)* residue
Rest~ (~entladung, ~emission, ~fehler, ~feuchtigkeit, ~hub, ~ladung, ~magnetfeld, ~magnetismus, ~menge, ~signal, ~spannung; ~strom, ~wert) residual ~
restlich *adj* residual
retuschieren *v* retouch
Revision *f* revision; inspection service; audit
Revolver~ (~automat, ~bohrmaschine, ~drehmaschine, ~kopierdrehmaschine, ~schlitten) turret ~
Revolverdrehmaschine *f* (Waagerecht~) turret lathe
Revolverkopf *m (Werkzeugmaschine)* turret, (Werkzeug~) turret head
Richtantenne *f* (US) directional antenna, (UK) directional aerial
richten *v* straighten; *(Funk)* direct
Richtfunk *m* directional radio
Richtfunkstrecke *f* radio link
Richtigkeit *f (Qualitätssicherung)* trueness
Richtlinie *f* code, directive, guideline
Richtmaschine *f* straightening machine
Richtpresse *f* straightening press

Richtung *f* (Koordinaten~, Vorschub~) direction; (Abtast~) track direction
Richtungsumkehr *f* (Strom~) reversal
Richtwert *m* *(Qualitätssicherung)* standard value; recommended value, guide value, guidance value
Riefe *f* score
Riegel *m* bolt, latch, locking bolt
Riegelbolzen *m* locking bolt
Riemen *m* (Antriebs~, Gummi~) belt
Riemen~ (~antrieb, ~ausrücker, ~fett, ~haftung, ~rutsch, ~scheibe, ~schlupf, ~schutz, ~spanner, ~spannrolle, ~spannung, ~spannvorrichtung, ~trieb, ~verbinder, ~zug) belt ~
Riementrum *n* strand of a belt, end of belt
Riemenvorgelege *n* countershaft
Riemenvorspannung *f* initial belt tension
Riffelblech *n* checkered sheet
Riffelverzahnung *f* serration
Riffelwalze *f* fluted roller
Rille *f* (Gewinde~) groove
Rillenabstand *m* groove pitch
Rillenkugellager *n* deep-groove ball bearing
Rillenprofil *n* groove profile
Rillenscheibe *f* grooved pulley
Rillenteilung *f* groove pitch
Rillenwinkel *m* groove angle
Ring *m* (Dicht~, Gummi~, Kegel~, Kolben~, Kontakt~, Nocken~) ring; (Feder~) washer, (Feder~) lock washer; (Draht~) coil; *(Walze)* (Einstell~, Führungs~) collar
ringförmig *adj* ring-shaped, annular
Ringkolben *m* annular piston; tubular plunger
Ringmutter *f* lifting eye nut
Ringöse *f* eyelet
Ringschlüssel *m* box spanner, box wrench
Ringschraube *f* lifting eye bolt
Ringsicherung *f* circlip
Rinne *f* trough; gutter; (Abfluss~, Ablauf~) spout
Rippe *f* *(innen)* rib; *(außen)* fin
Rippenabstand *m* fin spacing
Rippenrohr *n* finned tube
Riss *m* (Abschreck~, Biege~, Innen~, Oberflächen~, Schmiede~, Wärme~) crack; fissure; *(Zeichnung)* sectional drawing
Rissarrestwerte *mpl* crack arrest values
Rissbildung *f* cracking
Rissdetektor *m* crack detector
Rissfestigkeit *f* resistance to cracking
Rissfortpflanzungsgeschwindigkeit *f* crack growth rate, crack propagation rate
Risshärteprüfung *f* scratch hardness test
Risslängenverhältnis *n* crack-to-fracture-length ratio
Rissstoppwerte *mpl* crack arrest values
Risswachstum *n* crack growth
Risszone *f* cracked zone
Ritz *m* scratch
Ritzel *n* (Antriebs~) pinion
Ritzelwelle *f* pinion shaft
Ritzhärte *f* scoring hardness
Ritzversuch *m* scratch test
Roaming *n* *(Mobilfunk)* roaming
Roboter *m* (Schweiß~) robot

Roboterantrieb *m* robot drive
Roboterprogrammierung *f* robot programming
Robotertechnik *f* robotics
robust *adj* robust, rugged, sturdy
Rockwellhärte *f* Rockwell hardness
Rockwell-Härtenummer *f* Rockwell hardness number
Rockwellhärteprüfung *f* Rockwell hardness test
roh *adj* raw; rough; crude; *(unbearbeitet)* unmachined, unfinished; *(unverarbeitet)* unconditioned; *(unbehandelt)* untreated
Rohbau *m* structure
Roheisen *n* pig iron
Rohling *m* (Schmiede~, Zahnrad~) blank
Rohmaterial *n* raw material
Rohöl *n* crude oil, petroleum
Rohr *n* (Abfluss~, Abgas~, Ablauf~, Druck~, Gas~, Heiz~, Hochdruck~, Kühlwasser~, Saug~, Stahl~, Überhitzer~, Ventil~) pipe; (Aluminium~, Gas~, Heiz~, Kessel~, Kraftstoff~, Kupfer~, Messing~, Stahl~, Ventil~) tube
Rohr~ (~abzweigung, ~anschluss, ~bogen, ~bruch, ~flansch, ~formstück, ~gewinde, ~krümmer, ~leitung, ~muffe, ~schelle, ~schlange, ~schraubenschlüssel, ~schraubstock, ~strang, ~ventil, ~verbindung, ~zange) pipe ~
Rohrbruchsicherung *f* rupture valve, pipe rupture valve, hydraulic rupture valve
Röhre *f* (Elektronen~, Gleichrichter~, Niederfrequenz~, Quarz~, Quecksilber~) (US) tube, (UK) valve
Röhren~ (~empfang, ~empfänger, ~fassung, ~frequenz, ~fuß, ~gleichrichter, ~lampe, ~rauschen, ~sicherung, ~spannung, ~strom, ~verstärker, ~widerstand) tube ~
röhrenförmig *adj* tubular
Rohrknie *n* elbow
Rohrkolben *m* hollow piston, tubular piston
Rohrniet *m/n* tubular rivet
Rohrschweißung *f* tube welding
Rohrverschraubung *f* screw union; screwed pipe joint
Rohrwelle *f* tubular shaft
Rohstoff *m* raw material
Rohstoffe *mpl (Bodenschätze)* resources
Rollbahn *f (Wälzlager)* raceway
Rolle *f* (Führungs~, Ketten~, Seil~) pulley; sheave; (Kontakt~, Last~) roller; (Kabel~) reel; idler; *(Laufrolle)* castor
Rollen~ (~förderer, ~führung, ~hebel, ~käfig, ~kette, ~kettengetriebe, ~kettenrad, ~lager) roller ~
Rollenprüfstand *m* roller-type test stand
Rollenschalter *m* roller-type switch
Rollenstromabnehmer *m* trolley wheel
Rollenträger *m* pulley carrier
Rollladen *m* roller shutter
Rollreibung *f* rolling friction
Rollstuhl *m* wheelchair
Rollstuhlfahrer *mpl* persons in wheelchairs
Rolltreppe *f* escalator
röntgen *v* X-ray, radiograph
Röntgenaufnahme *f* X-ray radiograph
Röntgenbild *n* radiograph

Röntgenfeinstrukturuntersuchung *f* microstructure X-ray examination
Röntgengerät *n* X-ray unit, X-ray apparatus
Röntgengrobstrukturuntersuchung *f* macrostructure X-ray test
Röntgenprüfung *f* X-ray examination, X-ray testing
Röntgenstrahl *m* X-ray
Röntgenstrahlung *f* X-ray radiation
Röntgenuntersuchung *f* X-ray examination, radiographic inspection
Rost *m* rust; (Kessel~) grate; grille; grid; *(Gitterrost)* grating
Rostangriff *m* corrosive action, corrosive attack
rostbeständig *adj* rust-resistant
rosten *v* rust, corrode
Rostentferner *m* rust remover
Rostfraß *m* corrosion
rostfreier Stahl *m* stainless steel
Rostlösemittel *n* rust remover
Rostnarbe *f* corrosion pit
Rostschutz *m* rust protection
Rostschutzfarbe *f* rust protection paint
Rostschutzmittel *n* rust inhibitor
rostsicher *adj* rust-resistant
Rotation *f* rotation; revolution
Rotglut *f* red heat
Rotgluthärte *f* red-hardness
Rotor *m (Elektrotechnik)* rotor
routinemäßig *adj* routine; *adv* routinely
Rubin *m* ruby
Ruck *m* jerk
Rückansicht *f* rear view
Rückdruck *m* back-pressure
ruckendes Gleiten *n* stick-slip
Rückfluss *m* return flow
ruckfrei *adj* smooth, jerk-free
Rückführung *f* recycling; (Abgas~) recirculation; feedback; return
rückgängig machen *v (PC)* undo; cancel
rückgewinnen *v* recover, reclaim
Rückgewinnung *f* recovery, reclamation
Rückhub *m* return stroke, backstroke
Rückkopplung *f* (Strom~) feedback
Rückkopplungs~ (~kondensator, ~kreis, ~pfad, ~regelung, ~schaltung, ~schleife, ~spule, ~system, ~transformator, ~verstärker, ~wert, ~wicklung) feedback ~
Rücklauf *m* return, return movement; recirculation
Rücklaufrohr *n* return pipe
Rückleiter *m* return conductor
Rückleitung *f* return line; return pipe
Rückmeldesignal *n* check-back signal, answer-back signal
Rückmeldung *f* feedback; check-back signal
rückpolen *v* restore polarity
Rückruf *m* callback, ringback
Rückschlagventil *n* non-return valve, check valve
rücksetzen *v* reset
Rückspeisung *f* (Energie~) recovery
rückspringend *adj* recessed
Rücksprunghärte *f* rebound hardness
Rückstellfeder *f* return spring
Rückstellkraft *f* restoring force
Rückverfolgbarkeit *f* traceability
Rückwand *f* rear wall, back wall

Rückwandecho *n* back-wall echo, back echo
Rückwandplatine *f* backplane
ruckweise *adj* jerky; intermittent
Rückweisewahrscheinlichkeit *f* probability of rejection
Rückweisung *f* rejection
Rückwirkung *f* reaction
Ruf *m* (Funk~, Not~) call
rufen *v* call, ring, page
Rufmelder *m* (Not~) telephone
Ruhekontakt *m* break contact, normally-closed contact
ruhende Reibung *f* static friction
Ruhestellung *f* rest position, position at rest
ruhig *adj* silent; quiet; smooth
ruhiger Lauf *m* smooth running, smooth operation; silent running
Rührblatt *n* agitator blade
rühren *v* agitate, stir
Rührer *m* agitator
Rührwerk *n* stirrer, agitator
Rumpf *m* body; trunk; *(Schiff)* hull
rund *adj* round; circular; rounded
runden *v (Zahl)* round
Rundfeile *f* round file
Rundfräsen *n* circular milling
Rundfunk *m* broadcasting
Rundfunk~ (~empfänger, ~gerät, ~sender, ~spule, ~station, ~technik, ~übertragung, ~verstärker, ~welle) broadcasting ~, radio ~
Rundgang *m (Multimedia)* tour
Rundgewinde *n* round thread
Rundheit *f* roundness; concentricity
Rundheitsprüfung *f* concentricity test
Rundholz *n* log
Rundlauf *m* true running, concentric running, concentricity
Rundlaufabweichung *f* radial runout
rundlaufen *v* run true, run concentric; rotate; revolve
Rundlaufprüfung *f* concentricity test
rundschleifen *v* grind cylindrically
Rundschleifmaschine *f* cylindrical grinder, plain grinder
Rundsendung *f* broadcast
Rundskala *f* dial
Rundstab *m* round bar, rod
Rundstahl *m* round steel
Rundstange *f* rod, round bar
Rundteiltisch *m* circular indexing table
Rundtisch *m* circular table; rotary table
Rundtischfräsmaschine *f* rotary table miller
Rundtischschleifmaschine *f* rotary table grinder
Rundung *f* roundness
Ruß *m* soot
Rußzahl *f* soot number
rüsten *v* set up; tool
Rüstzeit *f* set-up time, setting-up time; tooling time
Rutsch *m* (Riemen~) slip
Rutsche *f* chute
rutschen *v* slip
rutschfest *adj* slip-proof, non-slip, non-skid, skid-proof, skid-resistant
Rutschgefahr *f* skidding risk, *(bei Nässe)* slipperiness when wet

Rutschkupplung *f* slip clutch; friction coupling
rutschsicher *adj* non-skid
Rüttelfestigkeit *f* vibration strength
rütteln *v* vibrate; rock, shake
Rüttler *m* (Beton~, Pressluft~) vibrator

S

sachbezogen *adj (Daten)* non-personal, non-sensitive
sachkundig *adj* competent, expert
Sachverständigenabnahme *f* acceptance by an authorized inspector
Sachverständigengutachen *n* expert opinion
Sachverständiger *m* expert
Sackloch *n* blind hole, pocket hole
Säge *f* (Band~, Diamant~, Ketten~) saw
Sägeautomat *m* automatic sawing machine
Sägeblatt *n* sawblade; *(Bandsäge)* band; *(Kreissäge)* web
Sägemaschine *f* machine saw, power saw
Sägemehl *n* saw dust
sägen *v* saw
Sägewerk *n* saw mill
Sägezahnkurve *f* saw-tooth curve
Saisonbereinigung *f (Statistik)* adjustment for seasonal variation
Salzbadhärtung *f* salt bath hardening
Salzsäure *f* hydrochloric acid
Sammelschiene *f* bus bar
Sandpapier *n* abrasive paper, sandpaper
sandschleifen *v* sand
Sandstrahlen *n* sandblast
Sandstrahlreinigung *f* sandblast cleaning
Sandstrahlroboter *m* sandblasting robot
Sanduhr *f (PC)* hour glass
Sanftanlauf *m* smooth start, soft start
Satellit *m* (Nachrichten~, Relais~) satellite
Satellitenschüssel *f* satellite dish
Satellitenstrecke *f* satellite link
satt anliegen *v* be tight-fitting, rest snugly against
Satteldach *n* saddle roof
sättigen *v* saturate
Sättigung *f* saturation
Satz *m* (Feder~, Kabel~, Kaskaden~, Puffer~, Pumpen~) set; (Kontakt~) bank; (Relais~) group; (Ventil~) block; gang; record; (Energie~) theorem
Satzfräser *m* gang milling cutter, gang cutter
sauer *adj* acid, sour
Sauerstoff *m* oxygen
Sauerstoffflasche *f* oxygen cylinder
Saug~ (~filter,~gebläse, ~höhe, ~hub, ~kolben, ~leitung, ~lüfter, ~pumpe, ~raum, ~rohr, ~seite, ~ventil) suction ~
saugfähig *adj* absorptive
Saugleitung *f* suction line, suction pipe; intake manifold
Saugventil *n* inlet valve
Saugzuglüfter *m* induced-draft fan
Säule *f* (Luft~, Niederdruck~, Quecksilber~) column, post, pillar, upright; (Gleichrichter~) stack
Saum *m* edge, border; fringe
säumen *v* edge, border
Säure *f* (Batterie~) acid
säurebeständig *adj* acid-proof, acid-resistant
Säuregehalt *m* acid content
saurer Regen *m* acid rain
Säurerückstand *m* residual acid
Säureschutzfett *n* anti-acid grease

Säurezahl *f* acid index, acid number, acid value
Scanner *m* scanner
schaben *v* scrape; shave
Schaber *m* scraper
Schablone *f* template; stencil; (Bohr~) jig; *(Tastatur)* keyboard overlay
Schablonensteuerung *f* template control
Schabrad *n (Zahnradherstellung)* rotary shave cutter
Schacht *m (Bergbau/Aufzug)* (Hochofen~) shaft; *(Aufzug, Brunnen)* well; *(Kanalisation)* manhole; (Kabel~) trench, (Kabel~, Turbinen~) pit
Schaden *m* (Isolations~) defect; (Brand~) damage; *(Transport)* damage in transit
schadhaft *adj* defective, faulty, flawed; damaged
schädlich *adj* harmful
Schadstoff *m* pollutant; toxic substance, noxious substance
schadstoffarm *adj (Kfz)* low-emission
Schadstoffausstoß *m* pollutant emission
Schaft *m* (Werkzeug~) shank; (Ventil~) stem; pole
Schaftdurchmesser *m* shank diameter
Schaftfräser *m* shank-type cutter, end milling cutter
Schaftschraube *f* headless screw
Schaftwerkzeug *n* shank tool
Schäkel *n* clevis; shackle
Schalbrett *n* shuttering board
Schale *f* dish, cup; *(Öl, Späne)* pan, tray; (Elektronen~, Lager~) shell; (Lager~) bush
Schalenbau *m* monocoque
Schälfräser *m* slab milling cutter
Schall *m* sound
Schallausbreitung *f* sound propagation
schalldämpfend *adj* sound-absorbing
Schalldämpfer *m* (Auspuff~) silencer, (US) muffler, (UK) exhaust silencer; sound absorber, sound attenuator, attenuator
Schalldämpfung *f* sound attenuation
Schalldruck *m* (Bezugs~) sound pressure
Schalldruckpegel *m* sound pressure level
Schallemission *f* sound emission
Schallleistung *f* (Bezugs~) sound power
Schallleistungspegel *m* sound power level
Schallpegel *m* sound level
Schallpegelmesser *m* sound-level meter
schallschluckend *adj* sound-absorbing, sound-deadening
Schaltalgebra *f* switching algebra, logic algebra, Boolean algebra
Schaltbild *n* diagram, circuit diagram
schalten *v* switch; control; shift; operate; change gears, shift gears
Schalter *m* (Abzweig~, Anlass~, Druck~, Erdungs~, Fliehkraft~, Hebel~, Hilfs~, Impuls~, Licht~, Not~, Schutz~, Sicherheits~, Sicherungs~, Stecker~, Steuer~, Transformatoren~, Umkehr~, Volllast~, Vorschub~, Zeit~, Zentrifugal~) switch
Schaltfläche *f (PC)* button, pushbutton
Schaltgeräte *npl (Elektrotechnik)* switchgear

Schaltgetriebe *n* speed change gears; control gear; control mechanism
Schalthäufigkeit *f* switching frequency
Schalthebel *m* (Sicherheits~, Teil~) control lever; gear-shift lever; change-speed lever
Schalthysterese *f* switching hysteresis
Schaltjahr *n* leap year
Schaltkasten *m* switchbox
Schaltkreis *m* circuit
Schaltkupplung *f* clutch
Schaltleistung *f* making and/or breaking capacity
Schaltnetzteil *n* switched-mode power supply
Schaltorgan *n* switching element
Schaltplan *m* circuit diagram, wiring diagram
Schaltpult *n* control desk, control panel, control console, control station
Schaltrelais *n* relay
Schaltröhre *f* (Quecksilber~) contact tube
Schaltschrank *m* switchgear cabinet, control cabinet
Schaltschütz *n* contactor
Schaltschwelle *f* operating point
Schaltspiel *n* operating cycle
Schaltstück *n* contact piece
Schalttafel *f* switchboard
Schalttransistor *m* switching transistor
Schaltung *f* (Analog~, Anlass~, Digital~, Gleichrichter~, Lade~, Mehrphasen~, Resonanz~, Sende~, Sieb~, Steuer~) circuit; (Nocken~, Rückkopplungs~) control; (Kaskaden~, Reihen~) connection; (Leerlauf~, Programm~) switching
Schaltungstechnik *f* circuit engineering
Schaltverhalten *n* switching performance
Schaltverstärker *m* switching amplifier
Schaltvorgang *m* switching operation
Schaltwarte *f* control room
Schaltwerk *n* (Nocken~) group, (Nocken~) switchgroup
Schaltzeichen *n* graphical symbol, wiring symbol
Schalung *f* formwork, (Gleit~) shuttering, boarding
Schamotte *f* refractory clay, fireclay
Schamottestein *m* fire-brick, fireclay brick
scharf *adj* sharp, defined
Schärfe *f* sharpness; definition
Scharfeinstellung *f* sharp setting; focusing
schärfen *v* sharpen
Scharnier *n* hinge
Schatten *m* (Radar~) shadow
Schattierung *f (PC, Druck)* shading
Schaubild *n* diagram, graph
Schaufel *f* shovel; (Turbinen~) blade
Schauglas *n* sight glass
schäumen *v* foam
Schaumgummi *m* foam rubber
Schaumstoff *m* foamed material, foamed plastic
Scheibe *f* (Brems~, Exzenter~, Kupplungs~, Nocken~, Reib~) (US) disk, (UK) disc; (Exzenter~) plate; *(Glas)* pane; (Antriebs~, Riemen~) pulley; (Antriebs~, Seil~) sheave; (Einstell~) dial; *(Schleifscheibe)* (Schmirgel~) wheel; *(Unterlegscheibe)* (Feder~)

washer; *(Dichtscheibe)* gasket; *(Distanzscheibe)* shim, spacer; *(Windschutzscheibe)* (US) windshield, (UK) windscreen

Scheibenbremse *f* disk brake

Scheibenfeder *f* Woodruff key

scheiden *v* separate

Scheinwerfer *m* searchlight, spotlight; *(Kfz)* headlight, headlamp

Scheitel *m* vertex; peak; crest

Scheitelpunkt *m* apex

Schellack *m* shellac

Schelle *f* (Kabel~, Rohr~) clip; (Kabel~) clamp

Schema *n* (Bohr~) diagram

Schenkel *m* leg; (Kurbel~) web

Scher~ (~beanspruchung, ~bolzen,~festigkeit, ~kraft, ~schwingung, ~spannung, ~stabilität, ~stelle, ~stift, ~versuch, ~wirkung) shear ~

Schere *f* scissors; (Hebel~) shears

scheren *v* shear, cut

scheuern *v (reiben)* chafe

Schicht *f* (Oberflächen~) layer; ply; (Schutz~) coat; film; *(Arbeit)* shift; *(Lage)* course

Schichtpressstoff *m* laminated plastic material

Schichtstoff *m* laminate, laminated material

Schichtstoffplatte *f* laminate sheet

Schichtträger *m* substrate

Schichtung *f* stratification

Schieber *m* valve, (Absperr~, Dampf~, Kolben~, Steuer~) slide

Schiebetür *f* sliding door

schief *adj* inclined; skew; sloping

schiefe Verteilung *f* skewed distribution

Schiene *f* (Eisenbahn~, Führungs~, Kontakt~, Kran~, Stahl~) rail; track; (Erdungs~, Stahl~) bar

Schienen~ (~profil, ~steg, ~stoß, ~strang, ~verlaschung, ~walzwerk) rail ~

Schienenlasche *f* fishplate

Schiffsarmatur *f* bulkhead light fitting

Schikane *f* baffle

Schild *m* (Schutz~) shield

Schirm *m* (Licht~) (Radar~) (US) shield, (UK) screen

Schlacke *f* (Hochofen~) slag, (Ofen~) cinder

Schlackeneinschlüsse *mpl* slag inclusions, slag traps

schlaff *adj* slack

Schlag *m* blow, impact; shock; (Seil~) lay

Schlagarbeit *f* impact energy, energy of blow

Schlagbeanspruchung *f* impact stress, impact load

Schlagbiegefestigkeit *f* impact bending strength

Schlagbiegeversuch *m* impact bending test

Schlagbohrer *m* percussion drill

Schlagdauerversuch *m* endurance impact test

schlagen *v* strike; knock

schlagfest *adj* impact-resistant, high-impact

Schlagfestigkeit *f* impact strength, impact resistance

Schlaghammerprüfung *f* high-impact shock test

Schlag-Knickversuch *m* impact buckling test
Schlagpendel *n* striking pendulum, impact pendulum
Schlagprüfmaschine *f* impact testing machine
Schlagtaster *m* panic button
Schlagversuch *m* impact test
Schlagzähigkeit *f* impact strength
Schlagzugversuch *m* notched-bar tensile test
Schlamm *m* (Öl~) sludge
Schlange *f (Klimatechnik)* (Dampf~, Heiz~, Kühl~, Rohr~, Überhitzer~) coil
schlanke Produktion *f* lean production
Schlankheitsgrad *m* slenderness ratio
Schlauch *m* (Druckluft~, Hochdruck~, Luft~) hose; (Gummi~, Luft~) tube, (Gummi~) tubing
Schlauchkupplung *f* hose coupling
Schlauchleitung *f* flexible tube
Schlauchschelle *f* hose clamp
Schlauchstutzen *m* tailpiece
Schlauchtülle *f* hose nipple, hose connector
Schlauchverschraubung *f* hose fitting
Schlaufe *f* loop
schlecht *adj* poor; negative; non-acceptable
Schleichdrehzahl *f* creeping speed, inching speed
Schleichgang *m* inching; creep, creeping
Schleichvorschub *m* inching feed
Schleifautomat *m* automatic grinder
Schleifband *n* abrasive belt
Schleife *f* (Erd~, Programm~, Rückkopplungs~, Strom~) loop
Schleifeinrichtung *f* grinding attachment
schleifen *v* grind; *(mit Schmirgel)* sand; abrade; *(schärfen)* sharpen; *(wetzen)* whet
Schleifen *n* (Band~, Diamant~, Spiral~) grinding
Schleifgrat *m* burr
Schleifmaschine *f* (Band~, Universal~, Werkzeug~, Zahnrad~) grinding machine, (Band~, Zahnrad~) grinder
Schleifmittel *n* abrasive
Schleifpaste *f* grinding compound
Schleifring *m (Elektrotechnik)* slip ring
Schleifring~ (~anker, ~läufer, ~spannung, ~strom) slip-ring ~
Schleifringläufermotor *m* slip-ring induction motor
Schleifroboter *m* grinding robot
Schleifscheibe *f* grinding wheel
Schleifschlamm *m* sludge, swarf
Schleifspuren *fpl* grit marks
Schleifstein *m* grindstone
Schleiftopf *m* cup wheel
Schleifwirkung *f* abrasive action
Schleuse *f* (Luft~) lock, lock gate
schlichten *v (spanlos)* smooth, dress; *(zerspanend)* finish, finish-machine
Schlichtgang *m* finishing cut
Schließbewegung *f* closing motion, closing travel
Schließdruck *m* closing pressure
Schließer *m (Kontakt)* make contact, normally-open contact
Schließkopf *m (Niet)* closing head

Schliff *m* grinding, grinding operation; grinding finish
Schlitten *m* (Bohr~, Revolver~, Stößel~, Vorschub~, Werkzeug~) slide; saddle; carriage; ram
Schlittenführung *f* carriage guideways, saddle slideways
Schlittenvorschub *m* carriage feed; headstock feed; saddle feed
Schlitz *m* (Schrauben~, Zeit~) slot, slit
schlitzen *v* groove; slot; slit
Schlitzfräser *m* slitting cutter, slotting cutter
Schlitzmutter *f* slotted nut
Schlitzsäge *f* slotting saw
Schlitzschraube *f* slotted-head screw
Schlitz- und Rundkerbprüfung *f* keyhole impact test
Schloss *n* (Magnet~, Sicherheits~) lock, *(Vorhängeschloss)* padlock; (Seil~) socket
Schlosser *m* locksmith; fitter
Schlosskasten *m (Werkzeugmaschine)* apron
Schlupf *m* (Riemen~, Seil~, Volllast~) slip, slippage
schlupffrei *adj* non-slip
Schluss *m* (Erd~) fault; (Reib~, Reibungs~) locking
Schlüssel *m* (US) wrench, (UK) spanner; key
Schlüsselbegriff *m* key word
schlüsselfertig *adj* turnkey
schlüsselfertiges Projekt *n* turnkey project
Schlüsselschalter *m* key switch, key-operated switch
Schlüsseltechnologie *f* key technology
Schmalbandrauschen *n* narrow-band noise
Schmalspurgleis *n* narrow-gage track
Schmelz~ *(Elektrotechnik)* (~einsatz, ~element, ~leiter, ~patrone, ~sicherung) fuse ~
Schmelzdrahtsicherung *f* wire fuse
Schmelze *f* melt; heat
schmelzen *v* melt; smelt; fuse
Schmelzgut *n* melting charge
Schmelzindex *m* melt flow index
Schmelzofen *m* (Erz~) smelting furnace
Schmelzpunkt *m* melting point; fusing point
Schmelzschweißung *f* fusion welding
Schmelztemperatur *f* melting temperature
Schmelztiegel *m* crucible
Schmied *m* blacksmith, smith
Schmiede~ (~fehler, ~gesenk, ~ofen, ~presse, ~riss, ~rohling, ~spannung, ~stahl) forging ~
schmieden *v* forge
Schmiedestahl *m* forged steel, *(mit hohem Kohlenstoffgehalt)* high-carbon steel
Schmiedestück *n* forging
Schmiedewerkstatt *f* forge; smith's shop, smithy
Schmierapparat *m* lubricator
schmieren *v* lubricate; *(Öl)* oil, *(Fett)* grease
Schmierfett *n* grease
Schmiermittel *n* lubricant

Schmiernippel *m* lubricating nipple
Schmiernut *f* oil groove
Schmieröl *n* lubricating oil
Schmierplan *m* lubrication chart
Schmierpresse *f* grease gun
Schmierpumpe *f* lubricating pump
Schmierstelle *f* lubrication point
Schmierstoff *m* lubricant
Schmiertechnik *f* lubrication technology
Schmierung *f* (Druck~, Fett~, Fliehkraft~, Getriebe~, Öl~) lubrication; *(Öl)* oiling, *(Fett)* greasing
Schmirgel~ (~leinwand, ~papier, ~scheibe, ~staub, ~stein) emery ~
schmirgeln *v* sand
Schmirgelschleifmaschine *f* sander
Schmutz *m* dirt
Schmutzabstreifer *m* dirt scraper
Schmutzfang *m* splash guard
schmutzig *adj* dirty
schnappen *v* snap, catch
Schnapper *m* catcher
Schnäpper *m* (Magnet~) catch
Schnappfeder *f* catch spring
Schnappverschluss *m* catch lock, snap lock
Schnecke *f* (Evolventen~) worm; screw
Schneckenförderer *m* worm conveyor, screw conveyor
Schneckenfräsautomat *f* automatic worm hobbing machine
Schneckengetriebe *n* worm gearing
Schneckenrad *n* worm gear, worm wheel
Schneckenradantrieb *m* worm wheel drive
Schneckenradgetriebe *n* worm gearing
Schneckenwälzfräser *m* worm generating hob
Schneckenzahnstange *f* worm rack
schneidbrennen *v* flame-cut
Schneidbrenner *m* cutting torch, flame cutter
Schneide *f* (Hartmetall~) cutting edge
Schneideinsatz *m* cutting insert
Schneideisen *n* die
schneiden *v* cut; *(Innengewinde)* tap; *(Außengewinde)* thread; *(kreuzen, sich schneiden)* intersect
Schneidflüssigkeit *f* cutting fluid
Schneidegeschwindigkeit *f* cutting speed
Schneider *m* (Draht~) cutter
Schneidkante *f* cutting edge
Schneidkluppe *f* die stock
Schneidmaschine *f* (Schrauben~) cutting machine
Schneidöl *n* cutting oil
Schneidschraube *f* self-tapping screw
Schneidspäne *mpl* cuttings
Schneidwerkzeug *n* cutting tool
schnell *adj* rapid; fast; quick; high-speed
Schnellantrieb *m* high-speed drive
Schnelldrucker *m* high-speed printer
schneller Brüter *m* fast breeder reactor
Schnellgang *m* overdrive; top gear; *(Maschinentisch)* rapid traverse; high-speed motion
Schnellschalter *m* quick-break switch
Schnellspannfutter *n* quick-action collet chuck
Schnellspannvorrichtung *f* quick-clamping device
Schnellstahl *m* high-speed steel, HSS

Schnellwechsel-Bohrfutter *n* quick-change drill chuck
Schnitt *m* (Fräs~, Schrupp~) cut, cutting; *(Zeichnung)* section
Schnittbewegung *f* cutting motion
Schnittbild *n* sectional view, section drawing
Schnittholz *n* timber, sawn timber
Schnitthub *m* cutting stroke
Schnittkraft *f* cutting thrust
Schnittleistung *f* cutting power
Schnittpunkt *m* intersection, point of intersection
Schnittstelle *f* (Kommunikations~, Leitungs~) interface
Schnittstellenprotokoll *n* interface protocol
Schnittstellenstruktur *f* interface structure
Schnittvorschub *m* cutting feed
Schnittzeichnung *f* sectional drawing
schnitzen *v* carve, cut
Schnur *f* (Dicht~) cord, flexible lead
schnurlos *adj* cordless
schonen *v* spare; protect; preserve; favour; hold off
Schönschrift *f (Drucker)* letter-quality print
Schotter *m* crushed stone, coarse gravel; *(für Gleisanlagen)* ballast
schraffieren *v* hatch, shade
schraffierte Fläche *f* hatched area, shaded area
schräg *adj* inclined; sloping; slanting
Schrägkugellager *n* angular-contact ball bearing
Schräglauf *m* skew
Schrägrollenlager *n* angular-contact roller bearing
Schrägschnitt *m* diagonal cut
Schrägstirnrad *n* helical spur gear, helical gear
Schrägverzahnung *f* helical teeth
Schrägzahnrad *n* helical gear, spiral gear, helical-tooth gear
Schrank *m* (Heiz~, Steuer~, Werkzeug~) cabinet
Schranke *f* (Eisenbahn~) gate; barrier
Schraubdeckel *m* screw cap
Schraube *f (ohne Mutter)* (Einstell~, Erdungs~, Kontakt~) screw, *(mit Mutter)* (Anker~, Fundament~) bolt; *(Schiff)* propeller; (Ablass~) plug
Schrauben~ (~gewinde, ~schlitz, ~schneidmaschine, ~verbindung, ~verschluss) screw ~
Schraubendreher *m* screwdriver
Schraubendrehereinsatz *m* screwdriver bit
Schraubenfeder *f* helical spring, coil spring
Schraubenlinie *f* helix (*pl* helices)
Schraubenlüfter *m* propeller fan
Schraubenschlüssel *m* (US) wrench, (UK) spanner; (Rohr~, Universal~) wrench
Schraubenzieher *m* screwdriver
Schraubklemme *f* screw terminal
Schraubkontakt *m* screwed contact
Schraubsicherung *f* screw-in-type fuse
Schraubstock *m* (Maschinen~, Rohr~) (US) vise, (UK) vice
Schraubzwinge *f* C-clamp
schreiben *v* write, record, print, type, plot

Schreiber *m* recording instrument, (Temperatur~) recorder
Schreibmarke *f* cursor
Schreibstift *m* stylus, pen
Schreiner *m* joiner
Schrift *f* (Patent~) specification
Schriftart *f* font
Schriftzeichen *n* character
Schritt *m* step; (Winkel~) increment
schrittweise *adj* step by step, gradual
Schrott *m* scrap; waste
schrumpfen *v* shrink; contract
Schrumpffolie *f* shrink film
Schrumpfpassung *f* shrink fit
Schrumpfriss *m* shrink crack
Schrumpfspannung *f* shrink stress, contraction strain
Schrumpfung *f* shrinkage; contraction
Schrumpfversuch *m* shrink test
Schrupp~ (~fräser, ~geschwindigkeit, ~leistung, ~maschine, ~schnitt, ~span, ~tiefe, ~vorschub, ~werkzeug) roughing ~
schruppen *v* rough, rough-machine
Schub *m* thrust
Schubstange *f* push rod
Schuh *m* (Brems~, Gleit~, Pol~) shoe; socket
Schulter *f* shoulder; collar
Schutt *m* debris, (Bau~) rubbish
Schüttelfestigkeit *f* vibration strength
schütteln *v* shake; agitate; vibrate
Schüttgewicht *n* bulkweight
Schüttgut *n* bulk material
Schutz *m* (Ketten~, Riemen~) guard; (Frequenz~, Isolations~) protection; safeguard; (Strahlungs~) shield
Schütz *n (Elektrotechnik)* (Brems~, Nocken~, Nockenwellen~, Steuer~, Umkehr~) contactor
Schutz~ (~anzug, ~brille, ~erde, ~haube, ~kleidung, ~kontakt, ~maßnahme, ~schalter, ~schicht, ~schild) protective ~
Schutzanstrich *m* (Feuer~) coat
Schutzanzug *m* protective clothing
Schutzart *f* degree of protection
Schutzbeschaltung *f* suppression circuit
Schutzbrille *f* goggles, safety goggles
schützen *v* protect; guard
Schutzgasschweißen *n* protective gas welding, shielded arc welding
Schutzgitter *n* grille; fence; guard
Schutzhaube *f* hood; guard; helmet; *(Lüfter)* fan hood
Schutzkontaktsteckdose *f* socket outlet with earthing contact
Schutzkontaktstecker *m* plug with earthing contact
Schutzkragen *m* shroud
Schutzrohr *n* (Kabel~) conduit
Schutzschalter *m* overload circuit breaker
Schutzwand *f* (Feuer~) wall
schwabbeln *v* buff
Schwabbelwerkzeug *n* buffing tool
Schwachstellenanalyse *f* weak-point analysis
Schwachstrom *m* weak current, low-voltage current
Schwachstromtechnik *f* communication engineering, signal engineering
Schwalbenschwanzführung *f* dovetail guide

Schwallwasser *n* splash water
Schwamm *m* sponge
schwanken *v* vary; fluctuate
Schwankung *f* (Belastungs~) variation; (Druck~, Frequenz~, Strom~, Temperatur~) fluctuation
Schwarzweiß-Bildschirm *m* monochrome monitor, monochrome screen
Schwarzweiß-Fernseher *m* black-and-white television
schwebend *adj* floating
Schwebstoff *m* aerosol
Schwefel *m* (US) sulfur, (UK) sulphur
Schweiß~ (~brenner, ~brille, ~draht, ~elektrode, ~maschine, ~naht, ~pistole, ~roboter, ~stab, ~tisch, ~zusatzwerkstoff) welding ~
Schweißautomat *m* automatic welding machine
Schweißdraht *m* filler rod
schweißen *v* weld
Schweißen *n* (Gas~, Induktions~, Lichtbogen~, Reib~) welding
Schweißer *m* welder
Schweißerkennzeichen *n* welder identification
Schweißerprüfung *f* welder qualification
Schweißer-Verzeichnis *n* welder qualification record
Schweißgutprobe *f* all-weld-metal test specimen
Schweißkonstruktion *f* welded construction
Schweißnahtriss *m* weld-metal crack
Schweißplan *m* welding procedure specification
Schweißprüfung *f* weld test
Schweißraupe *f* bead, run
Schweißriss *m* fusion-zone crack, weld crack
Schweißrissigkeitsprüfung *f* weld cracking test
Schweißschirm *m* handshield
Schweißstab *m* filler rod
Schweißstahl *m* wrought iron; *(Stahl in Schweißgüte)* steel suitable for welding
Schweißverbindung *f* welded joint
Schweißwurzel *f* root of the weld
Schweißzange *f* electrode holder
Schwelle *f* threshold; sill; (Eisenbahn~) (US) tie, (UK) sleeper
schwellennahe Messung *f* near-threshold measurement
Schwellenwert *m* threshold value, threshold limit value
schwenkbar *adj* swivelling; swinging, swing-out; hinged; *(kippbar)* tiltable; pivoted
schwenken *v* swing; swivel; tilt; pan
Schwenkpunkt *m* pivot
schwerer Fehler *m* fatal error
Schwerkraft *f* gravity
Schwermetall *n* heavy metal
schwimmen *v* swim; float; drift
Schwimmer *m* float
Schwimmerschalter *m* float switch
Schwimmerventil *n* float valve
schwinden *v* shrink; contract; fade
Schwindungsriss *m* shrinkage crack
Schwinge *f* (Kurbel~) arm
schwingen *v* vibrate, oscillate
Schwinger *m* (Quarz~) oscillator

Schwingung *f* oscillation; (Biege~, Resonanz~, Scher~, Ultraschall~) vibration; swing

schwingungsdämpfend *adj* vibration-damping

Schwingungsdämpfer *m* vibration damper; shock absorber; anti-vibration pad

Schwingungserreger *m* exciter

Schwingungserregung *f* vibration excitation

schwingungsfreie Befestigung *adj* anti-vibration mounting

Schwingungsgeschwindigkeit *f* velocity of vibration

Schwingverhalten *n* vibration response

Schwitzwasser *n* condensation water

Schwund *m* shrinkage; contraction; fading

Schwundminderer *m* anti-fading device

Schwungkraft *f* centrifugal force

Schwungrad *n* flywheel

Schwungscheibe *f* flywheel

Sechseck *n* hexagon

sechseckig *adj* hexagonal

Sechskantmutter *f* hexagon nut

Sechskantschraube *f* hexagon head screw

Sechskantsteckschlüssel *m* hexagon socket wrench

Seegerring *m* circlip

Seele *f* (Kabel~) core

Segment *n* (Magnet~, Nocken~) segment

Sehfeld *n* field of view

Sehne *f* chord

Sehwinkel *m* angle of vision

Seigerung *f* segregation

Seil *n* (Draht~, Kabel~, Kran~, Kupfer~) rope

Seil~ (~antrieb, ~aufhängung, ~führungsrolle, ~haspel, ~klemme, ~rolle, ~scheibe, ~schlag, ~schloss, ~schlupf, ~spannung, ~strang, ~trieb, ~trommel, ~winde, ~zug) rope ~

Seilantrieb *m* traction drive

Seilkausche *f* thimble

Seilrolle *f* (Draht~) rope sheave, pulley

Seiltrieb *m* (Draht~) rope drive, traction drive

Seite *f* (Saug~) side, (Abtriebs~, Antriebs~, Beschickungs~, Druck~, Empfänger~, Empfangs~, Sende~, Turbinen~) end

Seitenansicht *f* side view

Seitenriss *m* side elevation

Seitenschlag *m* radial run-out

Seitenschneider *m* side cutter, side cutting pliers

seitenverkehrt *adj* inverse

Seitigkeit *f* lateral preference

seitlich *adj* lateral; *adv* sideways

Sekundär~ (~element, ~emission, ~kreis, ~spannung, ~strahlung, ~strom, ~wicklung) secondary ~

Sekunde *f* (Winkel~) second

selbstklebend *adj* pressure-sensitive, self-adhesive

Selbstmordschaltung *f* suicide control

Selbstprüfung *f* self-test; operator inspection, operator control

selbstschmierend *adj* self-lubricating

selbsttätig *adj* automatic

selbsttragend *adj* self-supporting

selektive Prüfung *f* screening inspection, screening test
Sende~ (~bereich, ~filter, ~frequenz, ~kanal, ~kreis, ~leistung, ~reichweite, ~relais, ~seite, ~schaltung, ~station, ~verstärker, ~welle) transmission ~, transmitting ~
Sende-/Empfangs-Gerät *n* transceiver
senden *v* transmit
Sender *m* (Funk~, Hochfrequenz~, Impuls~, Kurzwellen~, Mikrofon~, Radio~, Rundfunk~, Ultraschall~) transmitter; broadcasting station; (Fernseh~) station
Sendung *f* (Funk~) transmission
Senkblei *n* plumb bob
Senke *f* depression; (Strom~, Wärme~) sink
senken *v* lower; descend; countersink
Senklot *n* plumb bob, plummet
Senkmutter *f* countersunk nut
Senkrechtbewegung *f* vertical motion, vertical travel
Senkrechtfräsmaschine *f* vertical spindle miller
Senkrechtschleifmaschine *f* vertical spindle grinder
senkrecht verstellen *v* adjust vertically
Senkrechtverstellung *f* vertical adjustment
Senkrechtvorschub *m* vertical feed
Senkrechtzustellung *f* vertical infeed
Senkschraube *f* countersunk bolt; countersunk screw
Sensor *m* (Ultraschall~) sensor
Sensortableau *n* touch panel
Sensortaste *f* touch control, touch control button
Serie *f* (Produktions~) series; batch, lot
Serienbau *m* series production
Serienschaltung *f* series connection
Server *m (Internet)* server
Servicetechniker *m* field engineer
Servobremse *f* servo brake, power brake
Servosteuerung *f* servo control
Servoventil *n* servo valve
Setzkopf *m (Niet)* die head, set head
Setzriss *m* settlement crack
Sheddach *n* saw-tooth roof
Shore-Härte *f* Shore hardness
Sicherheit *f* (Betriebs~) safety; security; reliability; dependability
Sicherheits~ (~auslöser, ~beauftragter, ~faktor, ~glas, ~gurt, ~ingenieur, ~koeffizient, ~kupplung, ~kurve, ~maßnahme, ~norm, ~organ, ~relais, ~schalter, ~schalthebel, ~schloss, ~ventil, ~vorschub) safety ~
Sicherheitsgurt *m* body belt; *(Kfz)* seat belt
sicherheitsrelevant *adj* relevant to safety
sicherheitstechnische Anforderungen *fpl* safety requirements
sicherheitstechnische Software *f* dependability system software
sicherheitstechnisch wichtige Gegenstände *mpl* items important to safety
sichern *v* secure; lock; safeguard; immobilize; *(Daten, Programme)* save, back-up
Sicherung *f* securing, locking; *(Elektrotechnik)* (Ersatz~, Niederspannungs~, Röhren~, Schmelz~, Stecker~) fuse;

(Daten) saving, back-up; (Qualitäts~) assurance

Sicherung *f* **einer Qualität je Los** lot quality protection

Sicherungs~ *(Elektrotechnik)* (~dose, ~draht, ~einsatz, ~halter, ~kammer, ~kasten, ~patrone, ~schalter, ~tafel) fuse ~

Sicherungsautomat *m* automatic cut-out

Sicherungsblech *n* tab washer

Sicherungsdatei *f* back-up file

Sicherungsfeder *f* retaining spring

Sicherungskopie *f* back-up copy

Sicherungslack *m* locking paint

Sicherungslaufwerk *n* back-up drive

Sicherungsmutter *f* lock nut

Sicherungsring *m* retaining ring, snap ring, circlip

Sicherungsscheibe *f* locking washer

Sicherungssoftware *f* dependability software

Sicherungsstift *m* locking pin

sichtbar *adj* visible, visual

Sichtbehinderung *f* visual obstruction

Sichtbeton *m* exposed concrete

Sichtflächen *fpl* exposed surfaces

Sichtkontrolle *f* visual inspection

Sichtprüfung *f* visual inspection, visual examination

Sichtweite *f* visual range

Sicke *f* bead

sicken *v* bead

Sickenmaschine *f* beading machine

sickern *v* seep, percolate, trickle; leak

Sickerwasser *n* seepage water

Sieb *n* strainer; sieve; screen; (Kühl~) filter

Sieb~ *(Elektrotechnik)* (~drossel, ~kondensator, ~kreis, ~schaltung, ~spule) filter ~

sieben *v* screen; sieve; filter

Siebensegmentanzeige *f* seven-segment display

Siebung *f* screening; filtering

sieden *v* boil

Siedehitze *f* boiling heat

Siedekurve *f* boiling-point curve

Siedepunkt *m* boiling point

SI-Einheit *f* SI unit

Siemens-Martin-Stahl *m* open-hearth steel

Siemens-Martin-Verfahren *n* open-hearth process

Signal *n* (Analog~, Bezugs~, Binär~, Funk~, Impuls~, Mess~, Nachrichten~, Rest~, Steuer~) signal

Signal-Geräusch-Abstand *m* signal-to-noise ratio

Signalhorn *n* horn, alarm horn

Signalisierung *f* (Impuls~) signalling

Signallaufzeit *f* signal propagation time

Signalleuchte *f* indicator lamp

Signal-Nebensprechverhältnis *n* signal-to-crosstalk ratio

Signalpegel *m* signal level

Signal-Rauschabstand *m* signal-to-noise ratio, S/N ratio

Signal-Störleistungsverhältnis *n* signal-to-interference ratio, S/I ratio

Signalsummer *m* buzzer

Signalumsetzer *m* signal converter

Signalverstärker *m* signal amplifier

Signalwandler *m* signal transformer

Signifikanz *f* significance
Silikat *n* silicate
Silikon *n* silicone
Silikonfett *n* silicone grease
Silikonpaste *f* silicone paste
Silizium *n* silicon
Siliziumgleichrichter *m* silicon rectifier
Siliziumplättchen *n* silicon chip, silicon wafer
Siliziumtransistor *m* silicon transistor
Silo *n* silo, storage bin, bunker
Simmerring *m* oil-seal ring
Simplexbetrieb *m* simplex operation
Simulation *f* simulation
Simultanbetrieb *m* simultaneous operation
Sinterhartmetall *n* sintered carbide metal
Sintermetall *n* sintered-powder metal
sinusförmig *adj* sinusoidal, sine-wave
sinusförmige Kennlinie *f* sinusoidal characteristic
Sinusgenerator *m* sine-wave generator
Sinusgröße *f* sinusoidal quantity
Sinuskurve *f* sine curve
Sinusschwingung *f* sinusoidal oscillation, sine-wave oscillation
Sinusverlauf *m* sinusoidal response
Sitz *m* (Lager~, Ventil~) seat; (Gleit~, Kegel~) fit
Skala *f* (Einstell~, Farb~) scale
Skalenring *m* graduated collar
Skalenscheibe *f* graduated dial
Skalenstrich *m* graduation line
Skalenteil *m* division
skalieren *v* graduate; scale
Skelettbau *m* (Stahl~) skeleton structure
Skizze *f* sketch; draft
skizzieren *v* draft; plot
Skleroskop *n* scleroscope, hardness fall tester
Sockel *m* (Fundament~, Maschinen~) base; pedestal; socket; plinth
Sockelleiste *f* skirting
Sockelschalter *m* socket switch
Softwareanbieter *m* software provider
Softwarepaket *n* software package
Software-Werkzeug *n* software tool
Sohle *f* sole; floor level; (Fundament~) base; bottom; (Beton~) floor
Sohlplatte *f* baseplate, bottom plate, bed plate
Solarenergie *f* solar energy
Sollbruchstelle *f* rupture point, pressure-relief point
Sollwert *m* desired value, scheduled value, nominal value
Sollzeit *f* allocated time
Sonde *f* (Prüf~) probe
Sondenspitze *f* probe tip
Sonderfreigabe *f (Qualitätssicherung) (für geprüfte Einheiten)* concession; *(vor der Realisierung von Einheiten)* deviation permit, production permit, waiver
Sonderzubehör *n* extras, special accessory, optional equipment, options
Sonnenbatterie *f* solar cell, solar battery
Sonnenenergie *f* solar energy
Sonnenkollektor *m* solar collector
Sonnenkraftwerk *n* solar power station
Sonnenrad *n* sun gear
Sorte *f* (Stahl~) grade
sortieren *v* sort; grade; classify

Sortierprüfung *f* screening inspection, screening test
Sortiment *n* assortment
Sound-Karte *f (PC)* sound card
Spachtel *f* spatula, stripping knife
Spachtelmasse *f* filler, plastic filler, knifing filler
Spalt *m* (Luft~) gap; crevice; fissure
spalten *v* split
Spaltprodukt *n* fission product
Spaltung *f* splitting; (Kern~) fission
Span *m (Metall)* (Schrupp~) chip; *(Holzbearbeitung)* shavings
Spanabfuhr *f* chip disposal, chip removal
spanabhebende Bearbeitung *f* cutting, machining, chip removal
spanabhebendes Werkzeug *n* cutting tool
Spanbrecher *m* chip breaker
Späneabfuhr *f* chip removal, chip disposal
spanen *v* machine, cut
Spänerutsche *f* chip chute
Spänewanne *f* chip pan
Spanleistung *f* cutting capacity, metal removing capacity
spanlose Bearbeitung *f* non-cutting
Spannbacke *f* gripping jaw, clamping jaw
Spannbeton *m* pre-stressed concrete
spannen *v* clamp, chuck; tension, tighten
Spannenmitte *f* mid-range
Spanner *m* (Ketten~, Riemen~) tightener
Spannfutter *n* chuck
Spanngewicht *n* compensator
Spannhebel *m* tensioning lever
Spannkeil *m* gripping wedge
Spannklaue *f* clamping jaw
Spannring *m* clamping ring
Spannrolle *f* (Riemen~) tension pulley, tension sheave, tensioning pulley
Spannschloss *n* turnbuckle, fixing lock
Spannschraube *f* tensioning bolt, tightening bolt, holding-down bolt
Spannung *f* (Abschreck~, Axial~, Bruch~, Innen~, Scher~) stress, (Schmiede~) strain; (Band~, Biege~, Feder~, Oberflächen~, Riemen~, Seil~) tension; *(Elektrotechnik)* (Antennen~, Arbeits~, Batterie~, Berührungs~, Betriebs~, Bezugs~, Entlade~, Erreger~, Hilfs~, Hochfrequenz~, Kontakt~, Lade~, Läufer~, Leerlauf~, Mess~, Modulations~, Netz~, Niederfrequenz~, Phasen~, Primär~, Prüf~, Reihen~, Resonanz~, Rest~, Röhren~, Schleifring~, Sekundär~, Steuer~, Transformatoren~, Übertragungs~, Versorgungs~, Volllast~) voltage
spannungführend *adj (Elektrotechnik)* live, hot
Spannungsabfall *m* voltage drop
Spannungsanzeiger *m* voltage indicator
Spannungs-Dehnungs-Kurve *f* stress-strain curve
Spannungs-Dehnungs-Schaubild *n* stress-strain diagram
spannungsfrei glühen *v* stress-relieve
spannungsgeregelter, frequenzgestellter Antrieb *m* variable-voltage, variable-frequency drive, VVVF drive
Spannungsintensitätsfaktor *m* stress intensity factor

spannungslos *adj (Elektrotechnik)* dead, de-energized
Spannungsmesser *m* voltmeter
Spannungsregler *m* voltage regulator
Spannungsriss *m* tension crack, stress crack, crack due to internal stress
Spannungsrissbildung *f* stress cracking
Spannungsspitze *f* voltage peak
Spannungssteller *m* voltage controller
Spannungsteiler *m* voltage divider
Spannungsverlust *m* voltage drop
Spannungswandler *m* voltage transformer
Spannungszwischenkreis *m* voltage link
Span-Nut *f* flute
Spannvorrichtung *f* clamping device, clamping fixture, work-holding fixture; tensioner, (Riemen~) tightener
Spannweite *f* span; *(Qualitätssicherung)* range
Spannweiten-Kontrollkarte *f (Qualitätssicherung)* range chart
Spannweitenmitte *f* mid-range
Spannzangenfutter *n* draw-in collet chuck
Spanplatte *f* chipboard
Spantiefe *f* depth of cut
Spanwinkel *m* rake angle, cutting angle
Sparbetrieb *m* economy operation, economy mode
Spardüse *f* economizer nozzle
Sparren *m (Dach)* rafter
Sparschalter *m* current reducing switch, economy switch
Spartransformator *m* auto-transformer
Speichenrad *n* spoke wheel
Speicher *m* store, storeroom; magazine; accumulator; *(Programme/Daten)* (Eingabe~, Kommunikations~, Magnet~, Programm~, Puffer~) memory, (Eingabe~) store, (Druckluft~, Magnet~) storage; register; *(Zwischenspeicher)* buffer
speichern *v* store, register; *(zur Sicherung)* save
speicherprogrammierter Rechner *m* stored-program computer
Speicherung *f* (Druckluft~, Programm~) storage
Speichervermittlung *f* store-and-forward switching
speisen *v* feed, supply
Speisespannung *f* supply voltage
Speisung *f* (Wechselstrom~) supply
Spektralanalyse *f* spectral analysis
Spektrum *n* (Amplituden~, Atom~, Frequenz~, Radio~, Modulations~) spectrum
Spender *m (z.B. Handtuch)* dispenser
Spengler *m* plumber
Sperrrad *n* ratchet wheel
Sperre *f* blocking, locking; interlock; *(Rufe)* barring; (Eingabe~) disable
sperren *v* lock, block; arrest; bar, inhibit, disable; *(Qualitätssicherung)* quarantine
Sperrhebel *m* locking lever
Sperrholzplatte *f* plywood board, plywood panel
sperrig *adj* bulky
Sperrklinke *f* pawl
Sperrklinkenrad *n* ratchet wheel

Sperrlager *n (Qualitätssicherung)* hold store, quarantine store, restricted store, salvage store
Sperrung *f* locking mechanism; *(Qualitätssicherung)* holding, quarantining
Sperrvermerk *m (Qualitätssicherung)* stop note, hold tag
Sperrwirkung *f* locking action
Sperrzeit *f (Qualitätssicherung)* quarantine period
speziell angefertigt *adj* purpose-made, custom-made
spezifizieren *v* specify; detail
Spiegel *m* mirror; reflector; *(Stand)* (Wasser~) level
Spiegelbild *n* mirror image
spiegelverkehrt *adj* mirror-inverted
Spiel *n* (Axial~, Lager~) play; (Anker~, Axial~, Kupplungs~, Lager~, Ventil~) clearance; backlash; *(Zyklus)* (Last~) cycle
spielfrei *adj* free from clearance; free from backlash
Spielpassung *f* clearance fit
Spielraum *m* clearance
Spin *m (Nukleartechnik)* (Elektronen~, Kern~) spin
Spin~ (~bahn, ~elektron, ~moment, ~verteilung) spin ~
Spindel *f* (Antriebs~, Bohr~, Einstell~, Fräs~, Reitstock~, Werkzeug~) spindle; (Vorschub~) screw; (Ventil~) stem
Spindel~ (~bremse, ~drehzahl, ~hülse, ~lager, ~nase, ~öl, ~pinole, ~umdrehung, ~vorschub) spindle ~
Spindelantrieb *m* screw drive
Spindelstock *m* headstock, *(Drehbank)* spindle nose, *(Schleifmaschine)* wheelhead
Spiral~ (~antenne, ~feder, ~nut, ~schleifen) spiral ~
Spiralbohrer *m* twist drill
Spirale *f* (Heiz~) spiral; *(Drall)* twist; *(schraubenförmig)* helix
Spiralzahn *m* helical tooth
spitz *adj* pointed; sharp; *(Winkel)* acute
Spitze *f* point; (Diamant~) tip; (Gewinde~) crest; (Prüf~) prod; (Belastungs~, Strom~) peak; apex; (Impuls~) overshoot
Spitzenabstand *m (Drehbank)* distance between centers
Spitzenbelastung *f* peak load
Spitzenverkehr *m* peak traffic, rush-hour traffic
Spitzenwert *m* peak value
spitzer Winkel *m* acute angle
Spitzgewinde *n* sharp thread, V-thread
Spitzkerbprobe *f* V-notch specimen
spitzwinklig *adj* acute-angled
Spleißstelle *f* splice
spleißen *v* splice
Spleißung *f* (Kabel~) splice
Splint *m* cotter pin, split pin
Splitter *m* (Diamant~) chip
Sprachdienst *m* voice service
Sprachübertragung *f* voice transmission, speech transmission
Sprechanlage *f* intercom system
Sprechgerät *n* (Funk~) transceiver

Sprechtaste *f* push-to-talk key, push-to-talk button
Sprechverkehr *m* (Funk~) telephone service
Spreizdorn *m* expanding mandrel
Spreizringkupplung *f* expanding-ring clutch
sprengen *v* burst, blow up, blast
Sprengniet *m/n* explosive rivet
Sprengring *m* retaining ring, circlip
Springen *n* (Frequenz~) hopping
Sprinkleranlage *f* sprinkler system
Spritzblech *n* splash guard
Spritzdüse *f* spray nozzle; injection molding nozzle
Spritze *f* (Fett~) gun
spritzen *v* spray; inject
Spritzgießen *n (Kunststoff)* injection molding
Spritzgussmasse *f* injection molding material
Spritzgussteil *n* injection-molded part
Spritzgusswerkzeug *n* injection mold
Spritzlackierung *f* spray painting
Spritzpistole *f* spray gun
Spritzroboter *m* spraying robot
Spritzschmierung *f* splash lubrication
Spritzschutz *m* splash guard
Spritzwasserschutz *m* splash-proof enclosure
Sprödbruch *m* brittle failure, brittle fracture
Sprödbruchprüfung *f* brittle fracture test
spröde *adj* brittle
Sprödigkeit *f* brittleness
sprühen *v* spray
Sprühentladung *f* corona discharge
Sprühgerät *n* atomizer
Sprung *m* jump; *(Riss)* crack
Spule *f* (Anker~, Erreger~, Feld~, Heiz~, Hilfs~, Induktions~, Kopplungs~, Magnet~, Mess~, Modulations~, Niederspannungs~, Primär~, Relais~, Rückkopplungs~, Rundfunk~, Sieb~, Stator~, Strom~, Transformatoren~, Überstrom~) coil; reel; bobbin; spool
spülen *v* wash; rinse; scavenge
Spulenkern *m* coil core
Spulenkörper *m* bobbin
Spulenwicklung *f* coil winding
Spulenwiderstand *m* coil resistance
Spülung *f* (Kessel~) wash-out
spunden *v (Holzbearbeitung)* groove and tongue
Spur *f* (Abtast~, Steuer~) track; (Lichtbogen~) trace; *(Straße)* lane
Spurenelement *n* trace element
Spurweite *f* wheel track; track gage
Spurzapfen *m* pivot journal
Stab *m* (Magnet~, Prüf~) bar; (Erdungs~, Schweiß~) rod
Stabanker *m* bar-wound armature
Stabantenne *f* (US) rod antenna, (UK) rod aerial
Stabbewehrung *f* bar reinforcement
stabil *adj* stable, strong, sturdy, rigid, heavy; steady
stabilisieren *v* stabilize
Stabilisierung *f* stabilization
Stabilität *f* (Scher~) stability, sturdiness, rigidity

Stabmagnet *m* bar magnet
Stabmaterial *n* bar stock
Stabstahl *m* bar steel
Stabwicklung *f* bar winding
Stadium *n* stage
Stahl *m* (Feder~, Feilen~, Kohlenstoff~, Nitrier~, Schmiede~, Tiefzieh~, Werkzeug~) steel
Stahl~ (~bau, ~binder, ~blech, ~draht, ~erzeugung, ~feder, ~fundament, ~guss, ~güte, ~kugel, ~platte, ~rohr, ~schiene, ~skelettbau, ~sorte, ~ werk) steel ~
Stahlbauarbeiten *fpl* structural steel work
Stahlbeton *m* reinforced concrete
Stahlbetonbau *m* reinforced concrete construction, reinforced concrete structure
Stahlblechgehäuse *n* sheet-steel enclosure, sheet-steel casing
Stahlerzeugung *f* steel-making
Stahlguss *m* cast steel, steel casting
Stahlkonstruktion *f* structural steelwork
Stahlmatte *f* reinforcing steel mat, fabric reinforcement
Stahlschweißkonstruktion *f* welded steel construction
Stahlwerker *m* steel-worker
Stammdatei *f* master file
Stampfasphalt *m* compressed asphalt
Stampfer *m* (Beton~) tamper
Stand *m* position; (Höchst~, Öl~, Wasser~) level; state, status; (Prüf~) stand
Stand *m* **der Technik** state of the art
Standanzeige *f* level indicator, position indicator
Standardabweichung *f* standard deviation
Standardfehler *m* standard error
Standardwert *m* default value
Ständer *m* stand; pedestal; (Maschinen~) column; pillar; upright; frame; *(Elektrotechnik)* stator
Ständerbohrmaschine *f* upright drilling machine, column drilling machine
Ständerfuß *m* column base
Ständerschleifmaschine *f* column grinder
Ständerschlitten *m* spindle slide, spindle carriage
Ständerwicklung *f* stator winding
Standfestigkeit *f* stability; integrity
Standfläche *f* floor space, footprint
Standleitung *f* dedicated line
Standlicht *n* parking light
Standmesser *m* level gage
Standort *m* place, location, site; *(Internet)* web site
Standsicherheit *f* stability
Standversuch *m* time-rupture test
Standzeit *f* (Werkzeug~) life, tool life, useful life; (Fett~) stability time
Stange *f* (Führungs~, Kolben~, Steuer~) rod, (Aluminium~, Auslöse~) bar; pole; (Erdungs~) stick
Stangenanschlag *m* bar stop
Stanze *f* punching machine, *(Werkzeug)* punching die
stanzen *v* punch, stamp; blank
Stanzen *n* metal stamping; *(Ausschneiden)* blank cutting, blanking; *(Lochstanzen)* punching; *(Vielfachlochen)* perforating

Stanzerei *f* press shop, punching shop
Stanzmatrize *f* punching die, stamping die; blanking die
Stanzpresse *f* punching press, power punch
Stanzwerkzeug *n* punching tool
Stapel *m* stack
Stapelwagen *m* stacking truck, fork lift
Stapler *m* stacker
stark *adj* strong; powerful; thick
Stärke *f* (Feld~, Pol~) strength; (Licht~, Strom~) intensity; power; *(Dicke)* thickness, (Draht~) gage, (Draht~) size; *(Chemie)* starch
Starkstrom *m* power current, heavy current
Starkstromanlage *f* electrical power installation, power installation
Starkstromkabel *n* power cable
Starkstromleitung *f* power line
Starkstromnetz *n* power system
Starkstromtechnik *f* power engineering, electrical power engineering, heavy-current engineering
starr *adj* rigid
Starrheit *f* rigidity
Starter *m* starter
Statik *f* statics
Statiker *m* structural engineer
Station *f* (Empfangs~, Freiluft~, Funk~, Lade~, Relais~, Rundfunk~, Sende~, Transformatoren~) station
statische Berechnung *f* structural calculation, structural analysis
statische Durchbiegung *f* static deflection
statistische Sicherheit *f (Qualitätssicherung)* confidence
Stativ *n* stand; tripod
Stator *m (Elektrotechnik)* stator
Stator~ (~anlasser, ~gehäuse, ~spule, ~strom, ~wicklung) stator ~
Stau *m* congestion
Staub *m* (Diamant~, Kohlen~, Schmirgel~) dust
Staubabsaugung *f* dust exhaust, dust collection
Staubabscheidung *f* dust separation
staubdicht *adj* dust-proof
Staubfänger *m* dust collector
stauchen *v* compress; upset
Staudruck *m* back pressure
Staufferbuchse *f* grease cup
Staufferfett *n* cup grease
steckbar *adj (Elektrotechnik)* pluggable; *(Mechanik)* push-fit
Steckdose *f* (Antennen~, Licht~) socket, wall socket, wall outlet
Stecker *m* (Kabel~, Lade~, Prüf~) plug, connector
Stecker~ *(*~anschluss,~feld, ~gehäuse, ~schalter, ~sicherung, ~stift, ~träger) plug ~
Steckkarte *f* plug-in board
Steckplatz *m (PC)* slot
Steckschlüssel *m* (US) socket wrench, (UK) box spanner
Steckverbindung *f* connector, plug and socket connector
Steg *m* (Schienen~) web
Stehbolzen *m* stay bolt
steif *adj* stiff, rigid; consistent
Steife *f* stiffness, rigidity; consistency
Steifigkeit *f* (Biege~) stiffness

Steigleitung *f* rising main, riser
Steigrohr *n* riser, riser tube, riser pipe
Steigung *f* rise; gradient; *(Feder)* pitch; (Gewinde~) lead; *(Straßenbau)* upgrade
Steigungswinkel *m* angle of lead; helix angle
steil *adj* steep; *(Dach)* high-pitch; *(Signal)* steep-sloped
Steilheit *f* steepness; (Modulations~) slope
Stein *m* stone; (Schmirgel~) stick; (Bau~) block; (Kessel~) scale
Steinfaser *f* rock wool
Steingut *n* earthenware
Steinkohle *f* pitcoal, mineral coal, bituminous coal
Steinschraube *f* rag bolt
Steinzeug *n* stoneware
Stellantrieb *m* actuator
Stelle *f* place; spot; (Kontakt~, Scher~) point; location; position; (Bau~) site
Stelleisen *n* quadrant
Steller *m* (Nockenwellen~) actuator
Stellglied *n* control element
Stellmutter *f* adjusting nut
Stellring *m* set collar
Stellschraube *f* set screw, adjusting screw
Stellteil *n* control element, control
Stellung *f* (Anfangs~, Arbeits~, Bohr~, Teil~, Winkel~) position; location; situation
Stemmeisen *n* mortice chisel
Stempel *m* punch; die; ram; stamp
Stempelberechtigter *m* stamp holder
Stempelberechtigung *f* stamp authorization
Stempelüberwachung *f* stamp control
Stern *m* star; (Pol~) spider
Sterndreieckschaltung *f* star-delta connection
sternförmig verbinden *v* connect radially
Sterngriff *m* star knob, star handle
Sternrad *n* capstan wheel
Sternschaltung *f* star connection
Stetigförderer *m* continuous conveyor
Steuer~ (~ausgang, ~befehl, ~bereich, ~bit, ~bus, ~daten, ~druck, ~eingang, ~einheit, ~einrichtung, ~elektrode, ~energie, ~feld, ~frequenz, ~funktion, ~gerät, ~glied, ~hebel, ~impuls, ~kabel, ~kanal, ~knüppel, ~kolben, ~kreis, ~leistung, ~leitung, ~logik, ~programm, ~prozedur, ~pult, ~register, ~relais, ~schalter, ~schaltung, ~schieber, ~schrank, ~schütz, ~signal, ~spannung, ~spur, ~stange, ~strom, ~stromkreis, ~stufe, ~tafel, ~taste, ~taster, ~teil, ~transformator, ~ventil, ~verstärker, ~wicklung, ~widerstand, ~zeichen) control ~
Steuerkommando *n* command signal
Steuerkurve *f* cam
steuern *v* control; regulate; govern; steer
Steuernocken *m* cam
Steuerschalter *m* control switch, (Nocken~, Nockenwellen~) controller
Steuerschieber *m* control valve; control slide
Steuerung *f* (Amplituden~, Analog~, Band~, Direkt~, Fern~, Fertigungs~, Frequenz~, Funk~, Nocken~, Pro-

gramm~, Relais~, Temperatur~, Übertragungs~, Ventil~) control; control device, control system; drive; steering; (Ventil~) timing
Steuerungsfreigabe *f* control enable, controller enable
Steuerungssperre *f* control inhibit, controller inhibit
Steuerwalze *f* drum controller
Stichleitung *f* spur line; tee line
Stichloch *n* taphole
Stichprobe *f* random test, sample
Stichprobenplan *m* sampling scheme
Stichprobenprüfung *f* sampling inspection, sampling test
Stichprobenumfang *m* sample size
Stickstoff *m* nitrogen
Stickstoffflasche *f* nitrogen cylinder
Stift *m* (Führungs~, Kegel~, Kontakt~, Scher~, Stecker~) pin, (Draht~) stud; (Licht~) pen
Stiftbolzen *m* stud
Stiftschraube *f* stud screw, stud
Stille *f* (Funk~) silence
Stilllegung *f* shut-down
stillsetzen *v* shut down, close
Stillstandzeit *f* downtime, machine downtime, idle time
Stirnansicht *f* front view
Stirnbrett *n* facade board
Stirnfläche *f* end face
Stirnfräser *m* shell end mill
Stirnkehlnaht *f* edge fillet weld
Stirnrad *n* spur gear
Stirnradgetriebe *n* spur gearing
Stirnradwälzfräser *m* spur gear hob
Stirnseite *f* end face, front face
Stoff *m* matter; substance; (Abfall~, Isolations~) material; fabric, cloth
Stoffscheibe *f* cloth wheel
Stollen *m* (Kabel~) tunnel
Stopfbuchse *f* gland, packing gland, compression gland, stuffing box
Stopfbuchsenbrille *f* gland follower
Stopfbuchsenflansch *m* gland flange
stopfbuchsenlos *adj* glandless, packless
Stopfbuchsenring *m* stuffing box ring
Stopfbuchsenverschraubung *f* screwed gland
Stopfen *m* plug
Stoppuhr *f* stop watch
Stöpsel *m* plug, peg
Störaussendung *f* emitted interference
Storchschnabel *m* pantograph
Stördienst *m* breakdown service
stören *v* disturb; interfere
störendes Geräusch *n* offending noise
Störfall *m* accident condition
Störfallanalyse *f* accident analysis
Störfestigkeit *f* immunity
Störfestigkeitspegel *m* immunity level
störgeräuschbehaftet *adj* noisy
Störimpuls *m* interference pulse
Störmeldung *f* alarm, fault alarm
Störpegel *m* noise level
Störquelle *f* source of trouble
Störschutz *m* noise suppression
Störschutzkondensator *m* interference-suppression capacitor, anti-interference capacitor
Störsicherheit *f* reliability; noise immunity

Störsignal *n* spurious signal, parasitic signal, fault signal
Störspannung *f* disturbing voltage
Störstrom *m* disturbing current
Störung *f* (Leitungs~) disturbance; trouble; (Radar~, Radio~) interference; (Betriebs~, Maschinen~) fault; (Maschinen~) malfunction; failure; disruption; breakdown
Störungsdauer *f* malfunction time
Störungsdienst *m* fault clearing service
störungsfrei *adj* trouble-free
störungssicher *adj* fail-safe, fault-immune
Störungssuche *f* trouble shooting
Stoß *m* shock; impact; blow; push; bump; *(Elektrotechnik)* (Erreger~, Strom~) inrush, (Strom~) rush; (Druck~) surge; *(Fuge)* (Schienen~) joint, butt-joint, *(Schweißen)* splice; *(Ruck)* jerk; jolt
Stoßbeanspruchung *f* impact stress
Stoßblech *n* splice plate
Stoßdämpfer *m* shock absorber, dashpot
Stößel *m* push rod, slide, ram; *(Ventil)* tappet; plunger
Stößel~ (~antrieb, ~führung, ~gleitbahn, ~hub, ~schlitten, ~support) ram ~
Stößelrücklauf *m* ram return stroke
stoßen *v* push; *(fügen)* join; *(Metallbearbeitung)* slot; shape; *(stoßen gegen)* strike
Stoßfänger *m* shock absorber; bumper
stoßfest *adj* shock-proof
Stoßfestigkeit *f* shock resistance, impact resistance
Stoßfuge *f* joint, butt joint
Stoßmaschine *f (senkrecht)* (Universal~) slotting machine, slotter; *(waagerecht)* (Universal~) shaping machine, shaper
Stoßnaht *f* butt joint
Stoßplatte *f (Tür)* kicking plate
Stoßspannung *f* transient voltage
Stoßverbindung *f* joint
Strahl *m* (Licht~) ray; (Abtast~, Elektronen~, Ionen~, Molekular~, Neutronen~, Radar~) beam; (Wasser~) jet
Strahlantrieb *m* jet propulsion
Strahldüse *f* jet
strahlen *v* blast, *(mit Sand)* sandblast; *(mit Strahlkies)* shot-blast
Strahlen *mpl* (Atom~) rays
Strahlenbrechung *f* refraction
Strahlenbündel *n* beam of rays, bundle of rays
Strahlengang *m* beam path
Strahlenschutz *m* protection against radiation
Strahler *m* radiator
Strahlung *f* (Gesamt~, Hochfrequenz~, Kern~, Licht~, Neutronen~, Primär~, Resonanz~, Sekundär~, Wärme~) radiation
Strahlungs~ (~dichte, ~dosis, ~empfänger, ~energie, ~feld, ~frequenz, ~heizung, ~intensität, ~keule, ~leistung, ~quelle, ~schutz, ~trockner, ~verlust, ~wärme, ~widerstand, ~winkel) radiation ~
Strahlungsmessung *f* radiometry
Strang *m* (Ketten~, Seil~) strand, (Seil~) fall; (Rohr~) run; (Schienen~) track
Strangpresse *f* extrusion press, extruder
strangpressen *v (Kunststoff)* extrude

Strangpressprofil *n* extruded section
Strangpressverfahren *n* extrusion process
Strangpresswerkzeug *n* extrusion die
strapazierfähig *adj* heavy-duty, hard-wearing
Straße *f* (Fertigungs~) line; road, street
Straßenbau *m* road building, road construction
Strebe *f* brace; strut; cross-beam
Strebepfeiler *m* buttress
Strecke *f* (Brems~) distance; length; (Kabel~, Luft~) route; (Leitungs~) run; (Funk~, Übertragungs~) link; (Lichtbogen~) gap; track; (Eisenbahn~) line
strecken *v* stretch, extend, lengthen, elongate; draw
Streckgrenze *f* yield point
Streckgrenzenverhältnis *n* yield point/tensile strength ratio
Streckmittel *n* extender
Streckziehpresse *f* stretching press
strehlen *v* chase
Strehler *m* chaser
Strehlvorrichtung *f* thread-chasing attachment
streichfertig *adj (Farbe)* ready for use
Streifen *m* band; (Kupfer~) strip; chart; stripe
Streifenfundament *n* strip foundation
Streubereich *m* range of variation; scattering range
Streudose *f* powder dispenser
Streugrenze *f* dispersion limit; limit of variation
Streustrom *m* leakage current; stray current
Streuung *f* dispersion; scattering
Strg-Taste *f*, **Steuertaste** *(PC)* Control key, Ctrl key
Strich *m* line; dash; stroke
stricheln *v* dash
Strichteilung *f* line graduation
Strichzeichnung *f* line drawing
Strom *m* (Anker~, Anlass~, Anlauf~, Betriebs~, Einphasen~, Entlade~, Erreger~, Feld~, Hochfrequenz~, Hochspannungs~, Höchst~, Induktions~, Ionen~, Lade~, Läufer~, Leerlauf~, Mehrphasen~, Mikrofon~, Niederfrequenz~, Phasen~, Primär~, Rest~, Röhren~, Schleifring~, Stator~, Steuer~, Transformatoren~, Versorgungs~, Volllast~) current; flow; stream
Strom~ (~abnehmer, ~amplitude, ~anstieg, ~aufnahme, ~bahn, ~bedarf, ~begrenzer, ~begrenzung, ~bereich, ~dichte, ~durchfluss, ~durchgang, ~fluss, ~geber, ~glättung, ~gleichrichter, ~impuls, ~kennlinie, ~klemme, ~knoten, ~kontakt, ~kurve, ~leitung, ~modulation, ~pendelung, ~pfad, ~phase, ~polung, ~prüfer, ~quelle, ~regler, ~relais, ~richtungsumkehr, ~rückkopplung, ~schleife, ~schwankung, ~senke, ~spitze, ~spule, ~stärke, ~stoß, ~teiler, ~transformator, ~überlastung, ~unterbrechung, ~unterdrückung, ~verbrauch, ~vergleicher, ~versorgung, ~verstärkung, ~verteilung, ~wandler, ~weg, ~welligkeit, ~zähler) current ~
Stromaufnahme *f* power input
Stromausfall *m* power failure

Stromauslöser *m* circuit-breaker
Stromerzeuger *m* generator
stromführend *adj* current-carrying, conducting, live
Stromkreis *m* (Abzweig~, Heiz~, Hilfs~, Licht~, Primär~, Steuer~) circuit
Stromlaufbild *n* wiring diagram, circuit diagram
Stromleiter *m* conductor
Stromlinienform *f* streamline shape
Strommesser *m* ammeter, amperemeter
Stromquelle *f* (Hilfs~) power source
Stromrelais *n* relay
Stromrichter *m* power converter
Stromschiene *f* bus-bar
Strömung *f* (Luft~) flow
Strömungsgeräusch *n* flow-generated noise
Strömungsgeschwindigkeit *f* velocity of flow
Strömungswächter *m* flow indicator
Stromverbraucher *m* power consumer
Stromversorgung *f* (Hilfs~) power supply
Stromzufuhr *f* power supply
Strukturlack *m* textured paint
Strukturoberfläche *f* textured finish
Stuckarbeit *f* stucco work
Stück *n* (Führungs~, Kontakt~) piece
Stückliste *f* parts list, bill of materials
Studie *f* (Zeit~) study
Stufe *f* (Druck~, Eingangs~, Hochfrequenz~, Niederfrequenz~, Steuer~) stage, (Drehzahl~, Vorschub~) step; *(Treppe)* tread
Stufenantrieb *m* variable-speed drive
Stufengetriebe *n* variable-speed gear, variable-speed transmission
stufenlos *adj* infinitely variable
stufenloses Getriebe *n* infinitely variable gear
stufenlos regelbar *adj* infinitely variable, continuously variable
stufenlos regeln *v* vary infinitely
Stufenprofil *n* step profile
stufenweise *adj* gradual
Stummschalten *n* muting
stumpf *adj* blunt; dull; *(Winkel)* obtuse; *(Lack)* flat
stumpfer Winkel *m* obtuse angle
Stumpfnaht *f* butt weld, butt seam
Stumpfnahtschweißung *f* butt seam weld
Stumpfstoß *m* butt joint
Stütze *f* support, rest
stützen *v* support, prop; boost, force
Stutzen *m* collar, gland, adapter, connection piece
Stützkondensator *m* back-up capacitor
Stützkonstruktion *f* supporting structure
Stützlager *n* supporting bearing
Stützpunkt *m* point of support, bearing surface, supporting structure; *(Niederlassung)* base
Styrol *n* styrene
Styropor *n* expanded polystyrene
Substrat *n* substrate
suchen *v* search; hunt; look for
Sucher *m* locator, detector
Suchschaltung *f* finder circuit
Suchsystem *n (Internet)* search engine
summen *v* buzz
Summer *m* buzzer

Summton *m* buzzer signal, buzzing sound
Support *m* (Fräs~) slide rest; (Stößel~) slide; saddle; toolhead; turret head
Supraleiter *m* superconductor, hyperconductor
surfen *v (Internet)* surf
Surfer *m* surfer
Symbolleiste *f (PC)* toolbar
synchron *adj* synchronous
synchron arbeiten *v* work in synchronism
Synchron~ (~betrieb, ~drehzahl, ~generator, ~motor, ~uhr) synchronous ~
synchronisieren *v* synchronize
System *n* (Band~, Bezugs~, Binär~, Fernmelde~, Koordinaten~, Leitungs~, Nachrichten~, Rückkopplungs~) system
Systemabsturz *m (Rechner)* system crash
Systemanschaltung *f* system access
Systemausfall *m* system failure, system breakdown
Systemhochlauf *m* system startup
Systemprüfung *f* system check
Systemsoftware *f* system software
Systemverträglichkeit *f* system compatibility
Szenario *n* scenario

Tabelle *f* (Vorschub~) table, (Farb~) map
Tachograph *m* trip recorder
Tachometer *m* tachometer, speedometer
Tafel *f* (Sicherungs~, Steuer~) board; *(Tabelle)* table; *(Bedientafel)* (Prüf~, Steuer~) panel; *(Lehrtafel)* (Farb~) chart
Tafelglas *n* plate glass
Tagebau *m* open-pit mining
Tageslicht *n* daylight
Takt *m* cycle; clock, clock pulse; *(Motor)* stroke
takten *v* time, clock, provide timing for
Taktfrequenz *f* clock frequency
taktgebunden *adj* under clock control
Taktgeber *m* (Hilfs~) clock generator, timer
Taktraster *m/n* timing pattern
Taktsignal *n* clock signal
Taktzeit *f* cycle time, clock time
Tandemzugriff *m* tandem access
tangential *adj* tangential
Tangentialkraft *f* tangential force
Tank *m* (Kraftstoff~) tank
Tapete *f* wall paper
Tapezierer *m* paper hanger
Taschenrechner *m* pocket calculator
Tastatur *f* keyboard, keypad
tastbar *adj* tactile
Taste *f* (Eingabe~, Steuer~) key
tasten *v* key
Taster *m* (Steuer~) button, pushbutton; *(Messen)* calliper; *(Fühler)* tracer
Tastfläche *f (auf einer Taste)* touch area; *(Bildschirm)* touchplate
Tauchbad *n* immersion bath
tauchen *v* immerse, dip; submerge
tauchfräsen *v* plunge-mill
Tauchfräsmaschine *f* plunge-cut milling machine
Tauchgrundierung *f* submersion priming
Tauchhärtung *f* dip hardening, immersion hardening
Tauchkolben *m* plunger
Tauchkolbenpumpe *f* plunger pump
tauchlöten *v* dip-solder
Tauchmotor *m* submersible motor
Tauchpumpe *f* submersible pump
Tauchschmierung *f* splash lubrication
taumeln *v* wobble
Taupunkt *m* dew point
Taupunktkorrosion *f* dew-point corrosion
Tauscher *m* (Wärme~) exchanger
Teach-Box *f* teach box
Teach-In-Roboterprogrammierung *f* teach-in robot programming
Technik *f* (Eisenbahn~, Fernmelde~, Fernseh~, Fernsprech~, Funk~, Hochfrequenz~, Hochspannungs~, Nachrichten~, Radio~, Rundfunk~) engineering; (Analog~, Bau~, Digital~, Kran~, Nachrichten~) technology; art; engineering practice, (Fräs~) practice; *(Verfahren, Methode)* technique, method; *(Stand der Technik)* state of the art
Techniker *m* technician, (Bau~, Nachrichten~) engineer
Technikfolgen-Abschätzung *f* technology assessment

technische Angaben *fpl* technical data, technical specifications
technische Zeichnung *f* technical drawing
technischer Zeichner *m* (US) draftsman, (UK) draughtsman
Technologietransfer *m* technology transfer
Teil *n/m* (Ersatz~) part, piece, component, member, element; portion, share, (Steuer~) section
Teil~ (~bolzen, ~einrichtung, ~fehler, ~hebel, ~kopf, ~kurbel, ~loch, ~nocken, ~raste, ~schalthebel, ~stellung) index ~, indexing ~
Teilansicht *f* partial view
Teilchen *n* (Atom~, Kern~, Licht~) particle
Teileinrichtung *f (Werkzeugmaschine)* dividing device
teilen *v* divide; *(Werkzeugmaschine)* index
Teilenachweis *m* where-used list
Teiler *m* (Frequenz~, Impuls~, Strom~) divider
Teilesatz *m* parts set
Teilevielfalt *f* parts variety
Teilgesamtheit *f* subpopulation
Teilkopf *m (Werkzeugmaschinen)* (Universal~) dividing head
Teilkreis *m (Zahnrad)* pitch circle
Teilkreisdurchmesser *m* pitch diameter, pitch circle diameter
Teilkreishalbmesser *m* pitch radius
Teilkreisteilung *f* circular pitch
Teilmenge *f* subset
Teilnehmer *m* (Telefon~) subscriber
Teilnehmeranschluss *m* subscriber line
Teilnehmerapparat *m* subscriber set
Teilnehmerdatenbank *f* subscriber database
Teilnehmerleitung *f* subscriber line, subscriber's line
Teilnehmerverzeichnis *n* directory of subscribers, user directory
Teilscheibe *f* (Vorschub~) index plate
Teilstrich *m* division line
Teilung *f* (Axial~, Gewinde~, Ketten~, Pol~) pitch; *(Teilarbeiten)* indexing, dividing; *(Mathematik)* (Impuls~) division; *(Einteilung)* graduation; *(abstandsgleich)* spacing
Teilzeichnung *f* component drawing, detail drawing
Telearbeit *f* telecommuting
Teledienste *mpl* teleservices
Telefax *n* fax, facsimile
Telefon *n* telephone, phone
Telefon~ (~amt, ~anschluss, ~apparat, ~dienst, ~gebühr, ~gespräch, ~hörer, ~kabel, ~konferenz, ~leitung, ~netz, ~nummer, ~teilnehmer, ~verbindung, ~verkehr, ~vermittlung, ~zelle, ~zentrale) telephone ~
Telefonbuch *n* telephone directory
telefonieren *v* telephone, phone, call
Telemetrie *f* telemetry
Teleskopschubstange *f* telescopic push rod
Teleskopzylinder *m* telescopic cylinder
Teller *m* cup; (Ventil) disk
Tellerfeder *f* plate spring, cup spring, spring cup
Tellerrad *n* rim gear, crown wheel, crown gear

Temperatur *f* (Abschreck~, Anfangs~, Arbeits~, Betriebs~, Bezugs~, Höchst~) temperature
Temperatur~ (~abfall, ~abhängigkeit, ~anstieg, ~bereich, ~fühler, ~gefälle, ~gleichgewicht, ~messung, ~parameter, ~regler, ~schreiber, ~schwankung, ~steuerung, ~zunahme) temperature ~
Temperatur *f* **unter Null** sub-zero temperature, temperature below zero
Temperaturregler *m* thermostat
Temperaturschalter *m* thermostat
Temperguss *m* malleable cast iron
Terminal *n* terminal
Terminplan *m* schedule
termitenfest *adj* termite-resistant, termite-proof
Test *m* (Programm~) test
Tester *m* (Programm~) tester; analyzer
Tetrade *f* tetrad
Textverarbeitung *f* word processing
thermisch *adj* thermal
Thermodrucker *m* thermal printer
Thermodynamik *f* thermodynamics
Thermoelement *n* thermocouple
Thermometer *n* (Quecksilber~) thermometer
Thermorelais *n* thermal relay
Thermostat *m* thermostat
Thomasstahl *m* basic Bessemer steel, basic converter steel
Thomasverfahren *n* basic converter process, Thomas process
Thyristor *m* thyristor
Thyristorumrichter *m* thyristor-based converter
Tiefbau *m* civil engineering
Tiefe *f* (Modulations~, Schrupp~) depth
Tiefenvorschub *m* vertical feed, downfeed
Tiefpass *m* low-pass filter
Tiefzieh~ (~presse, ~qualität, ~stahl, ~werkzeug) deep-drawing ~
tiefziehen *v* deep-draw
Tiegel *m* crucible
Tiegelstahl *m* crucible steel
Tinte *f* ink
Tintenstrahldrucker *m* ink-jet printer
Tippbetrieb *m* inching, inching mode
Tippschalter *m* inching switch
Tisch *m* (Bohr~, Koordinaten~) table, (Schweiß~) bench
Tischbohrmaschine *f* bench drilling machine, bench drill
Tischkreissäge *f* (Universal~) circular bench saw
Tischler *m* jointer, carpenter
Tischmodell *n* table-top model, desk-top model
Tischschlitten *m* table saddle; table slide
T-Nut *f* T-slot
Toleranz *f* (Abnahme~, Fertigungs~, Frequenz~) tolerance; permissible variation
Toleranzbereich *m* tolerance zone
Toleranzgrenzen *fpl* tolerance limits
Toleranzschlauch *m* tolerance band
Ton *m* sound, tone; *(Tonhöhe)* pitch; *(Farbe)* hue; *(Erde)* clay
Tonabnehmer *m* sound pick-up
Tonaufzeichnung *f* sound recording
tönen *v* *(Farbe)* tint; *(Foto)* tone; *(akustisch)* sound

Tonfrequenz *f* audio frequency
Tonkanal *m* tone channel
Tonträger *m* sound-recording medium
Topf *m* (Auspuff~) muffler
Topfschleifscheibe *f* cup wheel
Topfzeit *f (Klebstoffe)* pot life
Topologie *f* topology
Tor *n* gate; *(Netz)* port
Torsionsschwingversuch *m* torsional vibration test
Tortendiagramm *n* pie diagram
Totmannknopf *m* dead man's button
Totmannschaltung *f* dead man's circuit
Totpunkt *m* dead center
Totzeit *f* dead time, downtime, non-productive time
T-Profil *n* T-section
tragbar *adj* portable
Tragbild *n (Eingriffsbereich der Verzahnung)* tooth bearing, contact pattern
träge *adj* inert; *(Sicherung)* slow-blowing, slow-acting
tragend *adj* bearing; carrying; supporting; load-bearing
tragende Wand *f* load-bearing wall
Träger *m (Bau)* girder; *(Balken)* beam; *(Elektrotechnik)* (Impuls~, Kupplungs~, Modulations~, Stecker~, Wärme~) carrier; (Kabel~, Kontakt~) support; (Lager~) bracket; (Batterie~) cradle; *(ISDN)* bearer
Trägerfrequenz *f* (Funk~) carrier frequency
Trägerkanal *m* carrier channel, *(ISDN)* bearer channel
Trägerschicht *f* substrate
Trägerstromverstärker *m* carrier repeater
Trägerwerkstoff *m* parent metal, substrate
Tragfähigkeit *f* load capacity, load carrying capacity
Traggriff *m* lifting handle
Trägheit *f* inertia
Trägheitsmoment *n* moment of inertia
Tragkonstruktion *f* supporting structure, bearing structure
Tragseil *n* carrying rope, suspension rope
tränken *v* soak; impregnate
Transferstraße *f* transfer line
Transformator *m* (Drehstrom~, Eingangs~, Einphasen~, Gleichstrom~, Hilfs~, Hochfrequenz~, Hochspannungs~, Kopplungs~, Mehrphasen~, Mikrofon~, Modulations~, Netz~, Niederfrequenz~, Ofen~, Resonanz~, Rückkopplungs~, Steuer~, Strom~, Wechselstrom~) transformer
Transformatoren~ (~betrieb, ~kern, ~klemme, ~kreis, ~schalter, ~spannung, ~spule, ~station, ~strom, ~wicklung, ~zelle) transformer ~
Transistor *m* transistor
Transistor-Pulsumrichter *m* transistorised pulse converter
transkristalline Korrosion *f* transcrystalline corrosion, transgranular corrosion
Transportbeton *m* ready-mixed concrete
Transportbügel *m* shipping bracket
Transportkufe *f* skid
Transportöse *f* lifting hook, lifting eyebolt
Transportsicherung *f* shipping brace, securing device

Trapezgewinde *n* acme thread, trapezoidal thread
Trasse *f* (Kabel~) route
Traverse *f* cross-beam, cross-member, cross-bar; transom, *(obere)* top transom, *(untere)* bottom transom
Treffer *m* hit
Trefferquote *f* hit rate
Treffgenauigkeit *f (Qualitätssicherung)* accuracy of the mean
treiben *v* drive, propel
treibendes Zahnrad *n* driving gear
Treiber *m* driver
Treibgas *n* propellant, gas propellant
Treibrolle *f* driving pulley
Treibscheibe *f (Aufzug)* traction sheave
Treibsitz *m* drive fit
Treibstoff *m* fuel
trennen *v* separate; cut off; disconnect; sever
Trenner *m* disconnecting switch
Trennfuge *f (zwischen Gebäudeteilen)* expansion joint
Trennschalter *m* circuit breaker, isolating switch, (Hilfs~) disconnector; disconnecting switch, (Erdungs~) isolator
Trennung *f* (Phasen~) separation
Trennverstärker *m* isolation amplifier
Trennwand *f* partition wall; (Lichtbogen~) barrier
Trichter *m* funnel; (Beschickungs~) hopper
trichterförmig *adj* funnel-shaped
Trieb *m* (Ketten~, Nocken~, Reib~, Riemen~, Seil~, Winkel~) drive
Triebwerk *n* driving gear; propulsion unit; drive mechanism; *(Aufzug)* machine
Trittfläche *f (Treppe)* tread
Trittschall *m* impact noise
Trittschalldämmung *f* impact noise attenuation, impact sound reduction
trocken *adj* dry, *(klimatisch)* arid
Trockenbatterie *f* dry cell battery
Trockenelement *n* dry cell
Trockengewicht *n* dry weight
Trockenofen *m* drying furnace; drying kiln
Trockenprüfung *f* dry test
Trockenthermometer *n* dry-bulb thermometer
trocknen *v* dry
Trockner *m* (Luft~, Strahlungs~) dryer
Trog *m* trough; tray; vat
Trommel *f* (Brems~, Kabel~, Ketten~, Kupplungs~, Magnet~, Nocken~, Seil~) drum; barrel; (Kabel~) reel
Trommelantrieb *m* drum drive
tropenfest *adj* tropic-proof, tropicalized
tropfen *v* drop, drip; trickle; leak
Tropfschmierung *f* drip oil lubrication
Tropfwasserschutz *m* drip-proof enclosure
Trum *m/n* strand, end, side
T-Stoß-Biegeversuch *m* T-bend test, tee-bend test
T-Träger *m* T-beam, T-girder
Tuch *n* (Filter~) cloth
Tülle *f* (Gummi~) sleeve, bush, grommet
tünchen *v* whitewash, limewash
Tür *f* (Beschickungs~, Brand~, Feuer~) door
Turbine *f* (Dampf~, Gas~, Niederdruck~, Wasser~) turbine
Turbinen~ (~drehzahl, ~düse, ~gehäuse, ~laufrad, ~leistung, ~motor, ~regler,

~schacht, ~schaufel, ~seite, ~welle) turbine ~

Türblatt *n* door panel, door leaf

Turbo~ (~gebläse, ~generator, ~kompressor, ~lader, ~pumpe) turbo-~

Türfüllung *f* door panel

Turm *m* (Funk~, Kran~, Kühl~) tower

Turmdrehkran *m* tower crane

Türpfosten *m* door post, door jamb

Türrahmen *m* architrave

Türschwelle *f* door sill

Typ *m* (Pumpen~) type

Typbezeichnung *f* type designation

Typenschild *n* rating plate, nameplate

Typenvielfalt *f* type variety

typgeprüft *adj* type-tested

Typprüfung *f* type test, type testing, type examination

Typprüfbescheinigung *f* type examination certificate

überarbeiten *v* revise; re-design
Überarbeitung *f (z.B. Zeichnung)* revision
Überbau *m* superstructure
überbeanspruchen *v* overstress; overstrain
überbelasten *v* overload
überbrücken *v* by-pass; shunt; bridge; *(Elektrotechnik)* short, short-circuit; *(Bauwerk)* span
Überbrückungskondensator *m* bypass capacitor
Überbrückungsschalter *m* bypass switch
Überbrückungsschaltung *f* bypass circuit
überdacht *adj* roofed, covered, sheltered
überdachte Fläche *f* covered area
überdecken *v* cover; overlap; mask
Überdeckungsgrad *m* coverage, degree of coverage; overlap
überdimensionieren *v* overdimension, oversize; overrate
Überdruck *m* excess pressure, overpressure
Überdruckventil *n* pressure relief valve
Übereckmaß *n* across-corner dimension
übereinander lagern *v* superpose
übererregen *v* over-excite
überfahren *v* overtravel, overrun; travel beyond; by-pass
Übergabe *f (nach Fertigstellung)* handover
Übergang *m* (Elektronen~, Phasen~) transition; (Wärme~) transfer; (Eisenbahn~) crossing
Übergangsleistung *f* (Wärme~) transfer efficiency
übergeordnet *adj* higher-level, higher-order, higher-ranking, master, parent, primary, upstream
Übergeschwindigkeit *f* overspeed
Übergewicht *n* excessive weight
Übergröße *f* oversize
Überhang *m* overhang, projection
überhängen *v* overhang
überhängend *adj* overhung
überhitzen *v* overheat, superheat
Überhitzer *m* (Dampf~) superheater
Überhitzer~ (~anlage, ~rohr, ~schlange, ~ventil) superheater ~
überholen *v* overtake; overhaul
überkragen *v* overhang, project
überkritische Drehzahl *f* speed above critical
überlagern *v* superpose, superimpose; overlay
Überlagerung *f* superposition, superimposition; overlapping
Überlagerungsempfänger *m* superheterodyne receiver, superhet
Überlagerungsfrequenz *f* heterodyne frequency
überlappen *v* overlap
Überlappschweißung *f* overlap welding
überlappt schweißen *v* lap weld
Überlappung *f* overlapping; lap seam
Überlast *f* overload
Überlastanzeige *f* overload indicator
Überlastauslöser *m* overload release
überlasten *v* overload
Überlastdrehzahl *f* overload speed

Überlastschutz *m* overload protection
Überlauf *m* (Puffer~) overflow
überlaufen *v* overflow
Übermaß *n* oversize
überprüfen *v* check, examine, test, inspect; verify; control
Überprüfung *f* examination, verification
Überprüfung *f* **durch die Unternehmensführung** *(Qualitätssicherung)* management audit
überregional *adj* supraregional
Überschall *m* ultrasound
Überschall~ (~frequenz, ~geschwindigkeit, ~kanal, ~welle) supersonic ~
Überschlag *m* flashover; sparkover
überschreiten *v* exceed, go beyond; *(obere Grenze)* violate
Überschuss *m* excess
überschüssig *adj* excess, surplus
überschwingen *v* overshoot
Übersetzungsgetriebe *n (ins Langsame)* speed reducer, step-down gearing, *(ins Schnelle)* speed-increasing gear, step-up gearing
Übersetzungsverhältnis *n* ratio, speed ratio, gear ratio, transmission ratio
übersichtlich *adj* well-ordered, well-arranged, clear, straightforward
Überspannung *f* overvoltage
Überspannungsschutz *m* overvoltage protection
überspringen *v* skip; *(Funke)* flash
Überstand *m* projection; excess length
übersteuern *v* override, overdrive
Überstrom~ (~auslöser, ~auslösung, ~relais, ~spule) overcurrent ~
Überströmventil *n* by-pass valve
übertragen *v (Kraft; Daten)* transmit; transfer; *(Radio)* broadcast; *(Zahlenstelle)* carry
Übertragung *f* (Fernseh~, Gleichstrom~, Hochfrequenz~, Kurzwellen~, Radio~, Relais~, Rundfunk~, Wärme~) transmission, (Wärme~) transfer
Übertragungs~ (~bereich, ~faktor, ~geschwindigkeit, ~kanal, ~kapazität, ~leitung, ~medium, ~mittel, ~netz, ~organ, ~pegel, ~reichweite, ~spannung, ~steuerung, ~strecke, ~verlust, ~weg) transmission ~
über- und unterschreiten *v (Grenzen)* go outside, violate
überwachen *v* supervise; monitor
Überwachung *f* (Fern~) monitoring, (Fern~) supervision; (Qualitäts~) control
Überwachung *f* **der Überprüfung** *(Qualitätssicherung)* monitoring the review
Überwachung *f* **der Unterlagen** *(Qualitätssicherung)* document control
Überwachung *f* **von Qualitätsmaßnahmen** *(Qualitätssicherung)* control of quality measures
Überwachungsnachweis *m (Qualitätssicherung)* evidence of control
Überwachungssystem *n (Qualitätssicherung)* supervisory system
Überwachungsverfahren *n (Qualitätssicherung)* monitoring procedure
Überwurfmutter *f* cap nut, union nut
überziehen *v* coat; plate
Überzug *m* (Aluminium~, Kupfer~, Metall~, Nickel~) coat, coating

Uhr *f* (Quarz~) clock; (Synchron~) timer
Uhrzeigersinn *m* clockwise direction
Uhrzeitgeber *m* time-of-day clock
Ultraschall *m* ultrasound
Ultraschall~ (~bohren, ~detektor, ~echolotung, ~frequenz, ~generator, ~lotung, ~geschwindigkeit, ~prüfung, ~reinigung, ~schwingung, ~sender, ~sensor, ~wandler, ~welle) ultrasonic ~
ultraviolette Strahlung *f* ultraviolet radiation
Umbau *m* reconstruction, conversion
Umbauanleitung *f* conversion instructions
umbauen *v* reconstruct; rebuild; redesign; convert
umbauter Raum *m* enclosed space
umbenennen *v* rename
Umdrehung *f* revolution; (Spindel~) rotation
Umdrehungen *fpl* **pro Minute** revolutions per minute
Umdrehungszahl *f* number of revolutions
Umfang *m* perimeter; circumference; extent; volume
Umfangsgeschwindigkeit *f* circumferential speed, peripheral speed; *(Lüfter)* tip speed
Umfassungskragen *m* shroud
Umfassungswand *f* enclosure wall
Umflechtung *f* braid
umflochten *adj (Kabel)* braided
umformen *v* transform
Umformer *m (Elektrotechnik)* (Gleichstrom~, Kaskaden~) converter, inverter; (Impuls~, Phasen~, Wechselstrom~) transformer; (Frequenz~) changer; motor generator set, M/G set
Umformung *f* (Energie~) conversion; transformation; re-shaping
Umgang *m* handling, manipulation
Umgebungsbedingungen *fpl* environmental conditions
Umgebungsluft *f* ambient air
Umgebungstemperatur *f* ambient temperature
umgestalten *v* redesign
umgewälzte Luft *f* recirculated air
Umkehr *f* (Feld~) reversal
Umkehr~ (~bewegung, ~hebel, ~schalter, ~schütz) reversing ~
umkehrbar *adj* reversible
umkehren *v* reverse
umkippen *v* tip over
umklemmen *v* reconnect, reverse terminal connections, change terminal connections
Umlauf *m* (Kühlwasser~, Öl~, Wasser~) circulation; (Lichtbogen~) revolution; rotation
Umlaufbahn *f* orbit
Umlaufbestand *m* work in progress
umlaufen *v* rotate, revolve; circulate
Umlaufpumpe *f* circulation pump, rotary pump
Umlaufschmierung *f* circulation oiling
Umlaufzeit *f* round-trip time
umlegen *v* fold, fold over
Umleimer *m* edge strip
umleiten *v* divert; redirect
Umleitung *f* diversion, redirection, rerouting
Umlenkblech *n* baffle plate, baffle

Umlenker *m* (Gas~) diverter
Umlenkrolle *f* deflection pulley, deflector, diverter; guide roller
Umluft *f* circulating air, recirculated air; air circulation
Umluftheizung *f* circulating air heating
ummanteln *v* sheath
Ummantelung *f* sheathing, jacketing
umpolen *v* reverse polarity
Umrechnung *f* conversion
Umrechnungstabelle *f* conversion table
Umrichter *m* (Frequenz~) converter, inverter
umrichtergespeist *adj* converter-fed
Umriss *m* (Werkstück~) contour, outline, profile
umrüstbar *adj* convertible
umrüsten *v* retrofit; convert, re-tool, change over; upgrade
Umrüstsatz *m* conversion kit
Umrüstzeit *f* changeover time
umschalten *v* switch over; change over; shift
Umschalter *m* change-over switch, selector switch
Umschalt-Taste *f (PC)* shift key
umschlingen *v (Seil)* wrap around
Umschlingung *f* wrap
Umsetzer *m* (Frequenz~) translator
umspannen *v (Werkstück)* reclamp, rechuck; *(Werkzeug)* re-set; *(Riemen)* shift; *(Elektrotechnik)* transform
Umspanner *m* (Drehstrom~, Freiluft~) transformer
umspulen *v* rewind
umstellen *v* change over; re-tool
umsteuern *v* reverse; *(Aufzugstür)* re-open
Umtastung *f* (Frequenz~) shift keying
Umwälzpumpe *f* circulating pump
Umwälzung *f* (Luft~, Öl~) circulation
umwandeln *v* convert
Umwandlung *f* (Energie~) conversion; transformation
Umwehrung *f* enclosure; guarding
Umweltbeeinflussung *f* environmental impact, impact on the environment
Umweltbelastung *f* environmental pollution
Umweltbelastungen *fpl* environmental burdens
umweltfeindlich *adj* ecologically harmful, environmentally harmful
umweltfreundlich *adj* non-polluting, green, ecologically beneficial, environmentally beneficial
umweltfreundlich werden *v* go environmental
Umweltschutz *m* environmental control
Umwelttechnik *f* environmental technology
umweltverträglich *adj* environmentally compatible, environmentally acceptable
Umwicklung *f* (Kabel~) wrapping
unbekannte Größe *f* unknown quantity
unbeabsichtigt *adj* inadvertent
unbelegt *adj* unassigned, free
unbesetzt *adj* unattended, unmanned
unbewaffnetes Auge *n* unaided eye
undicht *adj* leaky
Undichtheit *f* leakiness
undurchlässig *adj* impervious

undurchsichtig *adj* opaque
uneben *adj* uneven, out of flat
unendlich *adj* infinite
Unfallgefahr *f* accident hazard, danger of accident
Unfallverhütung *f* accident prevention
ungenau *adj* inaccurate, inexact; out of calibration
ungerade *adj* uneven; *(Zahl)* odd
ungeregelt *adj* fixed-speed, uncontrolled, unregulated
ungesättigt *adj* unsaturated
ungleichmäßig *adj* non-uniform, heterogeneous; irregular
ungünstigster Fall *m* worst case
Universal~ (~bohrmaschine, ~drehmaschine, ~fräsmaschine, ~futter, ~gelenk, ~kreissäge, ~läppmaschine, ~motor, ~prüfmaschine, ~räummaschine, ~schleifmaschine, ~schraubenschlüssel, ~stoßmaschine, ~teilkopf, ~tischkreissäge, ~walzwerk, ~werkzeughalter, ~windeisen, ~winkelmesser, ~zange) universal ~
unlegiert *adj* unalloyed
unlegierter Werkzeugstahl *m* plain tool steel
unlöslich *adj* non-soluble; *(Chemie)* insoluble
unrund *adj* out of round, out of true, untrue, non-concentric
Unterbau *m* substructure, supporting structure, (Maschinen~) base
unterbrechen *v* interrupt
Unterbrecher *m* interrupter; contact breaker
Unterbrecherkontakt *m* interrupter contact
Unterbrechung *f* (Strom~) interruption
unterbringen *v* accommodate; package
Unterdruck *m* underpressure; vacuum
Unterdruckbremse *f* vacuum brake
unterdrücken *v* suppress
Unterdrückung *f* (Strom~) suppression
unterfangen *v* underpin
Unterflurmotor *m* underfloor engine
Unterführung *f* subway crossing, underpass
unterfüttern *v* pack
untergeordnet *adj* lower-level, lower-ranking, slave, downstream, secondary, subordinate
Untergestell *n* base
untergießen *v (mit Zement)* grout
Untergrund *m* subsoil
Untergurt *m* bottom boom
unterirdisch *adj* underground, subterranean; buried
Unterkette *f* compensating chain
Unterkonstruktion *f* substructure
Unterkühlung *f* subcooling, undercooling
Unterlagblech *n* shim
Unterlage *f* pad, padding; backing; base
Unterlagen *fpl* data, information; records, papers, supporting data, documentation
Unterlastung *f* derating
Unterlegkeil *m* wedge
Unterlegscheibe *f* washer, plain washer, *(Abstandscheibe)* spacer
Unterlieferant *m* subcontractor
Unternehmer *m* (Bau~) contractor

Unterprogramm *n* subprogram, subroutine
Unterputzverlegung *f* underplaster installation
Untersatz *m (Drehbank)* (Reitstock~) base
Unterschied *m* (Phasen~) difference
unterschneiden *v* undercut
Unterschnitt *m* undercut
unterschreiten *v* fall below, drop below, *(untere Grenze)* violate
Untersetzungsgetriebe *n* speed reduction gear
Unterspannung *f* undervoltage
Unterstempel *m* lower die, bottom die
unterstützen *v* support, back, prop
Unterstützung *f* support, backing
untersuchen *v* examine, investigate, analyze; study
Untersuchung *f* examination, investigation, (Abgas~) analysis (*pl* analyses)
Unterteil *n* (Maschinen~) base
Unterverzeichnis *n (PC)* subdirectory
Unterzug *m* bottom flue
unverbleit *adj (Kraftstoff)* unleaded
unverlierbare Schraube *f* captive screw
unverträglich *adj* incompatible
unwiederbringlich verloren *adj (Daten)* irretrievably lost
Unwucht *f* unbalance, out-of-balance condition
unzugänglich *adj* inaccessible
U-Profil *n* steel channel
Uran *n* uranium
U-Rohr *n* U-tube
Ursachen-Wirkungs-Analyse *f* failure mode and effects analysis
Ursprung *m* (Koordinaten~) datum, (Koordinaten~) origin

Vakuum *n* vacuum
vakuumdicht *adj* vacuum-tight
Vakuumheber *m* vacuum pad lifter
Vakuumprüfung *f* vacuum test
Vanadiumstahl *m* vanadium steel
vandalensicher *adj* vandal-resistant, tamper-proof, anti-vandal ...
Vandalismusverhinderung *f* anti-vandalism
Vektor *m* vector
Ventil *n* (Abfluss~, Ablass~, Absperr~, Dampf~, Druck~, Einspritz~, Hochdruck~, Kolben~, Not~, Pumpen~, Relais~, Rohr~, Saug~, Sicherheits~, Steuer~, Überhitzer~) valve
Ventil~ (~block, ~buchse, ~einheit, ~einsatz, ~einstellung, ~feder, ~gehäuse, ~gruppe, ~hub, ~kegel, ~kolben, ~körper, ~kugel, ~nadel, ~rohr, ~satz, ~schaft, ~sitz, ~spiel, ~spindel, ~steuerung, ~teller) valve ~
Ventilation *f* ventilation
Ventilator *m* fan; blower
Ventilatorflügel *m* fan blade
Ventilatorkühlung *f* forced-draft cooling
veränderlich *adj* variable
verändern *v* vary, alter, change, modify
verankern *v* anchor
Verankerung *f* anchorage
verantwortlich *adj (Qualitätssicherung) (rechenschaftspflichtig)* accountable; *(zuständig)* responsible; *(weisungsbefugt)* authorized
Verantwortung *f (Qualitätssicherung) (Zuständigkeit)* responsibility
verarbeiten *v* work; treat; process
Verarbeitung *f* (Metall~) working, (Fern~) processing
verbessern *v* improve; enhance
verbiegen *v* bend; deform
verbinden *v* connect; link; combine; join; tie
Verbinder *m (Riemen)* fastener; (Kabel~) connector
verbindlich *adj (Qualitätssicherung)* mandatory
Verbindung *f* (Erd~, Kabel~, Rohr~, Schrauben~, Telefon~) connection, (Ketten~) connector; (Funk~, Kommunikations~) link; combination; joint; *(Telefon)* call
Verbindungsabbau *m* connection clearance
Verbindungsaufbau *m* establishment of a connection
Verbindungsglied *n* link
Verbindungsklemme *f* fastener; *(Elektrotechnik)* terminal
Verbindungslasche *f* fishplate
Verbindungsleitung *f* connection line
verbleibend *adj* residual, remaining
verbleit *adj (Kraftstoff)* leaded
verborgener Fehler *m* latent fault
verborgener Mangel *m* hidden defect
Verbrauch *m* (Energie~, Gesamt~, Kraftstoff~, Kühlwasser~, Strom~) consumption
Verbraucher *m* consumer, user; load

verbrauchte Luft *f* vitiated air
verbreiten *v* spread; propagate
verbreitern *v* widen; extend
verbrennbar *adj* combustible
verbrennen *v* burn
Verbrennung *f* combustion; burning; incineration
Verbrennungs~ (~druck, ~formel, ~gase, ~kammer, ~luft, ~motor, ~produkt, ~raum, ~zone) combustion ~
Verbrennungskraftmaschine *f* internal combustion engine
Verbundfenster *n* double-glazed window, double-pane window
Verbundmaterial *n (Kunststoff)* sandwich material
Verbundmetall *n* composite metal
Verbundnetz *n* integrated network, mixed network
Verbundsicherheitsglas *n* laminated glass, laminated safety glass
Verbundstahl *m* composite steel
Verbundwerkstoff *m* composite material
verchromen *v* chrome-plate, chromium-plate
Verchromung *f* chrome-plating, chromium-plating
verdampfen *v* vaporize; evaporate
Verdampfung *f* vaporization; evaporation
verdecken *v* cover; mask
verdeckt *adj* hidden, concealed; covered
verdichten *v* compress; condense; *(Beton)* compact
Verdichter *m* (Hochdruck~, Luft~) compressor; condenser
Verdichtung *f* compression; condensation; concentration; compaction
Verdichtungs~ (~druck, ~hub, ~verhältnis, ~zündung) compression ~
verdrahten *v* wire; *(fest)* hardwire
Verdrahtung *f* (Innen~) wiring
Verdrahtungsplan *m* wiring diagram
verdrallen *v* twist
Verdrängung *f* (Kolben~) displacement
verdrehen *v* twist, turn round
Verdrehfestigkeit *f* torsional strength
Verdrehmoment *n* torsional moment
Verdrehsteifigkeit *f* torsional stiffness, torsional rigidity
Verdrehung *f* torsion; twist
verdünnen *v* thin, dilute
Verdünner *m* thinner
Verdünnung *f* thinning, dilution
Verdünnungsmittel *n* thinner, diluent
verdunsten *v* evaporate
Verdunstung *f* evaporation
veredeln *v* refine; improve; enhance; upgrade
vereinheitlichen *v* standardize
verengen *v* narrow; contract; restrict; reduce
verfahren *v (Maschinentisch)* traverse; move
Verfahren *n* (Mess~) technique, (Mess~, Modulations~) method; (Arbeits~) process; (Abnahme~, Prüf~) procedure
Verfahrenseignungs-Bericht *m (Schweißen)* procedure qualification record
Verfahrenshandbuch *n (Qualitätssicherung)* procedures manual

Verfahrensprüfung *f* process inspection and testing
Verfahrenstechnik *f* process engineering
verfälschen *v* corrupt; invalidate
verfangen *v* catch
verformen *v* form, shape; deform
verfügbar *adj* available
Verfügbarkeit *f* availability
verfugen *v* join
Verfügung *f (Qualitätssicherung)* disposition
verfüllen *v* fill
Vergangenheitsberichte *mpl* historical reports
Vergangenheitswerte *mpl* historical data
vergießen *v* pour; cast; pot; embed; *(Beton)* grout
verglasen *v* glaze
Verglasung *f* glazing
Vergleich *m* (Phasen~, Zeit~) comparison
Vergleicher *m* (Strom~) comparator
Vergleichsmessung *f* comparison measurement
Vergleichspräzision *f* reproducibility
Vergleichsprobe *f* reference specimen
Vergleichsprüfung *f* comparison test
vergrößern *v* enlarge; increase; magnify; *(maßstäblich)* scale up; *(PC)* zoom in
Vergussmasse *f (Kunststoff)* sealing compound; potting compound; *(Zement)* grout
vergüten *v (Stahl)* quench and temper, harden and temper
Vergütung *f* tempering
Vergütungsschaubild *n* heat treatment chart
Vergütungsstahl *m* heat treatable steel; quenched and tempered steel, heat-treated steel
Verhalten *n* (Brand~) behavior; (Drehzahl~, Zeit~) response, reaction; (Differential~) action; performance, pattern, (Zeit~) characteristic
Verhältnis *n* (Drehzahl~, Impuls~, Kompressions~, Verdichtungs~) ratio; proportion; relation
Verhältnisse *npl* (Betriebs~) conditions
verharzen *v* gum; resinify
Verhüttung *f* (Kupfer~) smelting
verjüngen *v* taper
verkanten *v* tilt; tip; cant
Verkehr *m* (Fernsprech~, Funk~, Telefon~) traffic
Verkehrsabwicklung *f* traffic handling
Verkehrsanalyse *f* traffic analysis
Verkehrsaufkommen *n* traffic pattern, traffic volume
Verkehrslast *f* live load
verkeilen *v* key; wedge
verketten *v* link, chain, daisychain; interlink
Verkettung *f* (Programm~) chaining
verkleben *v* bond; glue together; cement
verkleiden *v (innen)* line; panel; board; jacket; clad
Verkleidung *f* cladding; enclosure; panelling; *(innen)* lining; coating
verkleinern *v* reduce, decrease; *(maßstäblich)* scale down; *(PC)* zoom out
verknüpfen *v* combine, link
verkupfern *v* copper-plate
Verladeanlage *f* (Erz~) handling plant

verlagern *v* displace, dislocate
Verlagerung *f* (Winkel~) misalignment
verlängern *v* lengthen, extend; elongate
verlangsamen *v* slow down, decelerate
Verlaschung *f* (Schienen~) fishing
verlassen *v (Programm)* quit
Verlauf *m* history; characteristic; rate; progress; course
Verlauf *m* **der Wärmebehandlung** thermal history
verlegen *v (Leitungen)* lay, install, run; *(verschieben)* displace
Verlegung *f* (Kabel~) laying
verleimen *v* cement, glue together
Verletzung *f* (Patent~) infringement
Verlust *m* (Antennen~, Druck~, Energie~, Gesamt~, Leerlauf~, Leitungs~, Lichtbogen~, Reibungs~, Strahlungs~, Übertragungs~, Wärme~) loss
verlustarm *adj* low-loss
Verlustzeit *f* lost time
Vermaschung *f* intermeshing
vermauern *v* lay bricks, mason
vermessen *v* measure; survey
vermessingen *v* brass-plate
Vermessung *f* survey
vermitteln *v* switch
Vermittlung *f (Telefon) (Vorgang)* switching, *(Amt)* (Digital~, Fernsprech~, Telefon~) exchange
Vermittlungsstelle *f* (Digital~) exchange
vernageln *v* nail
vernetzbar *adj* with networking capability, suitable for networking
vernetzen *v* network
Vernetzung *f* networking
vernichten *v* destroy; ruin; spoil
vernickeln *v* nickel-plate
vernieten *v* rivet
verölt *adj* oiled-up, oil-fouled
Verputz *m (innen)* plaster; *(außen)* rendering
verputzen *v* plaster; render
verrauscht *adj* noisy
verriegeln *v* lock; latch
Verriegelung *f (Vorgang)* (Nocken~) locking; interlocking; *(Einrichtung)* locking device, locking mechanism
verrosten *v* rust; corrode; get rusty
verrußen *v* soot
versagen *v* fail, break down
Versatz *m* (Axial~) offset; misalignment; (Frequenz~) shift
verschalen *v* shutter
Verschalung *f* shuttering, formwork
verschärfte Prüfung *f* increased inspection, tightened inspection
verschiebbar *adj* movable; displaceable
Verschiebekraft *f* displacement force
verschieben *v* move, shift; displace; *(zeitlich)* postpone
Verschiebung *f* shifting, moving, movement; (Axial~, Phasen~, Winkel~) displacement; *(Elektrotechnik)* (Frequenz~, Phasen~, Zeit~) shift, shifting; *(zeitlich)* postponement
Verschleifen *n* (Impuls~) rounding
Verschleiß *m* (Brems~, Kontakt~, Werkzeug~) wear, wear and tear; abrasion; erosion
verschleißarm *adj* low-wear
Verschleißausfall *m* wear-out failure

verschleißen *v* wear, wear out; abrade; erode
verschleißfest *adj* wear-resistant
Verschleißfläche *f* wearing surface
Verschleißteil *n* wearing part
Verschleißteilesatz *m* wearing-parts set
verschlissen *adj* worn out
Verschluss *m* closure; (Magnet~) lock; (Schrauben~) plug; *(Kamera)* shutter
Verschmelzung *f* (Kern~) fusion
verschmutzen *v* contaminate, soil; foul
Verschmutzung *f* contamination; dirt; (Luft~) pollution; fouling
Verschmutzungsgrad *m* fouling factor
Verschnitt *m* blend
verschrauben *v* screw; bolt
Verschraubung *f* screw joint; bolted connection
verschrotten *v* scrap
Verschrottungsbeleg *m* repudiate voucher
Verschwendung *f* (Energie~) waste
versehentliche Berührung *f* accidental contact
verseilen *v* rope
versenken *v* countersink; counterbore
versetzen *v* offset; stagger; *(umsetzen)* relocate; *(verschieben)* shift, displace
versetzt anordnen *v* stagger
versiegeln *v* seal
versilbern *v* silver-plate
versorgen *v* supply; serve; provide coverage
Versorger *m* supplier; provider; server
Versorgung *f* (Strom~, Wasser~) supply
Versorgungs~ (~gebiet, ~leitung, ~netz, ~spannung, ~strom) supply ~
Versorgungsbereich *m* coverage area, service area
verspannen *v* distort
versplinten *v* cotter
verstärken *v* reinforce; *(Elektrotechnik)* amplify; magnify; gain; boost
Verstärker *m* (Differential~, Empfänger~, Empfangs~, Hochfrequenz~, Impuls~, Kaskaden~, Leitungs~, Licht~, Magnet~, Mess~, Mikrofon~, Niederfrequenz~, Resonanz~, Röhren~, Rückkopplungs~, Rundfunk~, Sende~, Steuer~, Wechselstrom~) amplifier; repeater; enhancer; booster
Verstärkung *f* *(Mechanik)* reinforcement; *(Elektrotechnik)* (Strom~) amplification, gain; intensification
Verstärkungskennlinie *f* gain characteristic
Verstärkungsregelung *f* gain control
versteifen *v* stiffen; reinforce; *(verstreben)* brace, strut
Versteifung *f* reinforcement; stiffening; bracing, strutting
Versteifungselement *n* stiffening element
verstellbar *adj* adjustable
Verstellbereich *m* range of adjustment, setting range
verstellen *v* adjust; vary; shift; *(behindern)* obstruct; *(in der Höhe)* raise and lower
Verstellung *f* (Drehzahl~, Winkel~) adjustment, re-adjustment
verstemmen *v* (US) calk, (UK) caulk
verstiften *v* pin
verstopfen *v* clog

verstopft *adj* clogged; choked
verstreben *v* brace, strut
Versuch *m* (Biege~, Brems~, Bruch~, Feld~, Scher~) test; experiment; trial; test run; attempt
versuchen *v* test; try out; experiment
Versuch *m* **natürlicher Größe** full-size test
Versuchsanstalt *f* laboratory, testing laboratory
Versuchsaufbau *m* test set-up
Versuchslauf *m* test run
Versuchsmodell *n* test model; pilot model
Versuchsplanung *f* experimental design
Versuchsreihe *f* test series
Versuchsstadium *n* experimental stage
Versuchsstrecke *f* test route
vertäfeln *v* panel
vertauschen *v* interchange; reverse
verteilen *v* distribute; divide; proportion
Verteiler *m* (Öl~) distributor; (Beton~) spreading machine
Verteilerfeld *n* distribution panel
Verteilerkasten *m* *(Elektrotechnik)* distribution box
Verteilerklemme *f* *(Elektrotechnik)* terminal
Verteilerrohr *n* manifold
Verteilung *f* (Belastungs~, Last~, Licht~, Niederspannungs~, Spin~, Strom~) distribution
Verteilungskasten *m* (Kabel~) distribution box
Verteilungskurve *f* *(Qualitätssicherung)* distribution curve
Verteilungsnetz *n* distribution network
Verteilungstafel *f* distribution panel
Vertiefung *f* cavity; depression; indentation
Vertikalhub *m* vertical stroke
Vertikalständer *m* vertical column
Vertikalvorschub *m* vertical feed
verträglich *adj* compatible
Verträglichkeit *f* compatibility
Vertrauensbereich *m* *(Qualitätssicherung)* confidence interval
Vertrauensgrenze *f* *(Qualitätssicherung)* confidence limit
Vertrauensniveau *n* *(Qualitätssicherung)* confidence level, confidence coefficient
verunreinigen *v* soil; pollute; contaminate
Verunreinigung *f* impurity; contamination; pollution
Verursacherprinzip *n* originator-pays principle, polluter-pays principle
vervielfachen *v* multiply
Vervielfacher *m* (Elektronen~, Frequenz~) multiplier
verwalten *v* manage; organize; administer
Verwaltung *f* (Werkzeug~) management
verwandeln *v* change; convert; transform
verwechslungsfrei gekennzeichnet *adj* unambiguously marked
Verwechslungsprüfung *f* identity check
verweilen *v* dwell
Verweilzeit *f* dwell time
Verwendungsnachweis *m* where-used list
verwerfen *v* *(Holz)* warp; distort; *(nicht anerkennen)* ignore; *(zurückweisen)* reject, discard
Verwerfung *f* distortion; *(Holz)* warp; rejection

Verwerfungsbericht *m* rejection report
Verwerfungsschwelle *f* rejection level, reject level
verwinden *v* twist
verwindungssteif *adj* torsion-resistant, torsionally rigid
Verwürfelung *f* scrambling
verzahnen *v* cut teeth, cut gears
Verzahnung *f* gear teeth, (Innen~) teeth; gear cutting
Verzahnungsfräser *m* tooth milling cutter
Verzahnungswälzfräser *m* gear hob
Verzeichnis *n* directory
verzerren *v* distort
Verzerrung *f* (Amplituden~, Frequenz~, Impuls~, Modulations~, Phasen~) distortion
verziehen *v* distort; warp
verzinken *v* zinc-plate, galvanize; electroplate
verzinktes Stahlblech *n* galvanized sheet steel
Verzinkungsanlage *f* galvanizing plant
verzinnen *v* tin-plate
verzögern *v* delay, retard; *(Geschwindigkeit)* decelerate
Verzögerung *f* delay, (Brems~) retardation; deceleration; slowdown; lag
Verzug *m* distortion; delay
verzugsfrei *adj* non-distorting
verzundern *v* scale
Verzweigung *f* branch
Vibration *f* vibration
Vibrationsdampfung *f* vibration damping
Vibrationsschwelle *f* vibration threshold
Vickershärte *f* Vickers pyramid hardness
vieladrig *adj* multi-core
Vieleck *n* polygon
vielfach *adj* multiple, multi-...
Vielfachstecker *m* multiple-contact plug
Vielkant *m* polyhedron, polygon
vielphasig *adj* multiphase, polyphase
vielpolig *adj* multipole, multi-contact
vielseitig *adj* versatile
Vielseitigkeit *f* versatility
vielstufig *adj* multi-stage
Vierbackenfutter *n* four-jaw chuck
Viereck *n* square; rectangle
viereckig *adj* square; rectangular
Vierkant *m* tetrahedral; square
Vierkantfeile *f* square file
Vierkantmaterial *n* square stock
Vierkantstahl *m* square steel
Vierquadrantenbetrieb *m* four-quadrant operation
Vinylharz *n* vinyl resin
virtuelle Realität *f* virtual reality, VR
Viskosität *f* (Öl~) viscosity
Vogelperspektive *f* bird's-eye view
voll *adj* full; complete; *(massiv)* solid
Vollausschlag *m (Zeiger)* full-scale deflection
Vollautomat *m* (Einspindel~) fully automatic machine
vollautomatisch *adj* fully automatic
volldigital *adj* all-digital
vollduplex *adj* full duplex
vollelektrisch *adj* all-electric
vollisoliert *adj* all-insulated, totally insulated, fully insulated
Vollkolben *m* solid piston
Volllast *f* full load

Volllast~ (~anlauf, ~bereich, ~betrieb, ~drehzahl, ~einstellung, ~kontakt, ~leistung, ~leistungsfaktor, ~moment, ~schalter, ~schlupf, ~spannung, ~strom) full-load ~
Vollmaterial *n* solid stock, solid material
Vollprüfung *f* one-hundred percent inspection
Vollständigkeitsprüfung *f* check for completeness
vollwandig *adj* imperforate, solid
Vollweggleichrichter *m* full-wave rectifier
Vollwelle *f (Mechanik)* solid shaft; *(Elektrotechnik)* full wave
Voltmeter *m* voltmeter
Volumen *n* (Molekular~) volume
Volumenausdehnung *f* volumetric expansion
Volumenprozent *n* per cent by volume
Volumenstrom *m* volume flow, volume flow rate; air flow rate
Vorab-Beurteilung *f* initial evaluation
Vorabnahmeprüfung *f* test prior to acceptance
Vorabversion *f* pre-release version
vorbearbeiten *v* rough-machine
Vorbehandlung *f* preliminary treatment, pretreatment; pre-conditioning
vorbereiten *v* prepare
Vorbereitung *f* preparation
Vorbestellung *f* advance booking
Vordach *n (als Witterungsschutz)* canopy
Vorderansicht *f* front view
Vorderflanke *f (Impuls)* leading edge
Vorderseite *f* front, front side
voreilen *v* lead; advance
Voreilung *f* (Phasen~) lead
vorführen *v* demonstrate
Vorführung *f* demonstration
Vorgabe *f* entry, input; specification; *(Qualitätssicherung)* handicap; requirement
Vorgabeleistung *f* standard performance
Vorgabewert *m* preset value, default value
Vorgabezeit *f* standard time, all-in time
Vorgang *m* (Auslöse~) operation; (Fertigungs~) process; action; event
vorgeben *v* allow; specify; enter; preselect
Vorgehensweise *f* procedure, approach, *(als Überschrift)* How to proceed?
vorgekerbte Biegeprobe *f* nick-bend specimen
Vorgelege *n* backgears, gear train
Vorgelegerad *n* backgear
Vorgelegewelle *f* countershaft; back-gear shaft
vorgeschaltet *adj* upstream
Vorgeschichte *f* history, pre-event history
vorgeschriebener Haltepunkt *m* mandatory hold point
Vorhängeschloss *n* padlock
vorkritisches Risswachstum *n* sub-critical crack growth
Vorlage *f (Fax)* original, document
Vorlagenhalter *m* copy holder
Vorlagenstau *m* jamming
Vorlauf *m* advance; approach; forward motion
vorlaufen *v* move forward; advance; approach
Vormontage *f* pre-assembly

Vornorm *f (Normentwurf)* draft standard
vor Ort on the spot, in situ, local, in the field
Vorprüfung *f* pre-acceptance inspection, preliminary authorization
Vorprüfungsprotokoll *n* pre-acceptance inspection report
Vorrang *m* preference, priority
Vorraum *m* lobby
Vorrechner *m* front-end processor
Vorrichtung *f* (Anzeige~, Auslöse~, Kopplungs~, Lade~, Mess~) device; apparatus; (Prüf~) facility; (Bohr~, Fräs~) attachment; fixture; (Brems~) mechanism; jig
Vorrichtungsbau *m* design of jigs and fixtures
Vorrichtungsbohrmaschine *f* jig borer
vorschalten *v* connect in series
Vorschaltkondensator *m* series capacitor
Vorschaltwiderstand *m* series resistor; series resistance
vorschieben *v* advance; move forward; push
Vorschlaghammer *m* sledge hammer
Vorschrift *f* (Abnahme~, Betriebs~, Prüf~) specification; instruction; (Bau~) code; (Bau~) regulation
Vorschub *m* (Band~, Fräs~, Schrupp~, Sicherheits~, Spindel~, Werkzeug~, Zahnrad~) feed
Vorschub~ (~anschlag, ~antrieb, ~bereich, ~betrag, ~bewegung, ~druck, ~einstellung, ~geschwindigkeit, ~getrieberad, ~hebel, ~korrektur, ~kraft, ~kurve, ~motor, ~räderkasten, ~regelung, ~richtung, ~schalter, ~schlitten, ~spindel, ~stufe, ~tabelle, ~teilscheibe, ~vorwähler, ~wechsel, ~weg, ~welle) feed ~
Vorserie *f* pilot series, pre-production batch
Vorsichtsmaßnahme *f* precaution
vorspannen *v* prestress, preload; *(Elektrotechnik)* bias
Vorspannung *f* prestressing; preloading; *(Elektrotechnik)* bias
vorspringend *adj* protruding, projecting
Vorsprung *m* projection; *(Führung)* lead
vorstehen *v* protrude, project
Vorsteuerventil *n* pilot valve
Vorverstärker *m* preamplifier
Vorwahl *f* (Drehzahl~) preselection; *(Telefon)* area code
Vorwähler *m* (Vorschub~) pre-selector
vorwärmen *v* preheat
Vorwärmer *m* (Abgas~, Luft~) preheater, economizer
Vorwiderstand *m* series resistor; series resistance
Vorzeichen *n* sign

Waage *f* (Feder~) balance, (Feder~) scale; (Wasser~) level
Waagerecht~ (~bohrmaschine, ~bohr- und -fräsmaschine, ~fräsmaschine, ~konsolfräsmaschine, ~räummaschine, ~revolverdrehmaschine) horizontal ~
wabenförmig *adj* honeycomb
Wabenraster *m/n* honeycomb grid
Wachs *n* wax
Wachsausschmelzverfahren *n* lost-wax process, investment casting process
wachsen *v* wax; grow
Wächter *m* (Wasser~) detector; monitor; watchman, watchdog
Wackelkontakt *m* intermittent contact, defective contact
Wagen *m (Pkw)* motorcar, passenger car; *(Lkw)* truck, lorry; *(Bahn)* waggon, freight car; (Beschickungs~) car
Wagenheber *m* car jack, lifting jack, jack
Wahl *f* (Drehzahl~) selection; *(Telefon)* (Direkt~) dialling
wählen *v (Tastatur)* select; *(Wählscheibe)* dial
Wähler *m* (Programm~) selector
Wahlschalter *m* selector switch
Wählscheibe *f* selector dial; calling dial
Wahltaste *f* selector button, selector key
wahlweise *adj* optional
wahrnehmen *v* perceive
Wahrnehmung *f* perception, sensation
Walkarbeit *f (Schmierfett)* churning
Walmdach *n* hip roof
Walzdorn *m* roll mandrel
Walze *f* roll; (Führungs~, Nocken~) drum
walzen *v* roll
wälzen *v* hob; generate
Walzenfräser *m* plain milling cutter
Walzenstirnfräser *m* shell end mill
Wälzfräsautomat *m* automatic hobbing machine
wälzfräsen *v* hob; generate
Wälzfräser *m* (Evolventen~) hob
Wälzfräsmaschine *f* (Zahnrad~) hobbing machine, (Zahnrad~) hobber, gear generator
Walzgut *n* rolling stock
Wälzkontakt *m* rolling contact, rolling-motion contact
Wälzkörper *m (Lager)* rolling element
Wälzkreis *m* pitch circle
Wälzlager *n* anti-friction bearing, rolling bearing
Wälzpunkt *m* point of contact
Wälzreibung *f* rolling friction
Walzstahl *m* rolled steel
Wälzstoßmaschine *f* gear shaper
wälzverzahnen *v* generate gears
Wälzverzahnung *f* gear generation
Walzwerk *n* (Schienen~, Universal~) rolling mill, (Aluminium~) mill
Wand *f* (Führungs~) wall
Wandarm *m* wall bracket
Wandbohrmaschine *f* post drilling machine
Wanddurchbruch *m* wall cutout, wall opening
wandern *v* move, travel; migrate; *(Mobilfunk)* roam

Wanderprüfung *f* patrol inspection
Wanderwelle *f* travelling wave, transient wave
Wandfaserplatte *f* wallboard
Wandfliese *f* wall tile
Wandler *m* (Frequenz~, Impuls~) converter; (Ultraschall~) transducer; (Kaskaden~, Strom~) transformer
Wandschaltschrank *m* wall-mounting cabinet
Wandsteckdose *f* wall socket, wall outlet
Wange *f* (Kurbel~) cheek
Wanne *f* pan, (Kabel~) tray, (Öl~) sump, trough
warm aufziehen *v* shrink on
warm bearbeiten *v* hot work
Warmbearbeitung *f* hot work
Warmbiegeversuch *m* hot bend test
Wärme *f* (Lichtbogen~, Reibungs~, Strahlungs~) heat
Wärme~ (~abfall, ~abgabe, ~ableitung, ~aufnahme, ~ausbeute, ~ausdehnung, ~austausch, ~austauscher, ~bedarf, ~behandlung, ~bilanz, ~durchgang, ~energie, ~erzeuger, ~fluss, ~isolation, ~last, ~leiter, ~leitfähigkeit, ~leitung, ~riss, ~senke, ~strahlung, ~tauscher, ~träger, ~übergang, ~übergangsleistung, ~übertragung, ~verlust, ~wirtschaft, ~zufuhr) heat ~
wärmebehandeln *v* heat-treat
Wärmebehandlung *f* heat treatment
Wärmebehandlung *f* **im Anschluss an Schweißarbeiten** post-weld heat treatment procedures
Wärmebehandlung *f* **vor und nach Schweißarbeiten** pre-weld and post-weld heat treatment
Wärmedämmung *f* thermal insulation
Wärmedurchgangszahl *f* coefficient of thermal transmittance
Wärmefühler *m* temperature detector, thermostat
Wärmegefälle *n* temperature gradient
Wärmeisolierung *f* thermal insulation
Wärmekapazität *f* heat carrying capacity
Wärmeklasse *f* temperature class
Wärmeleistung *f* thermal output
Wärmeleitfähigkeit *f* thermal conductivity
Wärmeleitzahl *f* thermal conductivity coefficient
Wärmemengenmesser *m* calorimeter
Wärmemitführung *f* thermal convection
Wärmer *m* (Luft~) heater
Wärmeriss *m* thermal crack
Wärmeschrank *m* hot cabinet
Wärmespannung *f* thermal stress
warmfester Stahl *m* high-temperature steel
Warmformgebung *f* hot forming, hot shaping, hot working
warmgewalzter Bandstahl *m* hot-rolled strip
warm laufen *v* run hot
Warmluftheizung *f* hot-air heating
warm pressen *v* hot-press; *(Kunststoff)* heat-mold
Warmpressteil *n* hot-pressed part
Warmriss *m* hot crack, thermal crack
Warmrissprobe *f* hot crack test

warm schmieden *v* hot-forge
Warmstreckgrenze *f* elevated-temperature yield point
warm verformbar *adj* hot-workable
warm verformen *v* hot-work
warm walzen *v* hot-roll
Warmzugversuch *m* elevated-temperature tensile test
Warngrenzen *fpl* warning limits
Warnschild *n* warning notice, warning label, danger notice
Warnsignal *n* alert
Warnsummer *m* warning buzzer
Warnzeichen *n* warning symbol
Warte *f* control room, control station
Wartemusik *f (Telefon)* music on hold, music-while-you-wait
Wärter *m* attendant
Warteschlange *f* queue, waiting queue
Wartezeit *f* waiting time
Wartung *f* maintenance; service
Wartungsanleitung *f* maintenance instructions, maintenance manual
Wartungsbestand *m* maintenance portfolio, maintenance base
wartungsfrei *adj* maintenance-free
wartungsfreundlich *adj* easy to maintain, easy to service
Wartungsöffnung *f* servicing opening
Wartungstritt *m* service platform
Wartungstür *f* inspection door
Warzenblech *n* metal button plate, checker plate
Wäscher *m* (Kohlen~) washer
waschfest *adj* wash-fast
Waschmittel *n* detergent, washing agent
Wasser *n* (Kühl~) water
Wasser~ (~abscheider, ~aufbereitung, ~aufnahme, ~austritt, ~bad, ~behälter, ~dampf, ~druck, ~einlass, ~filter, ~kraft, ~kreislauf, ~kühler, ~kühlung, ~libelle, ~pumpe, ~rad, ~säule, ~spiegel, ~stand, ~strahl, ~turbine, ~umlauf, ~versorgung, ~waage, ~wächter) water ~
Wasserbau *m* hydraulic engineering
wasserdicht *adj* waterproof, watertight
wasserdurchlässig *adj* permeable to water
Wasserkraft *f* hydraulic energy
Wasserkraftwerk *n* hydro-electric power station
Wasserstoff *m* hydrogen
Wasserwaage *f* level, spirit level, hand level
Wasserwirtschaft *f* water resources management, water engineering
Wasserzeichen *n* water mark
Wattstundenzähler *m* watt-hour meter
Web-Site *f* web site
Wechsel *m* (Drehzahl~, Last~, Öl~, Phasen~, Vorschub~, Werkstück~, Werkzeug~) change, (Phasen~) reversal; variation; *(Elektrotechnik)* alteration
Wechselgetriebe *n* change gear mechanism
wechseln *v* change; vary; *(Elektrotechnik)* alternate
Wechselrad *n* change gear
Wechselrichter *m* inverter
Wechselschalter *m* change-over switch
Wechselspannung *f* alternating voltage

Wechselsprechanlage *f* intercom system, press-to-talk intercom system, simplex intercom system

Wechselstrom *m* alternating current, AC, a.c.

Wechselstrom~ (~empfänger, ~erreger, ~erzeuger, ~feld, ~filter, ~gleichrichter, ~kreis, ~leistung, ~maschine, ~motor, ~netz, ~speisung, ~transformator, ~umformer, ~verstärker, ~widerstand, ~zeichengabe) alternating-current ~, AC ~, a.c. ~

Wechselstrom-Trennschalter *m* a.c. disconnector

Wechsler *m* (Pol~) changer

Weg *m* (Licht~, Strom~, Übertragungs~) path; way; (Kolben~, Vorschub~) travel; (Brems~) distance; (Primär~) route; (Nocken~) angle

Wegaufnehmer *m* position encoder

Wegeventil *n* directional control valve

Wegfahrsperre *f (Kfz)* immobilizer, electronic immobilizer

wegleiten *v* carry off; duct off

Wegwerfteil *n* throw-away part, disposable part, one-way part, single-use part

Weichanlauf *m* soft start

Weiche *f* point, switch

Weichholz *n* softwood

Weichlot *n* soft solder, solder

weichlöten *v* solder

Weichmacher *m* softener; plasticizer

Weißblech *n* tinplate

Weißmetall *n* babbitt metal

Wellblech *n* corrugated sheet steel

Welle *f (Kraftübertragung)* (Abtriebs~, Antriebs~, Anker~, Differential~, Exzenter~, Getriebe~, Hebel~, Kupplungs~, Läufer~, Nocken~, Turbinen~, Vorschub~) shaft; *(Elektrotechnik, Optik, Physik)* (Druck~, Funk~, Licht~, Radio~, Rundfunk~, Sende~, Ultraschall~) wave

Wellenbund *m* shaft collar

Wellenform *f* waveform, wave shape

Wellenlänge *f* wavelength

Wellenleiter *m* waveguide

Wellenleitung *f* transmission line, lineshaft

Wellenstrang *m* lineshaft

Wellenzapfen *m* journal, shaft extension

Welligkeit *f* (Strom~) ripple

Weltzeit *f* universal time, UT

Wendel *f* coil; helix; spiral

Wendeschütz *n* reversing contactor

Werk *n* (Gas~) works, factory, plant, (Stahl~) mill, facility; (Mess~) mechanism

Werkbank *f* workbench, bench

Werksprüfprotokoll *n* works test report

Werksprüfzeugnis *n* works test certificate

Werkstatt *f* workshop, shop, floor

Werkstattzeichnung *f* workshop drawing

Werkstoff *m* material; stock

Werkstoffabnahme *f* stock removal

Werkstoffeigenschaften *fpl* material properties

Werkstoffnachweis *n* material verification

Werkstoffprüfmaschine *f* material testing machine

Werkstoffprüfprotokoll *n* materials test certificate

Werkstoffprüfung *f* testing of materials, materials testing, materials inspection
Werkstoffspezifikation *f* material specification
Werkstück *n* workpiece, work
Werkstück~ (~aufnahme, ~aufspannung, ~beschreibung, ~einspannung, ~geometrie, ~halter, ~kontur, ~laden, ~umriss, ~wechsel, ~zeichnung) workpiece ~
Werkstückaufnahme *f* workholder
Werkstückaufnahmevorrichtung workholding fixture
Werkstückpalette *f* workholding pallet
Werkzeug *n* (Abgrat~, Bohr~, Diamant~, Fräs~, Hartmetall~, Hilfs~, Präzisions~, Pressluft~, Schrupp~, Tiefzieh~) tool, (Fräs~) cutter
Werkzeug~ (~auflage, ~aufnahme, ~ausrüstung, ~bahn, ~durchmesser, ~einrichter, ~einrichtung, ~einstellung, ~fräsmaschine, ~futter, ~geometrie, ~gestaltung, ~halter, ~härterei, ~instandhaltung, ~kasten, ~konstrukteur, ~koordinatensystem, ~korrektur, ~laden, ~revolverkopf, ~schaft, ~schleifmaschine, ~schlitten, ~schrank, ~spindel, ~stahl, ~standzeit, ~verschleiß, ~verwaltung, ~vorschub, ~wechsel, ~winkel, ~zeichnung, ~zustellung) tool ~
Werkzeughalter *m* (Universal~) tool holder
Werkzeugmacherei *f* toolroom
Werkzeugmaschine *f* machine tool
Werkzeugsatz *m* set of tools
Werkzeugschlosser *m* toolmaker
Werkzeugstahl *m* (Kohlenstoff~) tool steel
Wert *m* (Anfangs~, Bezugs~, Eingangs~, Höchst~, Reibungs~, Rest~, Rückkopplungs~) value
Wertschöpfung *f* added value
Wesen *n* (Nachrichten~) system
wesentliche Abweichung *f (Qualitätssicherung)* significant non-conformance
Wetterkorrosion *f* atmospheric corrosion
Wetterprüfung *f* weather exposure test
Wetterschenkel *m* weather board
wickeln *v* wind; coil; reel
Wickelstift *m* wrap post, wire-wrap pin
Wicklung *f* (Anker~, Anlass~, Anlauf~, Drehstrom~, Eingangs~, Einphasen~, Erreger~, Feld~, Hilfs~, Hochspannungs~, Läufer~, Mehrphasen~, Niederspannungs~, Primär~, Relais~, Rückkopplungs~, Sekundär~, Stator~, Steuer~, Transformatoren~) winding
Widerlager *n* abutment
Widerspruchsfreiheit *f (Qualitätssicherung)* consistency
Widerstand *m (Vorgang)* (Eingangs~, Entlade~, Erdungs~, Gesamt~, Gleichstrom~, Gleit~, Heiz~, Hochfrequenz~, Innen~, Isolations~, Kontakt~, Kopplungs~, Leitungs~, Lichtbogen~, Niederfrequenz~, Oberflächen~, Reibungs~, Reihen~, Resonanz~, Röhren~, Strahlungs~, Wechselstrom~) resistance; *(Bauteil)* (Kohle~, Lade~, Steuer~) resistor
Widerstandsbremsung *f* dynamic braking
Widerstandsfähigkeit *f* resistivity

wieder anlaufen *v* re-start
Wiederanlauf *m* re-start
wieder auffinden *v* retrieve
Wiederauffindbarkeit *f* retrieval
wiederbeschreibbar *adj* rewriteable
Wiedergabe *f (Bild)* reproduction; *(Ton)* playback; (Farb~) rendering
wiedergeben *v* play-back
Wiedergewinnung *f* regeneration, recovery
wiederherstellen *v* restore; revert
Wiederholbedingungen *fpl* repeatability conditions
wiederholen *v* repeat; retry; rerun; redo
Wiederholfrequenz *f* repetition frequency
Wiederholpräzision *f* repeatability
Wiederholung *f* repetition; retry
Wiederholungsprüfung *f* renewal of qualification
Wiederinbetriebnahme *f* restart, return to service
wieder vorstellen *v (Prüflos)* resubmit
willkürlich *adj* at random
Winde *f* (Kabel~, Ketten~, Seil~) winch, winding gear; jack; hoist
Windeisen *n* (Universal~) tap wrench
Windkraftwerk *n* wind power station
Windlast *f* wind load
Windung *f* turn; coil; twist
Winkel *m* (Axial~, Last~, Phasen~, Reibungs~, Strahlungs~, Werkzeug~) angle
Winkel~ (~abstand, ~abweichung, ~auflösung, ~ausschlag, ~bereich, ~beschleunigung, ~bewegung, ~fräsen, ~frequenz, ~geschwindigkeit, ~grad, ~größe, ~lage, ~maß, ~minute, ~pendelung, ~schritt, ~sekunde, ~stellung, ~trieb, ~verlagerung, ~verschiebung, ~verstellung) angular ~
Winkelaufspanntisch *m* angle plate table
Winkelfräser *m* angle milling cutter
Winkelhebel *m* bell-crank lever
Winkelkonsole *f* knee-table
Winkelmesser *m* (Universal~) protractor
Winkelmesssystem *n* angular position measuring system
Winkelprobe *f* fillet-weld-break test
Winkelprofil *n* angle section
Winkelschleifer *m* angle grinder
Winkelstahl *m* angle steel
Winkeltisch *m* angle plate; *(Konsole)* knee
Wippe *f* rocker
Wippenschalter *m* rocker switch
Wirbel *m* (Ketten~) swivel; (Luft~) vortex, (Luft~) whirl
Wirbelhaken *m* swivel hook, shackle hook
Wirbelstrom *m* eddy current
Wirbelstromprüfung *f* eddy current testing
Wirbelstrombremsung *f* eddy-current braking
Wirklast *f* active load
Wirkleistung *f* effective power
Wirkrichtung *f* effective direction
Wirkspannung *f* useful voltage
Wirkstrom *m* active current
Wirkung *f* (Abschreck~, Brems~, Dicht~, Feld~, Gesamt~, Puffer~) effect; impact; (Abscher~, Fliehkraft~, Scher~) action
Wirkungsgrad *m* (Modulations~) efficiency

Wirtschaft *f* (Wärme~) economy
Wirtschaftlichkeit *f* economic efficiency
wissensbasiert *adj* knowledge-based
Wissenstechnik *f* knowledge engineering
Wölbnaht *f (Schweißen)* camber weld
Wölbung *f* curvature; convexity; crowning
Wolfram *n* tungsten
Wulst *m* bulge
Würfel *m* (Licht~) cube
Würgenippel *m* grommet
Wurzel *f* root
Wurzelschweißung *f* root weld

X

X-Achse *f* X-axis (*pl* axes), abscissa axis

X-Koordinate *f* X coordinate

Y

Y-Achse *f* Y-axis (*pl* axes), ordinate axis

Y-Koordinate *f* Y coordinate

Z

Z-Achse *f* Z-axis (*pl* axes)
zäh *adj* tough; ductile; *(Flüssigkeit)* viscous
Zähbruch *m* ductile fracture
zähflüssig *adj* viscous; sticky
Zähflüssigkeit *f* viscosity
Zähigkeit *f* (Bruch~) toughness
Zahl *f* (Atom~, Kern~) number; digit; *(Ziffer)* figure; (Reibungs~) factor; cipher; numeral; *(ganze Zahl)* integer, integer number
Zahl *f* **mit Vorzeichen** signed number
Zahl *f* **ohne Vorzeichen** unsigned number
zählen *v* count
Zahlensystem *n* number system
Zähler *m* (Binär~, Eingabe~, Impuls~, Ionen~, Neutronen~) counter; (Gas~, Induktions~, Präzisions~, Strom~) meter; *(Mathematik)* numerator
Zählerablesung *f* meter reading
Zählerraum *m* utility room
Zählerrückstellung *f* counter reset
Zählerstand *m* reading
Zählung *f* count
Zählwaage *f* counting scale
Zählwerk *n* counter mechanism
Zahn *m* (Evolventen~, Fräser~) tooth (*pl* teeth)
Zahneingriff *m* tooth engagement, meshing
Zähnezahl *f* number of teeth
Zähnezahlverhältnis *n* tooth ratio
Zahnflankenspiel *n* backlash
Zahnfuß *m (Zahnrad)* dedendum
Zahnfußkreis *m (Zahnrad)* root circle
Zahngrund *m (Zahnrad)* root
Zahnkopf *m (Zahnrad)* addendum
Zahnkranz *m* gear rim, gear ring; rim gear, ring gear
Zahnprofil *n* tooth profile, tooth contour
Zahnrad *n* (Innen~) gear, gear wheel, toothed wheel
Zahnrad~ (~antrieb, ~bearbeitungsmaschine, ~fräser, ~fräsmaschine, ~körper, ~prüfgerät, ~rohling, ~schleifmaschine, ~vorschub, ~wälzfräsmaschine) gear ~
Zahnradpaar *n* gear pair
Zahnradpumpe *f* gear pump
Zahnradstoßmaschine *f* gear slotter
Zahnriemen *m* toothed belt
Zahnscheibe *f* serrated lock washer, toothed lock washer
Zahnstange *f* rack, gear rack
Zahnstangenantrieb *m* rack and pinion drive
Zahnstangenfräser *m* rack tooth cutter
Zahnstangenritzel *n* rack pinion
Zahnteilung *f* tooth pitch
Zahntrieb *m* gear drive
Zange *f* pincers; tongs; (Biege~, Gas~, Universal~) pliers; (Draht~) cutter; (Rohr~) wrench; *(Schweißen)* electrode holder; *(Spannzange)* collet; *(Roboter)* hand
Zangenspannfutter *n* spring collect chuck
Zapfen *m* stud, (Exzenter~) pin; *(Drehzapfen)* pivot; *(Zapfenlager)* (Lager~) journal; *(Holz)* tenon; *(Führungszapfen)* spigot; *(Kurbelzapfen)* crankpin

Zapfen *m* **und Zapfenloch** *(Holzverbindung)* mortice and tenon
Zarge *f (Tür)* frame, architrave, surround
Zaun *m* (Bau~) fence
Zeichen *n* sign; (Steuer~) character; symbol; *(Prüf-/Kennzeichen)* mark
Zeichenbüro *n* drawing office
Zeichenerkennung *f* character recognition
Zeichengabe *f* (Wechselstrom~) signalling
Zeichenmaschine *f* drawing machine, drafting machine, plotter
Zeichensatz *m* character set, character repertoire, font
Zeichner *m* (US) draftsman, (UK) draughtsman
Zeichnung *f* (Abnahme~, Bau~, Fertigungs~, Werkstück~, Werkzeug~) drawing, *(auf dem Plotter)* plot
Zeichnungsdatei *f* drawing file, plotfile
Zeichnungsvordruck *m* drawing form
Zeiger *m* pointer, *(Uhr)* hand; *(Bildschirm)* cursor
Zeile *f* (Abtast~) line
Zeilenabtastung *f* line scanning
Zeit *f* (Arbeits~, Gesamt~, Lade~) time, period, duration
Zeit~ (~abstand, ~auslösung, ~basis, ~bereich, ~einstellung, ~konstante, ~korrelation, ~multiplexer, ~schalter, ~schlitz, ~studie, ~vergleich, ~verhalten, ~verschiebung) time ~
Zeitachse *f* time axis (*pl* axes), time base
Zeitansage *f* speaking clock service
Zeitdehngrenze *f* creep limit
Zeitgeber *m* timer
Zeitglied *n* timing element
Zeitmesser *m* chronometer
Zeitnehmer *m* time study man, timekeeper
Zeitplan *m* time schedule, schedule
Zeitraffungsfaktor *m* acceleration factor
Zeitraster *m/n* time-slot pattern
zeitraubend *adj* time-consuming
Zeitrelais *n* time relay
Zeitschaltwerk *n* timer
zeitsparend *adj* time-saving
Zeitstudie *f* time study, time-and-motion study
Zeit-Temperatur-Diagramm *n* time-temperature chart
Zeitvielfach *n* time-division multiplex
Zeitzähler *m* hour meter
Zelle *f* (Funk~, Fertigungs~, Produktions~, Transformatoren~) cell; (Fernsprech~, Telefon~) booth, (Fernsprech~, Telefon~) box, (Fernsprech~, Telefon~) kiosk
Zellstoff *m* pulp
zellularer Mobilfunk *m* cellular mobile radio
Zement *m* cement
Zentrale *f* (Telefon~) exchange, switch, switchboard; central station; (US) center, (UK) centre
Zentraleinheit *f (EDV)* central processing unit, CPU, central processor, CP
Zentralheizung *f* central heating, central heating system
Zentralprozessor *m* co-ordination processor
Zentralschaltpult *n* central control desk

Zentralschmierung *f* centralized lubrication
zentrieren *v* (US) center, (UK) centre; adjust concentrically
Zentrifugal~ (~kraft, ~pumpe, ~regler, ~schalter) centrifugal ~
Zerfall *m* (Atom~) disintegration; (Feld~) decay
Zerfallzeit *f* decay time; time of disintegration
Zerhacker *m* chopper
zerkleinern *v* crush
Zerkleinerungsanlage *f* crushing plant
zerlegbar *adj* detachable, demountable; decomposable; collapsible
zerlegen *v* detach, disassemble, take apart, separate; decompose
zerlegt angeliefert *adj* delivered disassembled
zerreißen *v* tear, disrupt, break, rupture
Zerreißfestigkeit *f* ultimate strength, tensile strength
Zerreißgrenze *f* breaking limit
Zerreißmaschine *f* tensile testing machine
zerspanbar *adj* machinable
zerspanen *v* machine, cut
Zerspankraft *f* cutting force
Zerspanung *f* machining, metal cutting, chip removal
Zerspanungsarbeit *f* metal-cutting work
Zerspanungsmaschine *f* metal-cutting machine
Zerspanwerkzeug *n* metal cutting tool
zerstäuben *v* atomize, spray
Zerstäuber *m* (Öl~) atomizer
Zerstäuberdüse *f* spray nozzle
zerstörsicher *adj* vandal-proof; *(bruchfest)* unbreakable
zerstörungsfreie Prüfung *f* non-destructive test, non-destructive testing
Zertifizierung *f* certification
Zertifizierungsprogramm *n* (US) certification program, (UK) certification scheme
Zertifizierungsstelle *f* certification body
Zertrümmerung *f* (Kern~) disintegration
Zickzacknietung *f* staggered riveting
Zickzackpunktschweißung *f* staggered spot welding
Ziegel *m (Ziegelstein)* brick; *(Dach)* tile
Ziel *n* goal, (Radar~) target, *(örtlich)* destination; *(Absicht)* aim; *(Zielsetzung)* (Qualitäts~) objective
Zielkurve *f* target curve
Zielverzeichnis *n (PC)* destination directory, target directory
Ziffer *f* figure, cypher, (Binär~) digit
Ziffernanzeige *f* digital display
Zink *n* zinc
Zinn *n* tin; *(Gebrauchszinn)* pewter
Zinnlot *n* tin solder
Zittern *n (Impuls)* (Frequenz~) jitter
Zoll *m* inch, in.
Zone *f* (Funk~) cell; (Kontakt~, Prüf~, Verbrennungs~) zone
zoomen *v (PC)* zoom
Z-Profil *n* Z-section
Zubehör *n* accessories
Zubehörsatz *m* accessory set
Zufallsprobenahme *f (Qualitätssicherung)* random sampling
Zufallsrauschen *n* random noise

Zufallsstreubereich *m (Qualitätssicherung)* random dispersion interval
Zufuhr *f (Strom)* (Kraftstoff~, Luft~, Wärme~) supply
zuführen *v* feed, supply
Zuführung *f* supply, delivery; feed; *(Vorrichtung)* feeding device
Zug *m* tension; pull; draw; *(Bahn)* train; (Getriebe~, Impuls~) train; (Draht~, Seil~) block; (Ketten~, Riemen~) hoist, (Ketten~, Riemen~) pulley block
Zugabe *f* allowance
Zugang *m* entrance; access
zugänglich *adj* accessible
Zuganker *m* tie rod
Zugbeanspruchung *f* tensile stress
Zugbelastung *f* tensile load, tension load
Zug-Druck-Dauerfestigkeit *f* tension-compression fatigue strength
Zugentlastung *f* strain relief
Zugfestigkeit *f* tensile strength
Zugfestigkeitsgrenze *f* ultimate tensile strength
Zugkraft *f* tensile force; tractive force, traction; pulling power; *(Magnet)* attraction force
Zugprüfung *f* tensile test, tension test; pull test
Zugregler *m* (US) draft regulator, (UK) draught regulator
zugreifen auf *v* access
Zugriff *m* (Direkt~, Leitungs~, Primär~) access
Zugriffsrecht *n (PC)* access authorization
Zugschalter *m* pull switch
Zugscherfestigkeit *f* combined tensile and shear strength
Zugschraube *f* draw-in bolt
Zugseil *n (Aufzug)* traction rope; *(Hebezeug)* hoisting cable
Zugspannung *f* tensile stress
Zugstange *f* drawbar, tie rod
Zugversuch *m* tensile test
Zuladung *f* payload
zulässig *adj* permissible, admissible
zulässige Belastung *f* safe load
zulässige Spannung *f* permissible stress
Zulässigkeitsgrenze *f (Qualitätssicherung)* acceptance level
Zulassung *f* permit; (US) license, approval, (UK) licence; *(von Lieferanten)* authorization *(of vendors)*; *(Qualitätssicherung)* accredition; *(Kfz)* registration
Zulieferer *m* subcontractor, sub-supplier
Zuluft *f* supply air, incoming air, intake air
Zuluftventilator *m* supply air fan
Zuluftverteiler *m* air supply diffuser
Zunahme *f* (Temperatur~) rise
zündbar *adj* inflammable
Zündeinstellung *f* ignition timing
zünden *v* ignite; fire; *(Lichtbogen)* arc; *(Gas)* explode
Zunder *m* scale
Zündkerze *f* sparking plug, spark plug
Zündschalter *m* ignition switch
Zündschloss *n* ignition lock
Zündung *f* (Kompressions~, Verdichtungs~) ignition; firing; (Lichtbogen~) initiation
Zündverteiler *m* ignition distributor
zurichten *v* dress

zurückstellen *v* reset
zurückziehen *v* retract; withdraw; pull back; draw back
Zusammenbau *m* assembly
zusammenbauen *v* assemble
zusammendrücken *v* compress
zusammenfügen *v* join; link
zusammenklappbar *adj* collapsible
zusammenklappen *v* collapse
zusammenlegbar *adj* foldable
zusammensetzen *v* assemble; compose
zusammenwirken *v (Netz)* interwork
Zusatz *m* addition; admixture; (Öl~) additive
Zusatzmetall *n* filler metal
Zusatzprüfung *f* penalty test
Zusatzpumpe *f* booster pump
Zusatzwerkstoff *m* (Schweiß~) filler metal
Zuschlag *m* allowance; *(Zuschlagstoff)* aggregate; *(Ausschreibung)* award, award of contract
Zuschläge *mpl* additions
zuschneiden *v* cut to size; *(zuschneiden auf)* tailor something to
zusetzen *v* add
Zustand *m* state, (Last~, Leerlauf~) condition; (Betriebs~) status; (Anfangs~) situation
Zuständigkeitsgrenzen *fpl (Qualitätssicherung)* jurisdictional boundaries
Zustellbewegung *f* infeed motion
Zustellung *f (Schleifen)* (Werkzeug~) infeed; *(Post)* delivery
zutreffend *adj* applicable
Zutritt *m* access
Zuverlässigkeit *f* reliability, dependability
Zwangsbelüftung *f* forced-air ventilation
zwangsöffnender Schalter *m* positive-opening switch
Zweckbindung *f* earmarking
zweckgebunden *adj* earmarked, dedicated
Zweibackenfutter *n* two-jaw chuck
Zweikomponentenbeleuchtung *f* two-component lighting
Zweikreisbremssystem *n* dual-circuit braking system
Zweilagenblech *n* two-layer steel sheet
zweiphasig *adj* two-phase
zweipolig *adj* two-pole
zweireihig *adj* two-row, double-row, two-tier
zweistufig *adj* two-stage, two-step
zweiteilig *adj* two-part, split
Zweiwegeventil *n* two-way valve, two-way directional valve
Zweiweg-Sprechverbindung *f* two-way speech communication
zweizeilig *adj* two-line; two-tier
Zwinge *f* ferrule; clamp, cramp
zwingend *adj* mandatory
Zwischenboden *m* false floor
Zwischendecke *f* false ceiling
Zwischengeschoss *n* mezzanine floor
Zwischenkühler *m* inter-cooler, intermediate cooler
Zwischenprüfung *f (in der laufenden Fertigung)* in-process inspection, in-process inspection and testing
Zwischenraum *m* clearance; interspace; gap; *(zeitlich)* interval

zwischenschalten *v* interconnect; interpose
Zwischenspeicher *m* (Eingabe~) buffer, temporary storage
zwischenspeichern *v* buffer, store temporarily
Zwischenstockwerk *n* mezzanine, mezzanine floor
Zwischenstück *n* adapter
Zwischenwelle *f* intermediate shaft
zyklisch *adj* cyclic
Zyklus *m* cycle
Zylinder *m* (Brems~, Dampf~, Druck~, Druckluft~, Mess~, Pumpen~) cylinder, jack; barrel
Zylinderbuchse *f* cylinder liner
Zylinderdichtungsring *m* cylinder-head gasket
Zylinderlaufbuchse *f* cylinder liner
Zylinderrohr *n* cylinder tube
Zylinderrollenlager *n* cylindrical roller bearing
Zylinderschloss *n* cylinder lock, barrel lock
Zylinderschraube *f* filister head cap screw
Zylinderschraube *f* **mit Innensechskant** hexagon socket-head cap screw
Zylinderschraube *f* **mit Schlitz** slotted cheese-head screw
Zylinderstopfbuchse *f* cylinder gland, cylinder stuffing box
zylindrisch *adj* cylindrical

Maße und Gewichte – Umrechnungsfaktoren

Foot (ft., ’),	1 ft.	=	0,305 m
			30,48 cm
Gallon (UK) (gal.)	1 gal.	=	4,546 l
Gallon (US) (gal.)	1 gal.	=	3,785 l
Horsepower (hp)	1 hp	=	0,75 kW oder 1,01 PS
Hundredweight (UK) (cwt.)	1 cwt.	=	50,8 kg
Inch (in., ")	1 in. (oder Zoll)	=	2,5 cm
			25,4 mm
Mile (mi., m.) (Landmeile)	1 m.	=	1,609 km
(Seemeile)	1 m.	=	1,852 km
Ounce (oz.)	1 oz. (oder Unze)	=	28,35 g
Pint (UK) (pt.)	1 pt.	=	0,568 l
Pint (US) (pt.)	1 pt.	=	0,473 l
Pound (lb.)	1 lb.	=	0,453 kg
Pound per square inch (lb./sq. in.)	1 lb./sq. in.	=	0,070 kg je qcm
Square foot (sq. ft.)	1 sq. ft.	=	0,093 qm
Square inch (sq. in.)	1 sq. in.	=	6,45 qcm
Ton (t.) (long ton)	1 t.	=	1016 kg
			1,016 t
Ton (t.) (short ton)	1 t.	=	907 kg
			0,907 t
Yard (yd.)	1 yd.	=	0,91 m

Für die Umrechnung von **Celsius** in **Fahrenheit** und umgekehrt gelten die folgenden Formeln:

C in F: C mal 9 geteilt durch 5 plus 32 = F
also: 10 ° C x 9 = 90 : 5 = 18 + 32 = 50° F

F in C: F minus 32 mal 5 geteilt durch 9 = C
also: 50° - 32 = 18 x 5 = 90 : 9 = 10° C

Oder anders:

°C	**°F or °C**	**°F**
-17,8	0	32,0
-12,2	10	50,0
- 6,7	20	68,0
- 1,1	30	86,0
4,4	40	104,0
10,0	50	122,0